日本农山渔村文化协会宝典系列

果树整形修剪全图解

日本农山渔村文化协会　编
巫建新　霍恒志　译

机械工业出版社
CHINA MACHINE PRESS

自己培育的果树，枝条旺盛生长、花朵娇艳开放、结出的果实新鲜好吃，这种兴奋程度是无法形容的。修剪是果树栽培过程中很重要的管理工作，有时不管怎么用心，果树结果总是没有达到自己理想的程度。本书选取有代表性的 14 种果树，利用大量实拍图和示意图，通过图解的方式描述修剪的要点，旨在帮助读者解决修剪时遇到的问题，使其能准确找到枝条修剪的位置，理解修剪指示的方向，也容易掌握修剪的要点，即使是初学者也能在轻松阅读中学会果树的修剪方法。

本书可供广大果农及果树技术人员使用，也可供农林院校相关专业的师生学习和参考。

图书在版编目（CIP）数据

果树整形修剪全图解 / 日本农山渔村文化协会编；巫建新，霍恒志译. — 北京：机械工业出版社，2023.3（2024.5重印）
（日本农山渔村文化协会宝典系列）
ISBN 978-7-111-72152-9

Ⅰ. ①果… Ⅱ. ①日… ②巫… ③霍… Ⅲ. ①果树-修剪—图解 Ⅳ. ①S66-64

中国版本图书馆CIP数据核字（2022）第231574号

机械工业出版社（北京市百万庄大街22号　邮政编码100037）
策划编辑：高　伟　周晓伟　　责任编辑：高　伟　周晓伟　刘　源
责任校对：韩佳欣　陈　越　　责任印制：单爱军
保定市中画美凯印刷有限公司印刷
2024年5月第1版第3次印刷
169mm×230mm · 12.5印张 · 227千字
标准书号：ISBN 978-7-111-72152-9
定价：65.00元

电话服务　　网络服务
客服电话：010-88361066　　机　工　官　网：www. cmpbook. com
010-88379833　　机　工　官　博：weibo. com/cmp1952
010-68326294　　金　书　网：www. golden-book. com
封底无防伪标均为盗版　　机工教育服务网：www. cmpedu. com

序

果蔬业属于劳动密集型产业，在我国是仅次于粮食产业的第二大农业支柱产业，已形成了很多具有地方特色的果蔬优势产区。果蔬业的发展对实现农民增收、农业增效、促进农村经济与社会的可持续发展裨益良多，呈现出产业化经营水平日趋提高的态势。随着国民生活水平的不断提高，对果蔬产品的需求量日益增长，对其质量和安全性的要求也越来越高，这对果蔬的生产、加工及管理也提出了更高的要求。

我国农业发展处于转型时期，面临着产业结构调整与升级、农民增收、生态环境治理，以及产品质量、安全性和市场竞争力亟须提高的严峻挑战，要实现果蔬生产的绿色、优质、高效，减少农药、化肥用量，保障产品食用安全和生产环境的健康，离不开科技的支撑。日本从 20 世纪 60 年代开始逐步推进果蔬产品的标准化生产，其设施园艺和地膜覆盖栽培技术、工厂化育苗和机器人嫁接技术、机械化生产等都一度处于世界先进或者领先水平，注重研究开发各种先进实用的技术和设备，力求使果蔬生产过程精准化、省工省力、易操作。这些丰富的经验，都值得我们学习和借鉴。

日本农业书籍出版协会中最大的出版社——农山渔村文化协会（简称农文协）自 1940 年建社开始，其出版活动一直是以农业为中心，以围绕农民的生产、生活、文化和教育活动为出版宗旨，以服务农民的农业生产活动和经营活动为目标，向农民提供技术信息。经过 80 多年的发展，农文协已出版 4000 多种图书，其中的果蔬栽培手册（原名：作業便利帳）系列自出版就深受农民的喜爱，并随产业的发展和农民的需求进行不断修订。

根据目前我国果蔬产业的生产现状和种植结构需求，机械工业出版社与农文协展开合作，组织多家农业科研院所中理论和实践经验丰富，并且精通日语的教师及科研人员，翻译了本套“日本农山渔村文化协会宝典系列”，包含葡萄、猕猴桃、苹果、梨、西瓜、草莓、番茄等品种，以优质、高效种植为基本点，介绍了果蔬栽培管理技术、果树繁育及整形修剪技术等，内容全面，实用性、可操作性、指导性强，以供广大果蔬生产者和基层农技推广人员参考。

需要注意的是，我国与日本在自然环境和社会经济发展方面存在的差异，造就了园艺作物生产条件及市场条件的不同，不可盲目跟风，应因地制宜进行学习参考及应用。

希望本套丛书能为提高果蔬的整体质量和效益，增强果蔬产品的竞争力，促进农村经济繁荣发展和农民收入持续增加提供新助力，同时也恳请读者对书中的不当和错误之处提出宝贵意见，以便修正。

赵亚夫

前言

自己培育的果树，枝条旺盛生长、花朵娇艳开放、结出的果实新鲜好吃，这种兴奋程度是无法形容的。不过，很多人有这样的体验，不管怎么用心修剪，果树结果没有达到自己理想的程度，总是长得不是很好。

果树修剪容易失败主要是过分强调树形的美观而进行重修剪造成的，还有就是想让树冠内能够接收更多的阳光而过度剪枝。即使没有上述想法，有时也会出现手握剪刀不知不觉就把枝条剪多了的情况。刚开始学习修剪的人，失败的主要原因在于修剪过度、修剪强度过大。

果树修剪，开始时并不一定要过多地考虑树形，适当整理竞争枝、混合枝等就可以了，注意尽可能保留较多的枝条。最初不要拘泥于树形的美观，进行轻修剪就可以，这样做不仅能促进其花芽分化，很早结果，提早收获果实，也能逐步形成紧凑、完整且容易采摘的树形。

本书选取有代表性的 14 种果树，利用大量实拍图和示意图，通过图解的方式描述了修剪的要点，方便读者阅读，能很好地看清枝条修剪的位置，理解修剪指示的方向，也容易掌握修剪的要点，使初学者在轻松阅读中学会果树的修剪方法。如果本书能够对各位果树修剪爱好者有所帮助，我们会感到无比荣幸！

农文协编辑部

二〇〇五年二月

目　录

11 杏

小池洋男

12 柿

北野欣信

13 板栗

荒木 齐

14 无花果

松浦克彦

15 枇杷

浅田谦介

16 猕猴桃

末泽克彦

果树修剪的基础知识

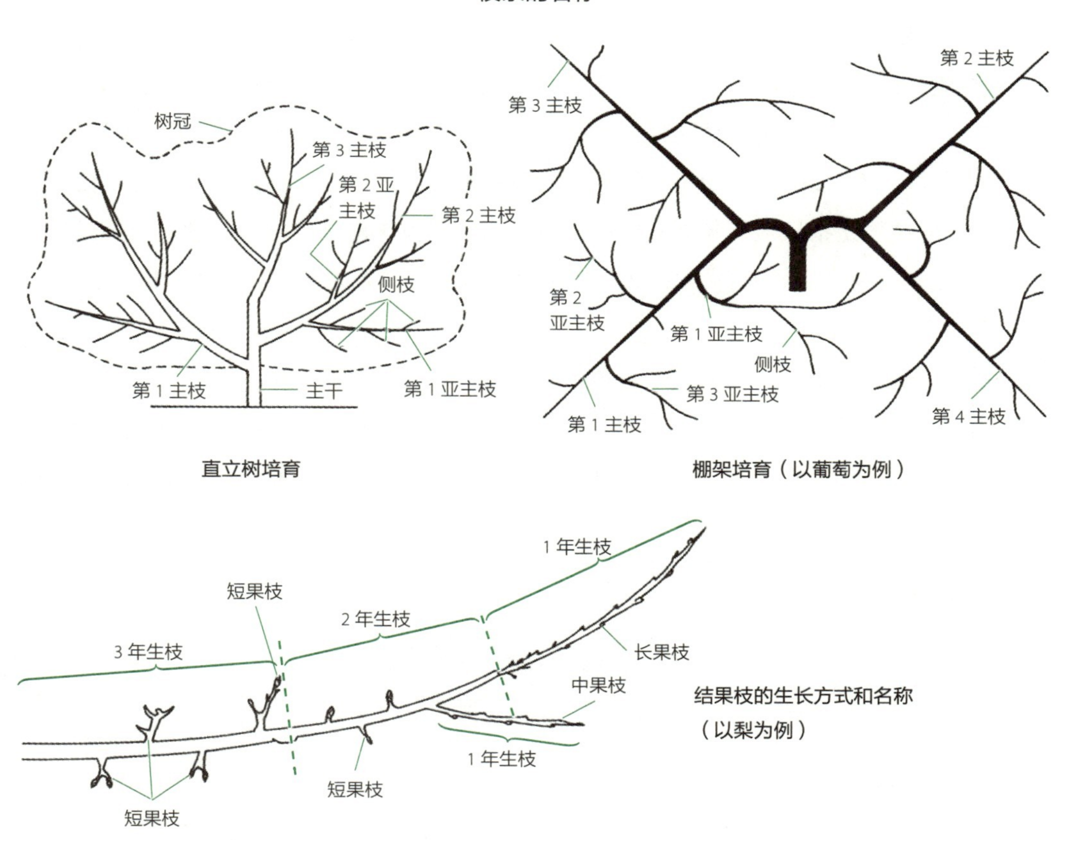

主　　干　是指树木从地上部分开始到最高分枝点为止的树干部分。

主　　枝　是指从主干部位直接分生出来的枝条，是着生亚主枝、侧枝、结果枝，作为形成树形基础的枝条。

亚主枝　是指从主枝上分生出来的枝条，是着生侧枝、结果枝，和主枝并列形成基本树体骨架的枝条。

侧　枝　是指能产生结果枝和结果母枝的枝条。

新　梢　是指新生长出来的、着生叶子的 1 年生枝。根据生长方式不同，又分为发育枝、结果枝、徒长枝等。

发育枝　仅着生叶芽的 1 年生枝，也叫营养枝。但是，梨等着生花芽的 1 年生枝也称为发育枝。

徒长枝　是指在发育枝中枝条直接向上生长形成的粗大枝条。

结果枝　是指着生花芽、当年或第 2 年开花结果的枝条的总称。根据长度不同，又分为短果枝（1~5 厘米）、中果枝（10~20 厘米）、长果枝（约 30 厘米以上）。短果枝很短、花芽密集着生，所以又称为花束状短果枝。

结果母枝　是指从上一年生长的枝条上长出的新枝（即结果枝），它具有伸长后开花结果的特性。在此类枝条上形成开花的结果枝的树种有：柑橘、葡萄、柿等。

副　梢　是指从生长的枝条（新梢）中的叶腋中发出的枝条。

花　芽　是指在第 2 年春季能够开花的芽。在枝条顶端着生的花芽称为顶花芽，在叶腋中着生的花芽称为腋花芽。在结果母枝上着生、既能抽枝发叶又能开花结果的芽，称为混合芽。

叶　芽　指在第 2 年春季仅生长出枝和叶的芽。

树形的名称（以直立树为例）

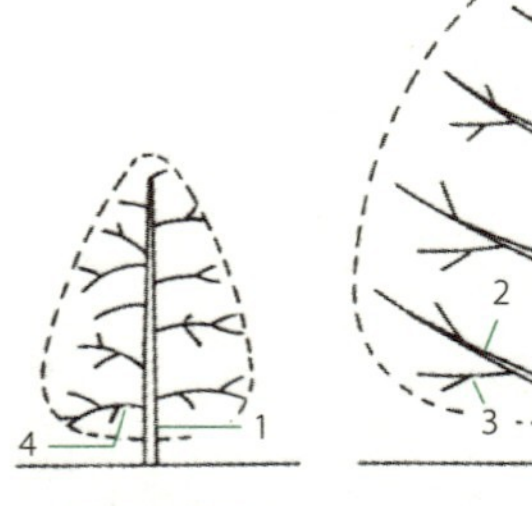

细长主干形　主干形

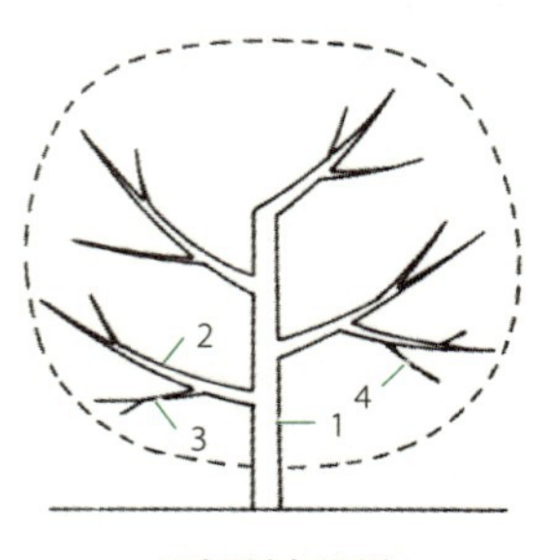

不规则主干形

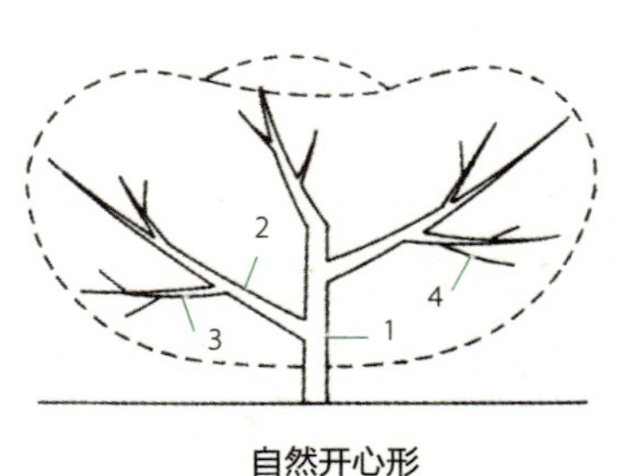

自然开心形

1—主干　2—主枝　3—亚主枝　4—侧枝

回缩修剪、疏剪和新梢的生长

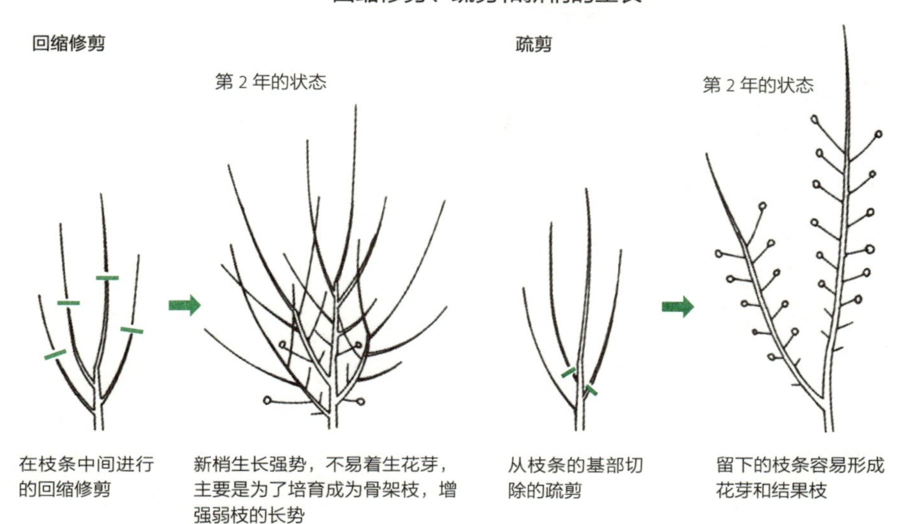

回缩修剪的程度和新梢的生长

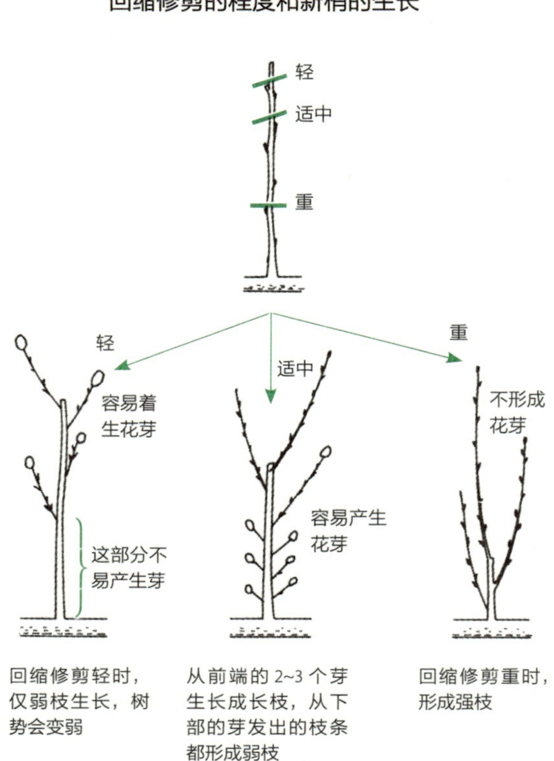

回缩修剪轻时，仅弱枝生长，树势会变弱

从前端的 2~3 个芽生长成长枝，从下部的芽发出的枝条都形成弱枝

回缩修剪重时，形成强枝

枝条的修剪方法

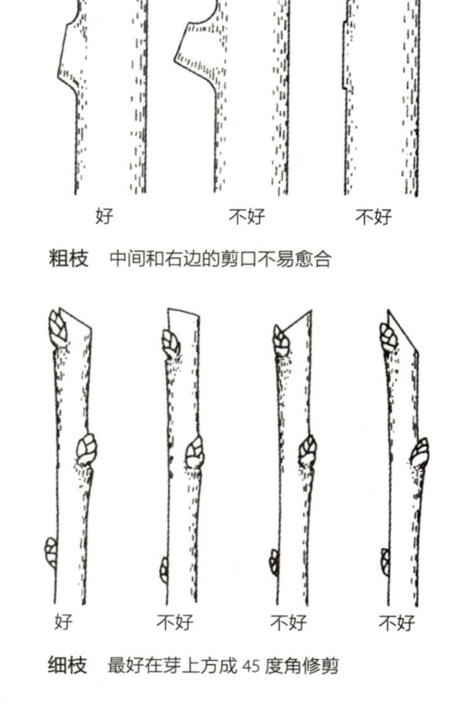

粗枝 中间和右边的剪口不易愈合

细枝 最好在芽上方成 45 度角修剪

影响生长及引起树形混乱枝条的处理

平行枝

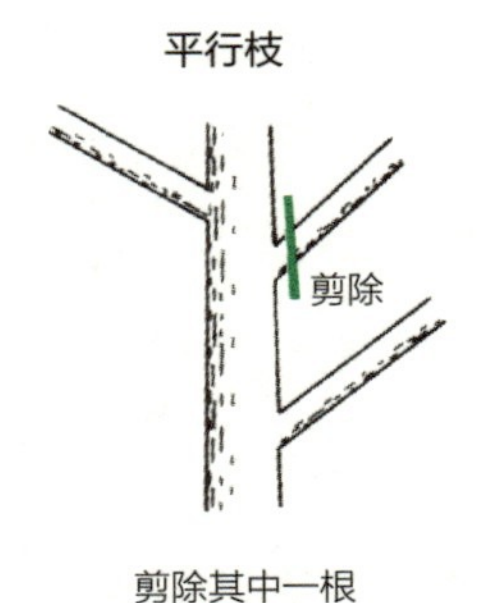

剪除其中一根

三叉枝（门闩枝）

剪除一边的枝

轮生枝

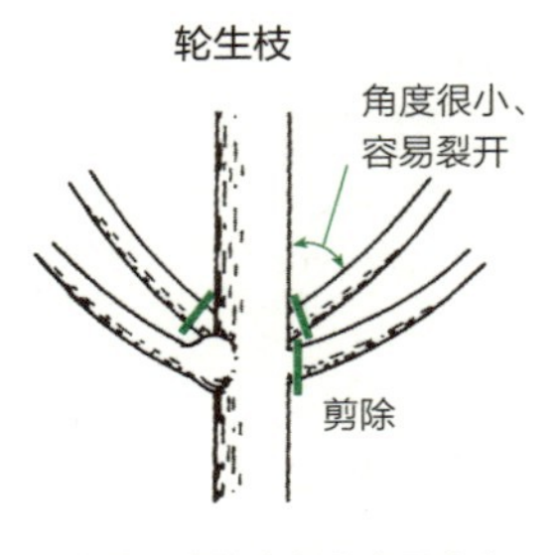

在主枝的分枝点部位容易产生分枝，拉开节点位置使分枝产生。尽早选定一根分枝

内向枝　　逆向枝

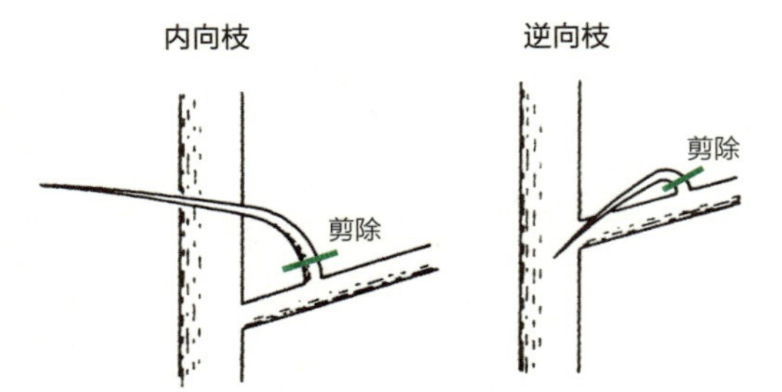

影响其他枝条生长、光照不好，应立即剪除

下垂枝　　徒长枝(直立枝)

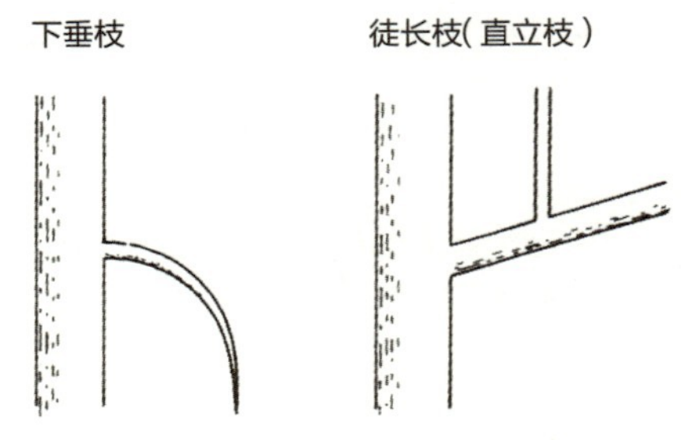

如果不影响其他枝条生长，不一定要立即剪除，可让其结果后再剪除，或可以利用其进行侧枝更新

提示： 由于树种或是地域不同，也会发生在此所述的枝条名称及处理方式与实际应用时不一样的情况，请加以注意。

1 柑 橘

——岸野 功

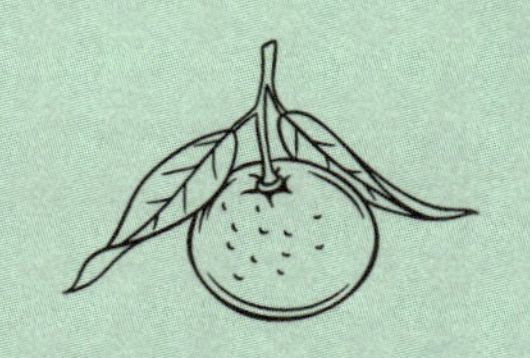

■ 树形和整枝的要点

柑橘的树形 柑橘通常的树形是自然开心形，由主干、主枝、亚主枝、侧枝组成一个完整的树形骨架（图 1-1~ 图 1-6）。

主干高 0.3~0.4 米，从其前端长出 2 根枝条、中间长出 1 根枝条，这 3 根主枝组成圆形向 3 个方向均等地直线生长。每根主枝上着生 2~3 根亚主枝，每根亚主枝上又着生多根侧枝，它们形成一个立体的树形空间配置。在侧枝上由 4~5 年生的枝条组成一个绿枝群（相当于结果枝组），这就是着生果实的部位。

在树龄小的时候，即使亚主枝、侧枝多也不觉得树形混杂。但随着树龄增加、枝条增粗，就会产生枝叶交叉混杂的情况，所以要对亚主枝、侧枝等进行一定的疏剪，减少枝条的数量，以保持树冠内通风透光。

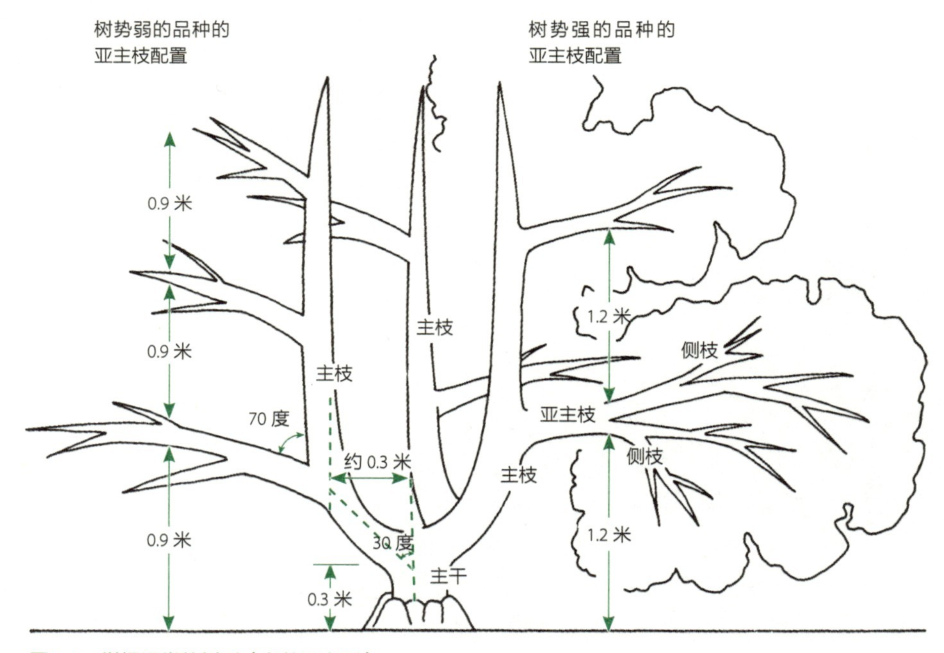

图 1-1 柑橘通常的树形（自然开心形）

图 1-2 在主枝的左右着生枝条

Ⓐ：如果对第 1 亚主枝的光照有影响，可以将其回缩修剪，并用细枝进行替换

Ⓑ：如果对第 1 亚主枝的光照有影响，和Ⓐ同样边回缩修剪边利用，很长时间后才能成为有用的侧枝

图 1-3 随着枝条的增粗，通过疏剪减少枝条

图 1-4 在亚主枝的左右着生侧枝

图 1-5 亚主枝的前端不要形成直立枝

和上部的枝条间隔很小，会影响通风透光。可以诱引枝条向下生长或是对下部枝条进行更新

图 1-6　整枝好的和整枝不太好的树

①直立枝少、整枝较好的树
对大的枝条没有必要进行修剪。对每根侧枝上的 3~4 年生直立枝进行疏剪，对过长的枝条进行矫正修剪

②直立枝多、整枝不好的树
A：疏剪较大的内向枝，需要经过 4~5 年的时间
B：疏剪直立枝
C：对大的直立枝，应花 4~5 年时间慢慢进行短缩修剪，最后再疏剪
D：对过长的枝条进行回缩修剪
E：对下垂枝进行疏剪

主枝的配置　主枝从主干 30 厘米处开始向上直线生长，要和主干形成 30 度左右的角度。若主干和主枝的角度过大、主枝斜向上直立生长，树冠内部结果的空间就会变大。

亚主枝的配置　亚主枝要和主枝保持 70 度左右的角度斜向生长，不要和邻近的主枝上生长出来的亚主枝交叉重叠。另外，每根主枝的上下亚主枝尽量不要产生重叠。如果亚主枝和主枝的分枝角度小、亚主枝直立生长，树的顶端部位就会逐步提高，随之而来的是结果部位也提高，后期的果实采摘作业就变得困难。更重要的是，上部的侧枝、亚主枝之间的间隔变小，树冠内部的通风光照变差。所以在分枝角度小时应该做好枝条的诱引，以扩大树冠。

■ 枝条的种类和结果习性

柑橘的 1 年生枝中，有结果的枝条（果梗枝）、采摘果实的枝条（摘果枝）和还没有着生花芽的枝条（发育枝）。发育枝会着生花芽，果梗枝和摘果枝不着生花芽，形成新的发育枝（图 1-7、图 1-8）。

在一株柑橘树上，果梗枝、摘果枝和发育枝是混合生长在一起的。发育枝多的树，当年开花特别多，但是形成的发育枝就少，下一年的花就会变少。果梗枝、摘果枝多的树，当年开花就少，形成的发育枝就多，下一年的花就变得很多。

果梗枝、摘果枝和发育枝保持均衡发展的柑橘树，既能产生花芽，发育枝也能正常生长，所以能保证连年丰产。但是，仅发育枝多，或者果梗枝、摘果枝多，便会产生隔年结果的现象，也就是会反复出现大小年现象。

图 1-7　发育枝上着生的花芽

图 1-8　果梗枝上长出来的发育枝

■ 修剪方法和树势的关系

回缩修剪和疏剪　在枝条的中间进行修剪称为回缩修剪，从枝条的基部进行修剪称为疏剪。回缩修剪的作用是促进枝条生长，有利于营养生长。疏剪的作用是促进花芽分化，有利于生殖生长。

对有一定树龄的枝条进行疏剪，怎样选择被修剪的枝条和留下的枝条才有效果呢?试验发现，修剪比较小的枝条时，疏剪的效果明显；如果修剪枝条的直径比留下的枝条直径大，回缩修剪的作用和效果明显，也就是说被修剪的枝条越粗，回缩修剪的作用和效果就越明显（图 1-9~ 图 1-11）。

重修剪和轻修剪　整个树体被修剪掉的枝条数量较多时称为重修剪。

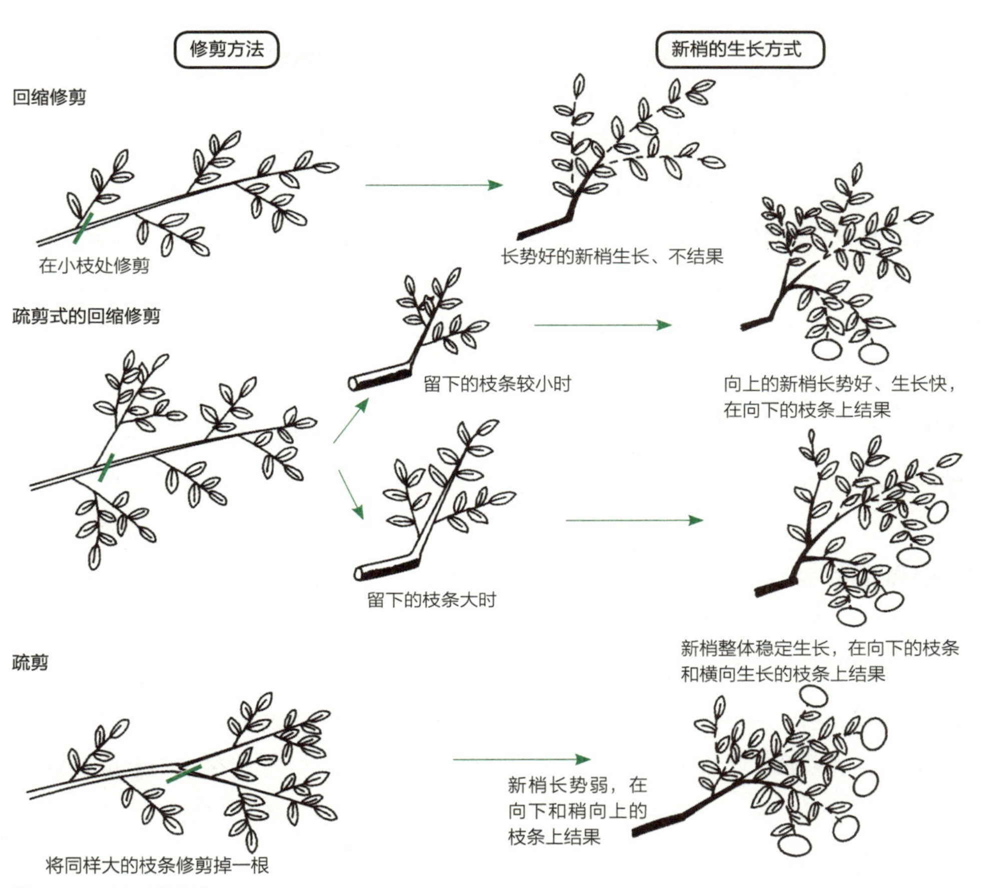

图 1-9　回缩修剪和疏剪

图 1-10　对大枝进行回缩修剪

由于对侧枝的回缩修剪比较轻，枝条基部的结果枝就少。应进行重回缩修剪使其在基部留有枝条

图 1-11　回缩修剪的作用是为了进行重疏剪

疏剪掉的枝条直径比留下枝条的直径大

疏剪也好、回缩修剪也好，修剪后都会发出更多的枝条且枝条年轻化，与没有进行修剪的树相比，新梢生长特别旺盛。这是因为修剪后，芽的总数量减少，但根部吸收的水分和养分的数量没有减少，留下的每个芽都有足够的水分和养分供给，多余的养分和水分都输送到新梢上，因此新梢生长旺盛。

回缩修剪直径大的枝条，称为重修剪。在修剪直径大的枝条、留下直径小的枝条的情况下，原来通过大导管输送的水分和养分进入小导管并分配到各个枝芽上，新梢和芽因营养充足而生长旺盛。

■ 从幼树期到壮年期的修剪

定植时　在从小苗木嫁接部位向上 30~40 厘米处进行回缩修剪，这样就确定了主干的高度。

在春梢和夏梢交界处的芽称为轮状芽，这种芽有很多。夏梢基部以上的 2~3 个芽称为盲芽，分化能力比较弱。在轮状芽和盲芽处进行回缩修剪，发芽就会变迟、枝条的长势会变弱。所以，在春梢长 30 厘米以上的苗木中，应在春梢的轮状芽下边的芽处进行回缩修剪；春梢长 30 厘米以下时，可在夏梢盲芽以上的 3~4 个充实芽处进行回缩修剪（图 1-12）。

第 2 年　定植后第 2 年要开始确定苗木的主枝，要求有 3 根主枝在主干上成圆形均等分布。选择从主干的前端伸出的 2 根枝条及主干中间的 1 根枝条，将这 3 根枝条作为主枝培养。前端的 2 根主枝长势强，下端的 1 根主枝长势大都比较弱。所以，弱的主枝要用支柱进行适当的直立诱引。

选择从夏梢上生长出的枝条作为亚主枝候补枝。对亚主枝的要求是，不要选择和相邻主枝上的枝条成交叉方向生长的枝条作为亚主枝。

对主枝、亚主枝的前端进行修剪。要将亚主枝回缩修剪成比主枝短的枝条，对妨碍主枝、亚主枝生长的枝条要进行疏剪。到开始结果前，要在主枝上留好亚主枝候补枝，在亚主枝候补枝上留好侧枝候补枝，按照这样的方式进行回缩修剪（图 1-13）。

从结果期开始的修剪　从结果开始（第 3~4 年），修剪方式要从过去以回缩修剪为主转变为以疏剪为主。在主枝、亚主枝的前端部位保留 2 根或 3 根夏梢，对亚主枝上的直立枝进行疏剪（图 1-14~ 图 1-19）。

当亚主枝分枝角度小、成为直立枝时，如果有其他适合的亚主枝候补枝，可以进行疏剪。当没有适合的亚主枝候补枝时，通过诱引使前端部分处于水平状态，如果不能进行诱引时，就在水平枝处进行修剪，改变亚主枝的伸展方向。

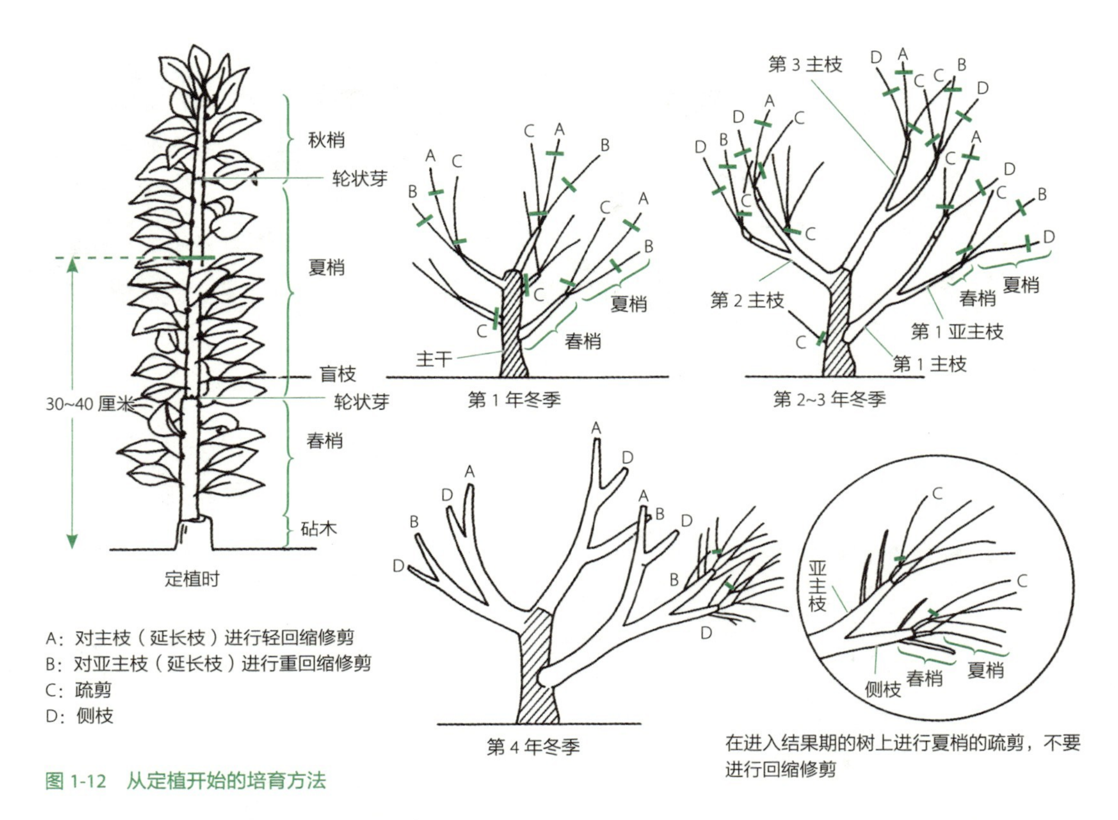

A：对主枝（延长枝）进行轻回缩修剪
B：对亚主枝（延长枝）进行重回缩修剪
C：疏剪
D：侧枝

图 1-12　从定植开始的培育方法

修剪前

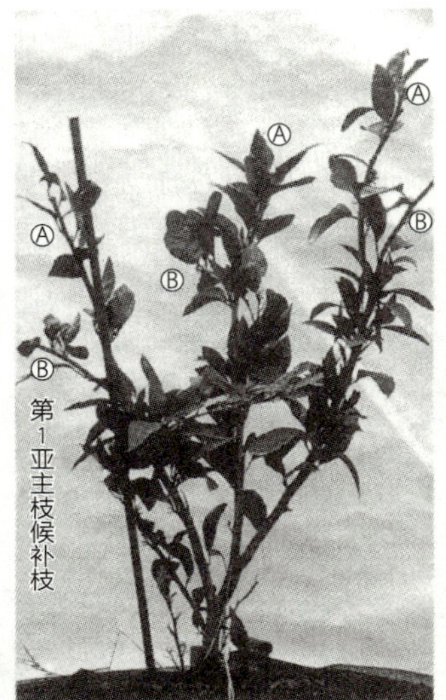

修剪后
Ⓐ是主枝，Ⓑ是亚主枝候补枝

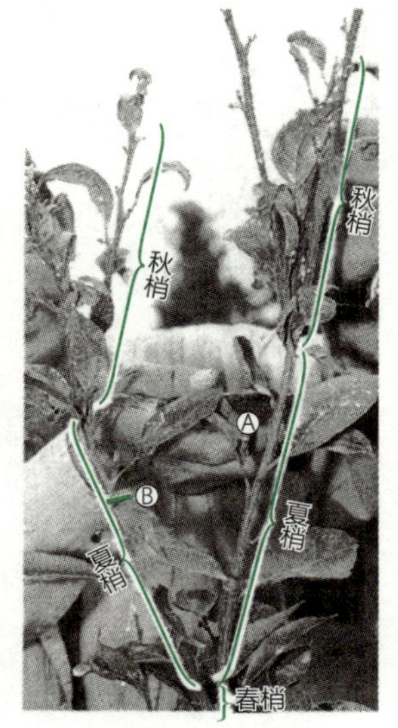

主枝、亚主枝候补枝的修剪
主枝Ⓐ一直留用到夏梢为止。亚主枝候补枝要回缩修剪至比主枝短Ⓑ

图 1-13　第 1 年冬季（2 年生树）的修剪

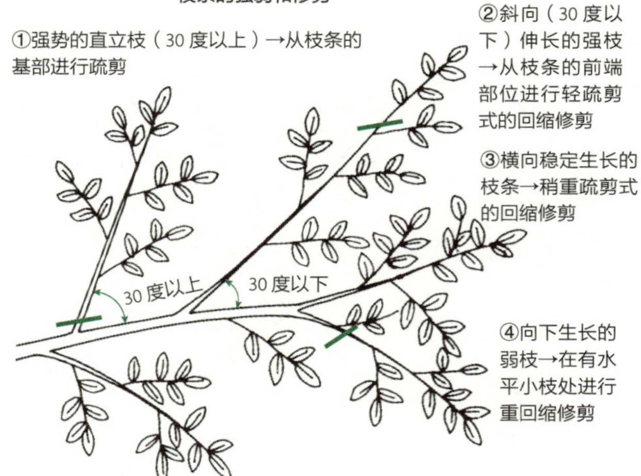

图 1-14　枝条的强弱、花芽的着生和修剪

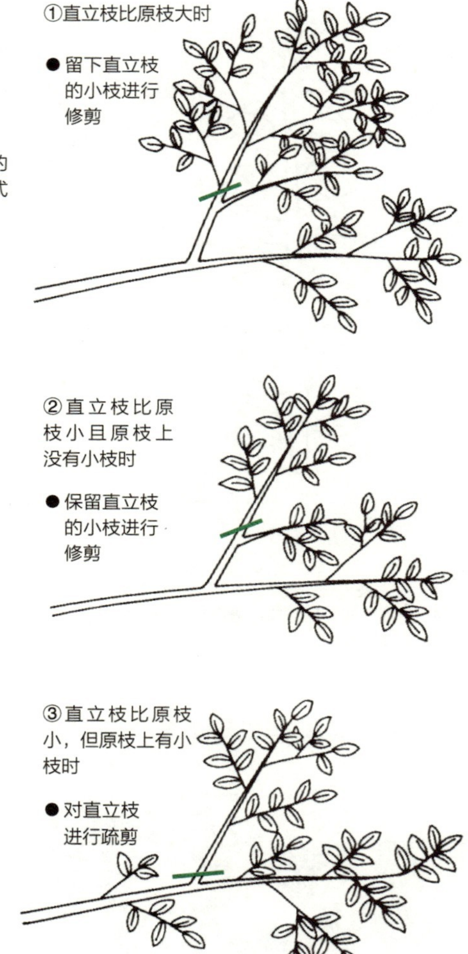

图 1-15　直立枝的状态和修剪方法

图 1-16　发育枝、果梗枝的着生方式和修剪方法

图 1-17　壮年树主枝前端的修剪

对和主枝有竞争的直立枝进行疏剪

图 1-18　疏剪亚主枝中的直立枝（壮年树）

直立枝长势强、遮挡阳光，应尽早进行疏剪

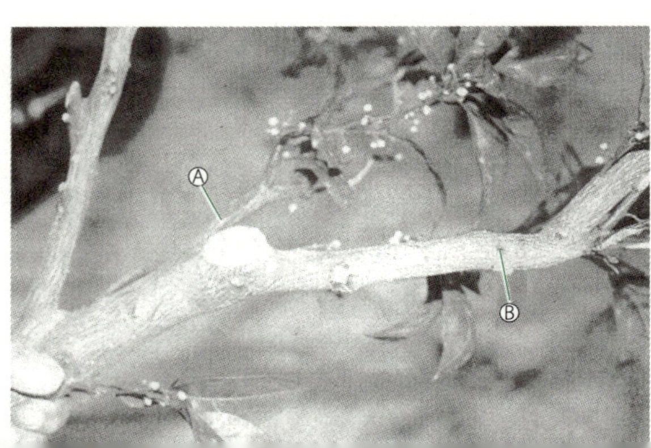

图 1-19　将亚主枝的前端用横枝替换

由于亚主枝形成了直立枝，要进行疏剪Ⓐ，将其前端替换成横枝 Ⓑ

成年期的修剪

成年期修剪的作用主要是便于收获及病虫害防治等作业和保持树冠内的通风透光等，以提高果实的品质。因此，修剪时必须要考虑着生花的数量，必须根据着花的数量来确定修剪的程度和修剪的方法（图 1-20）。

提高透光性　妨碍树体内部透光和影响作业的枝条有直立枝、过密枝、过长枝 3 种情况，这些枝条要尽可能少，它们是修剪的主要对象。

发育枝达 70% 以上的树的修剪　这种树预计春季着花的数量过多，要进行更多的回缩修剪。另外，即使对大枝进行修剪，也不会产生徒长枝，所以要对直立枝、过多的侧枝进行疏剪。

着生的花多，产生的发育枝就少，因此要对过长的侧枝进行回缩修剪。为了更好地促使发育枝生长，要对预备枝进行修剪。

发育枝在 50%~70% 的树的修剪　这种树着花的数量较多，也会产生发育枝，要根据发育枝的多少改变修剪方式。

在发育枝多的侧枝上，对直立枝进行疏剪，对过长的枝条进行回缩修剪。而在果梗枝过多的侧枝上，仅对直立枝进行疏剪。果梗枝和发育枝数量大致相等的侧枝可以不用修剪。

发育枝在 30%~50% 的树的修剪　这种树着花的发育枝预计会很多，有发育枝的枝条不要修剪。着花后对着花的枝条中重叠的部分进行疏剪，对没有着花的长枝条进行回缩修剪就可以了。

发育枝在 30% 以下的树的修剪　着花的数量少，枝条相互不重叠，所以不需要修剪。对在冬季发育枝多的树，到那时再确定是否修剪。

树形改造

有大的直立枝生长的树、亚主枝前端部位直立向上的树、树太高而想使其矮化的树等，这些树的树形都需要进行改造。树形改造需要经过 3~4 年的时间（图 1-21~图 1-26）。

着花数量多的树，即使进行重修剪，也不会影响整体的效果，可以在 3 月进行修剪。但是着花数量少的树，最好在新叶老化后的 7 月进行修剪。另外，为了防止留下的枝条遭受日灼，应在修剪后的枝条及切口处涂上防日灼剂。

①对春梢进行疏剪

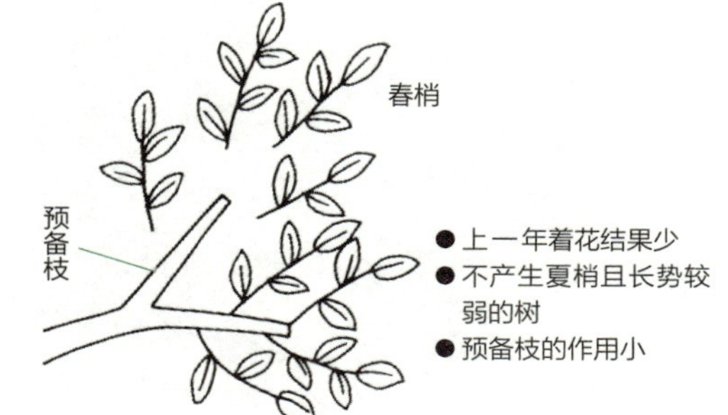

- 上一年着花结果少
- 不产生夏梢且长势较弱的树
- 预备枝的作用小

②对夏梢进行疏剪

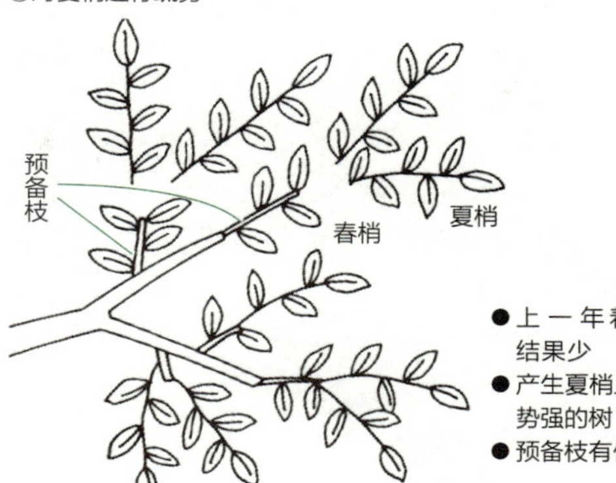

③在果梗枝处进行回缩修剪

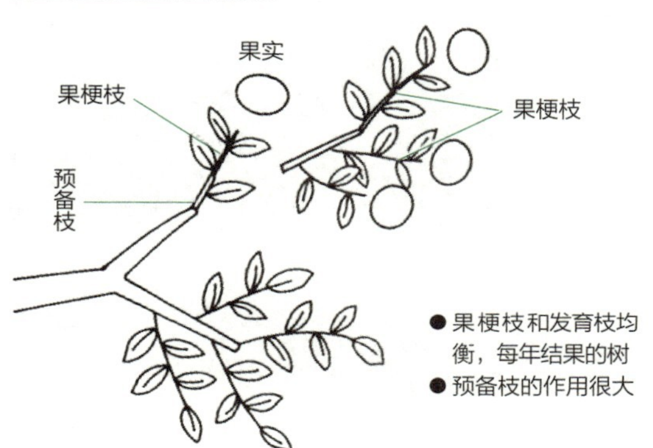

- 果梗枝和发育枝均衡，每年结果的树
- 预备枝的作用很大

从预备枝上产生的发育枝

预备枝修剪的案例

Ⓐ：对保留直立枝的果梗枝进行回缩修剪
Ⓑ：对发育枝多的横向枝进行疏剪
Ⓒ：对直立枝进行疏剪
Ⓓ：对发育枝（春梢）进行疏剪

图 1-20 预备枝的修剪

预备枝的修剪目的是，当开花多时要减少结果数量，让发育枝生长，减少果树的大小年现象。修剪时期比较早、回缩修剪多时，形成的发育枝就多

图 1-21　亚主枝、侧枝前端的修剪

对直立枝Ⓐ进行疏剪，对长枝Ⓑ进行回缩修剪，形成三角形配置

图 1-22　成年树主枝前端的修剪

Ⓐ：直立的侧枝长大后，会和主枝竞争养分、水分，应该尽早进行疏剪，用弱枝来进行更新

Ⓑ：2~3 年前更新的侧枝

图 1-23　对过长枝的回缩修剪

侧枝过长，会对下部枝条的光照程度造成影响。另外，只在前端产生绿枝群，会产生枝干光秃现象

回缩修剪在Ⓐ或Ⓑ处进行，以保证下部枝条受到光照为标准。首先在Ⓐ处进行回缩修剪，3~4 年后在Ⓑ处进行回缩修剪

图 1-24　利用从大枝切口处产生的徒长枝作为侧枝

对稍带直立、长势稍强的枝条Ⓐ进行疏剪，将长势弱的枝条Ⓑ作为侧枝使用

图 1-25　主枝的短缩

< 在横枝处进行回缩修剪 >

①处的修剪：主枝可以一次性短缩。对于留下的Ⓐ处，修剪口较大，Ⓐ处枝条长势较弱

②处的修剪：保留主枝前端的大横枝Ⓑ，必须都要像右图一样进行疏剪

< 留下的枝条发育充实后对大枝进行疏剪 >

在左图的②处进行修剪，留下的小枝Ⓐ、从修剪切口处长出的徒长枝Ⓑ会呈上图中的生长状态。留下的小枝发育充实后，便对大枝进行疏剪

图 1-26　改造后的树形

主枝短缩，并对主枝前端的大横枝进行修剪改造后的树形，此时树高 2 米

树势强的品系的修剪

树势强的品系中有青岛温州、大津 4 号、久能温州蜜柑等。它们的特点是枝条生长快、节间长、下部枝条很少有枯死的现象发生等。

如果用同样的种植管理方式，果实比原来品系的要大一个等级，在直立枝上形成的果实会过大，外观和品质也会下降。随着果实增大，果梗部枝条向下生长并在弱枝上结果，能够形成品质优良和外形美观的果实，这是提高果实品质的一个秘诀，也就是说要在水平枝、下垂枝上结果。整枝、修剪要以疏剪为主。亚主枝、侧枝的生长会影响树冠内的通风透光，所以亚主枝、侧枝之间的间隔应该尽量扩大。

重修剪会促使徒长枝增加，所以应该进行轻修剪。枝条的回缩修剪强度也应该轻一点。如果栽培距离不正确，也不能保证稳定的果实产量，还会形成略呈圆形的树形（图 1-27、图 1-28）。

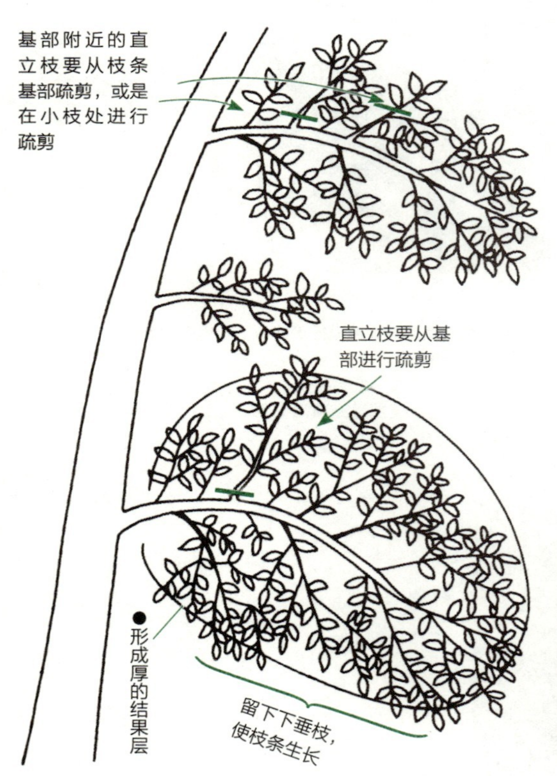

图 1-27　大津 4 号、青岛温州（树势强的品系）的修剪

树势弱的品系的修剪

树势弱的品系包含了所有的极早生品种。岩崎、日南柑橘等极早生品种，可以说是树势较强，但是和过去最早的早生品系相比还是属于树势弱的品种。其枝条长势弱、节间短，因此短枝密集着生，果实

图 1-28　树势强的品系以疏剪为主形成略呈圆形的树形

难以长大。

修剪以回缩修剪为主，果实着生在斜向上方生长的枝条和水平枝条上，下部枝条上仅产生短的新梢，应该切除。

主枝、亚主枝上的侧枝，越到前端部分越短，这些枝条组合成三角形的树形（图 1-29、图 1-30）。

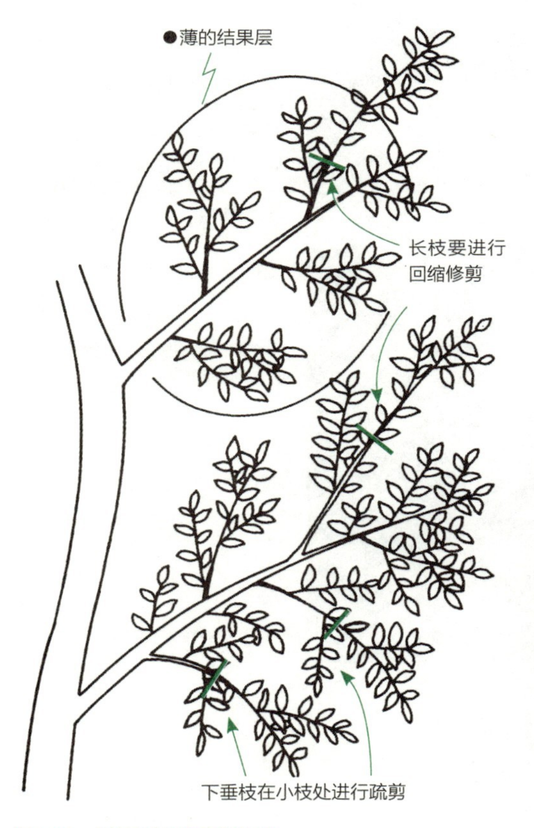

图 1-29　树势弱的品系的修剪

图 1-30　树势弱的品系的树形

主枝、亚主枝、侧枝前端较短，组合成三角形的树形

■ 伊予柑的修剪

温州蜜柑有花芽和叶芽，在发育枝前端只着生 1 个花芽；与此相对应的是，伊予柑在发育枝上能着生数个花芽，花量较多，可利用直立枝中发育充实的发育枝使其结果，但在直立枝长势过于强势之前要进行疏剪。因为着花的数量过多，应该进行较重且多次的回缩修剪，更要注意进行预备枝的修剪，以促进新梢的产生（图 1-31、图 1-32）。

图 1-31　伊予柑的修剪

①长枝的回缩修剪

由于树势较弱，在下部枝条上产生很多短发育枝，着生很多长势弱的花芽，形成的发育枝就少。把所有稍直立的枝条进行回缩修剪，保持树势

②对大的主枝进行疏剪

Ⓐ：对直立枝进行疏剪，产生果梗枝的预备枝

Ⓑ：保留果梗枝进行回缩修剪

Ⓒ：结果的侧枝

图 1-32　伊予柑的树形

与极早生品种相比，其树势弱、节间短，容易形成紧凑的树形。若过度修剪、着花数量过多，新叶产生就少、树势就弱，这一点要特别注意。改良土壤、保证适当的结果量非常重要

2 苹果（普通栽培）

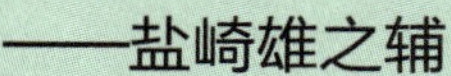

■ 修剪前的准备

芽、枝条的种类和果实的着生方式 苹果树的芽分为顶芽、腋芽和潜伏芽 3 种。顶芽是指着生在枝条前端的芽，腋芽是指着生在枝条中间的芽，潜伏芽是指枝条长大也不萌发的芽（受修剪刺激后会发芽）。

苹果是在其 1 年生枝的短果枝、中果枝、长果枝的顶芽等部位结果。腋芽结的果实比顶芽结的果实小，一般不利用其结果，也有些品种是可以利用其结出较大果实的。但是利用腋芽结果，会出现枝条下垂，结果后枝条上不能再次形成花芽，影响第 2 年的结果。除此之外，在其他 1 年生枝上也会出现发育枝和徒长枝。

营养生长和生殖生长的均衡 所谓营养生长，是指枝叶生长旺盛，枝条、叶子、根等吸收养分、水分的生长。所谓生殖生长，是指花芽分化、开花、结果、果实长大等一系列的生长过程。

如果新梢长势弱、形成的花芽就多，果实也多，但是果实会变小，出现隔年结果的大小年现象，此外，还会出现无法用于更新的新枝。

枝条中有直接结果的结果枝，还有向树冠外扩展、进行老枝更新的强势新梢，两者均衡发展是果树最佳的状态（图 2-1）。

顶端优势 在直立生长的枝条中，从前端的芽生长出来的枝条长势最强。与此相反，越是从下部的芽生长出来的枝条长势就越弱，这种现象称为顶端优势。但是，如果将枝条向斜上方诱引，顶端优势就会变弱；如果将枝条向水平方向诱引，几乎就没有顶端优势现象了。

修剪方法不同对枝条生长的影响 枝条的修剪方法分为疏剪和回缩修剪两种。疏剪是不论枝条的年龄，在枝条的分枝点进行的修剪；回缩修剪是在直线生长的多年生枝条中间某一点进行的修剪。

疏剪对树的生长刺激比较小，对修剪位置周围的枝条不会产生影响，有时还能够促

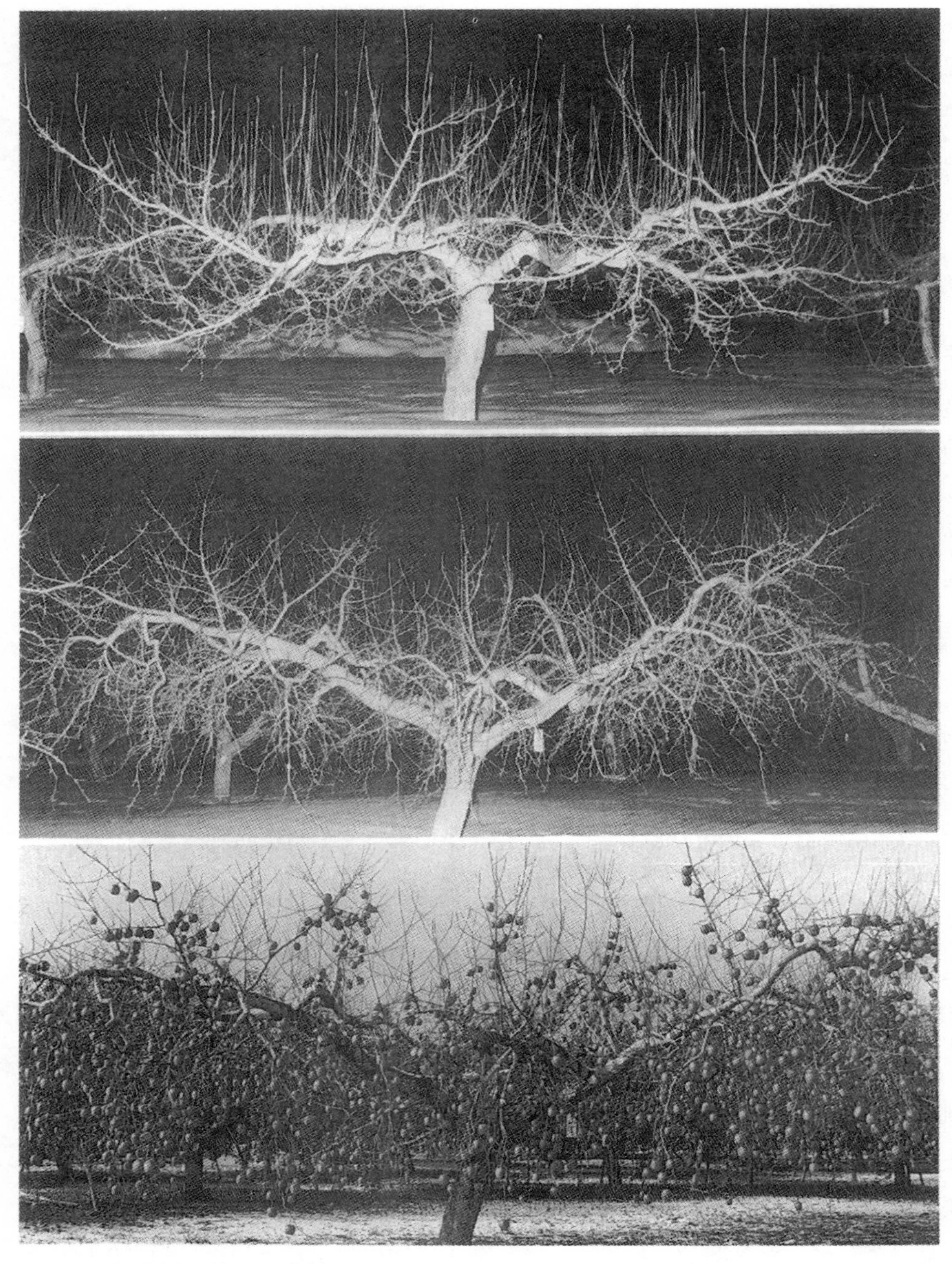

图 2-1　开心形树（13 株 /1000 米 ^{2}）

上图　树冠上部斜立的侧枝（结果枝）只有几根，其他全是徒长枝。下垂的结果枝长势不旺。如果修剪去除直立的徒长枝，整个树冠层会变得很单薄

中图　斜立、水平、下垂状的结果枝多，形成立体饱满的结构，是一种树冠层厚、果实收获量多的树形

下图　和中间图片的结果状况相同。每年结果 2000 个以上。可以根据叶面积测定进行摘叶

进花芽的分化。

回缩修剪后，切口下部会立即萌发出很多长势强的新梢，营养生长较强，影响花芽分化并使花芽分化推迟。但是这种影响仅在回缩修剪的枝条上，不影响其他枝条的生长。这两种修剪方法配合使用是很重要的（图 2-2、图 2-3）。

幼树期的培育
（从定植开始的 4~5 年）

优良种苗的选择 即使对幼弱的种苗进行回缩修剪，产生的枝条数量还是少，从主干发出的枝条的分枝角度也比较小，会给将来树冠伸展带来不利的影响。所以要选用规

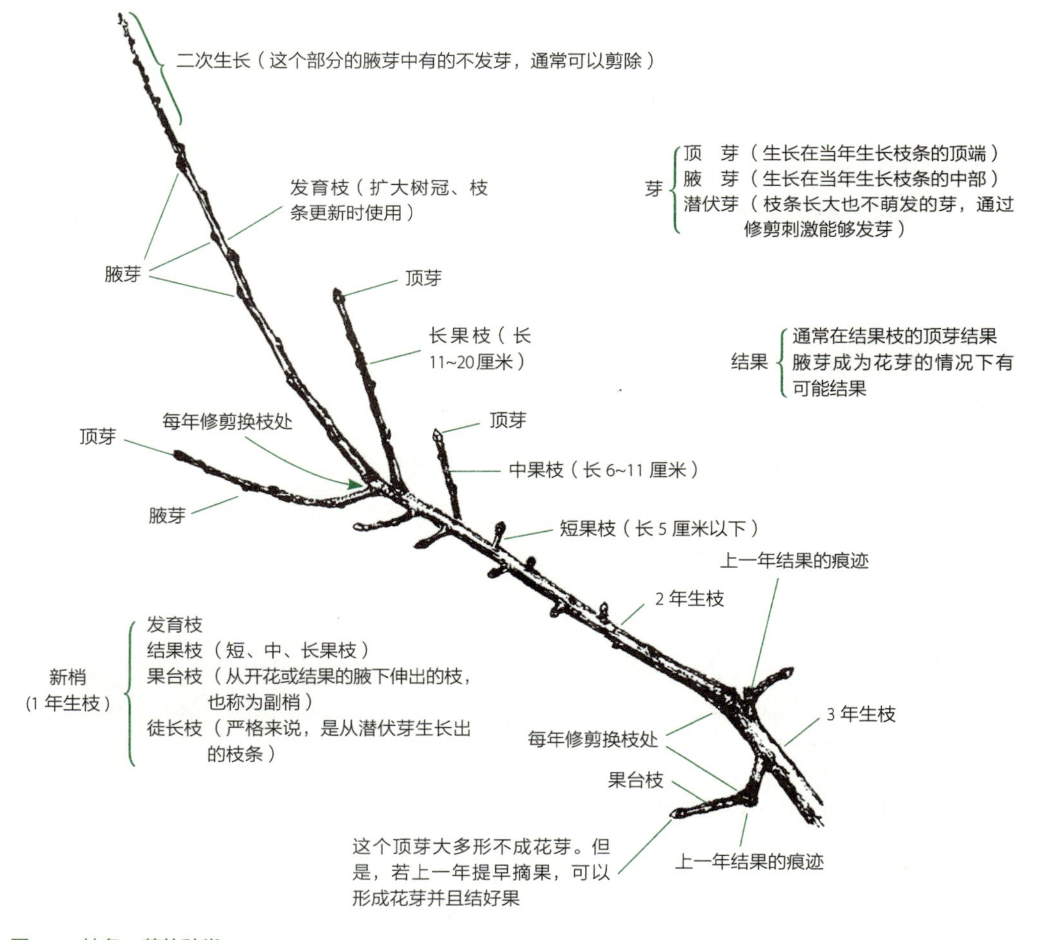

图 2-2 枝条、芽的种类

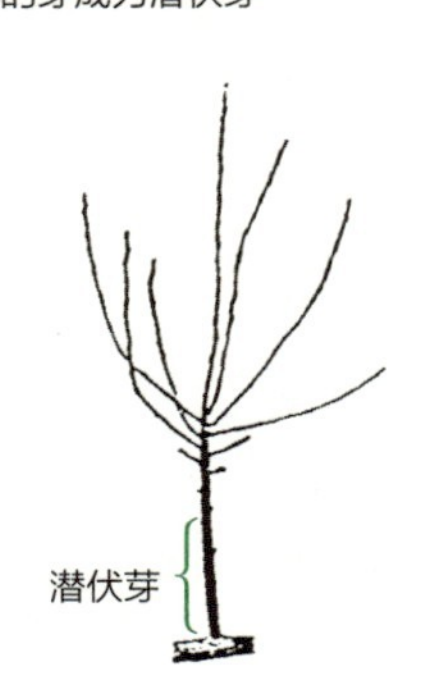

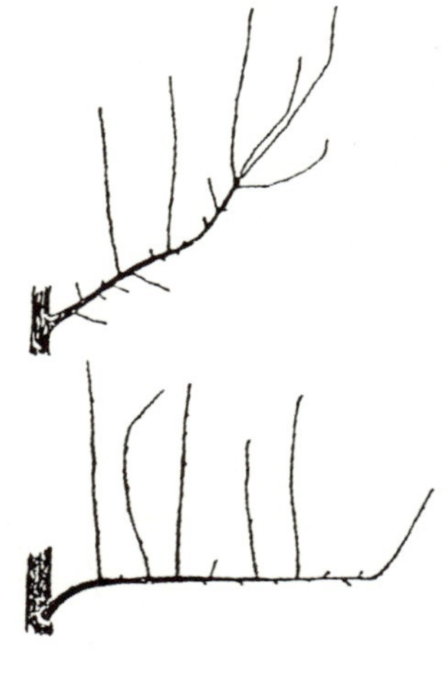

图 2-3　枝条的角度和顶端优势的表现方式

格较大且生长整齐的优良种苗进行定植，最好选用主干长 150 厘米以上、粗壮、根系发达、特别是细根多的种苗进行定植。

回缩修剪芯枝的高度　1 年生苗木定植后，在达到 70~100 厘米的高度时进行回缩修剪。

第 2 年以后修剪芯枝（主干延长枝）。从主干上发出的较多的枝条中，选择长势强的枝条，在 40~50 厘米的长度处进行回缩修剪。为了培养主枝，芯枝要经过 3~4 年的回缩修剪，使以后最上层的主枝容易结果，并能起到牵制作用。另外，还可以迅速扩大树冠，通过芯枝短截、枝条疏剪等措施使树形变小，树势能持续 10 年以上。

在寒冷地区，要培育长度在 1 米以下的枝条，这样在树木的壮年期就可以保证最初的果实收获量。同时，保留下部的枝条，扩大冠幅，促进根系向周边扩展，形成不易倒伏的稳定树形。

主枝候补枝的处理方法　主枝候补枝是指准主枝，包含虽不能成为主枝，但可以长期使用的枝条。对其前端及其分枝的前端新梢进行适当的回缩修剪，保持强的长势，使其向外侧生长。

提高早期收获量的枝　除了主枝候补枝之外，从主干上发出的枝条尽可能多保留一些，以增加早期收获量。这样虽然会增加一点劳动量，但若按照 30 度的角度（仰角）进行枝条诱引，枝条就会稳定伸展，不需要大量疏剪枝条。另外，树冠内部光线容易透入，只要进行轻修剪光照就会充足，容易提早结果（图 2-4~ 图 2-9）。

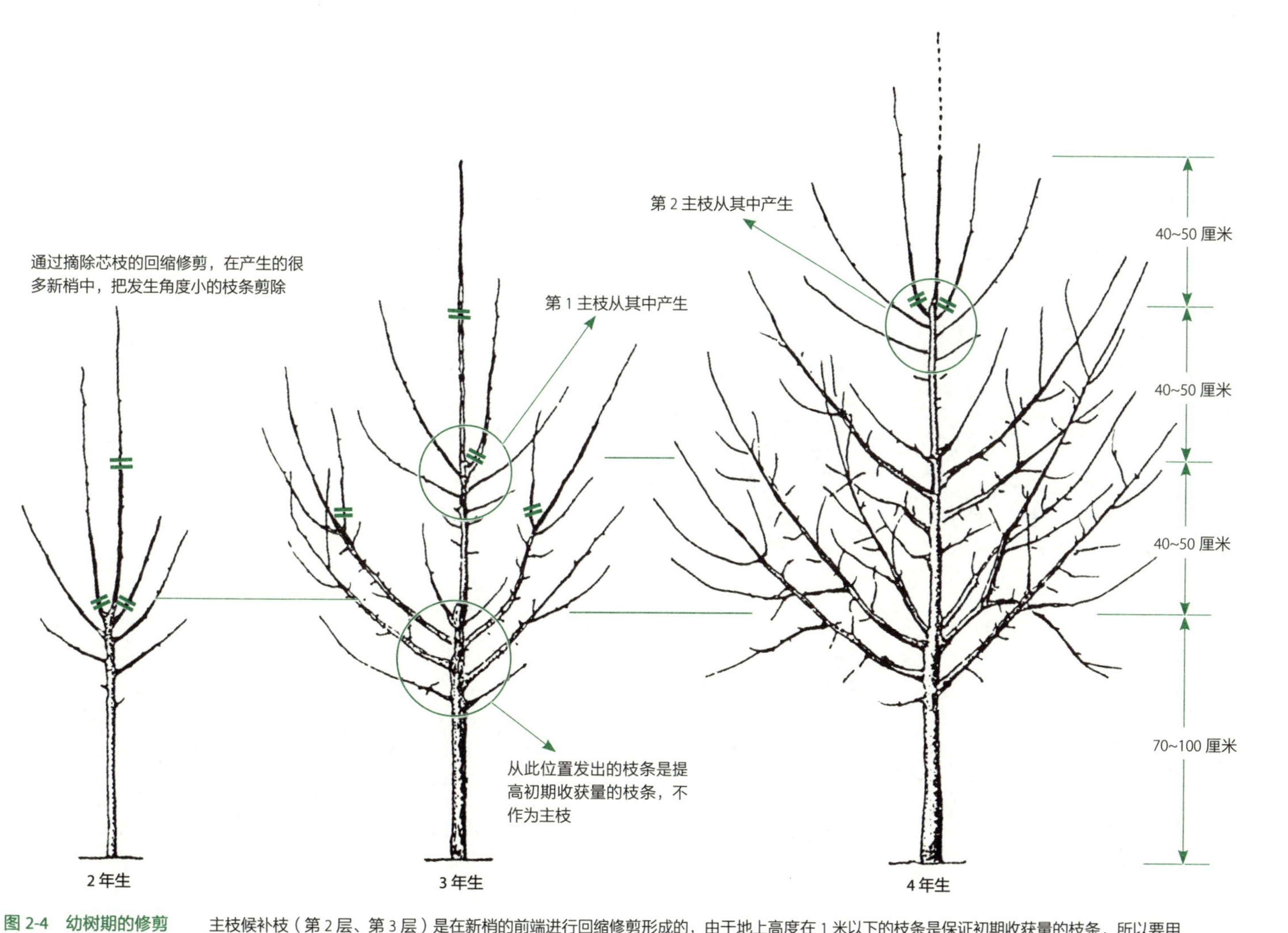

图 2-4 幼树期的修剪 主枝候补枝（第 2 层、第 3 层）是在新梢的前端进行回缩修剪形成的，由于地上高度在 1 米以下的枝条是保证初期收获量的枝条，所以要用心进行轻修剪

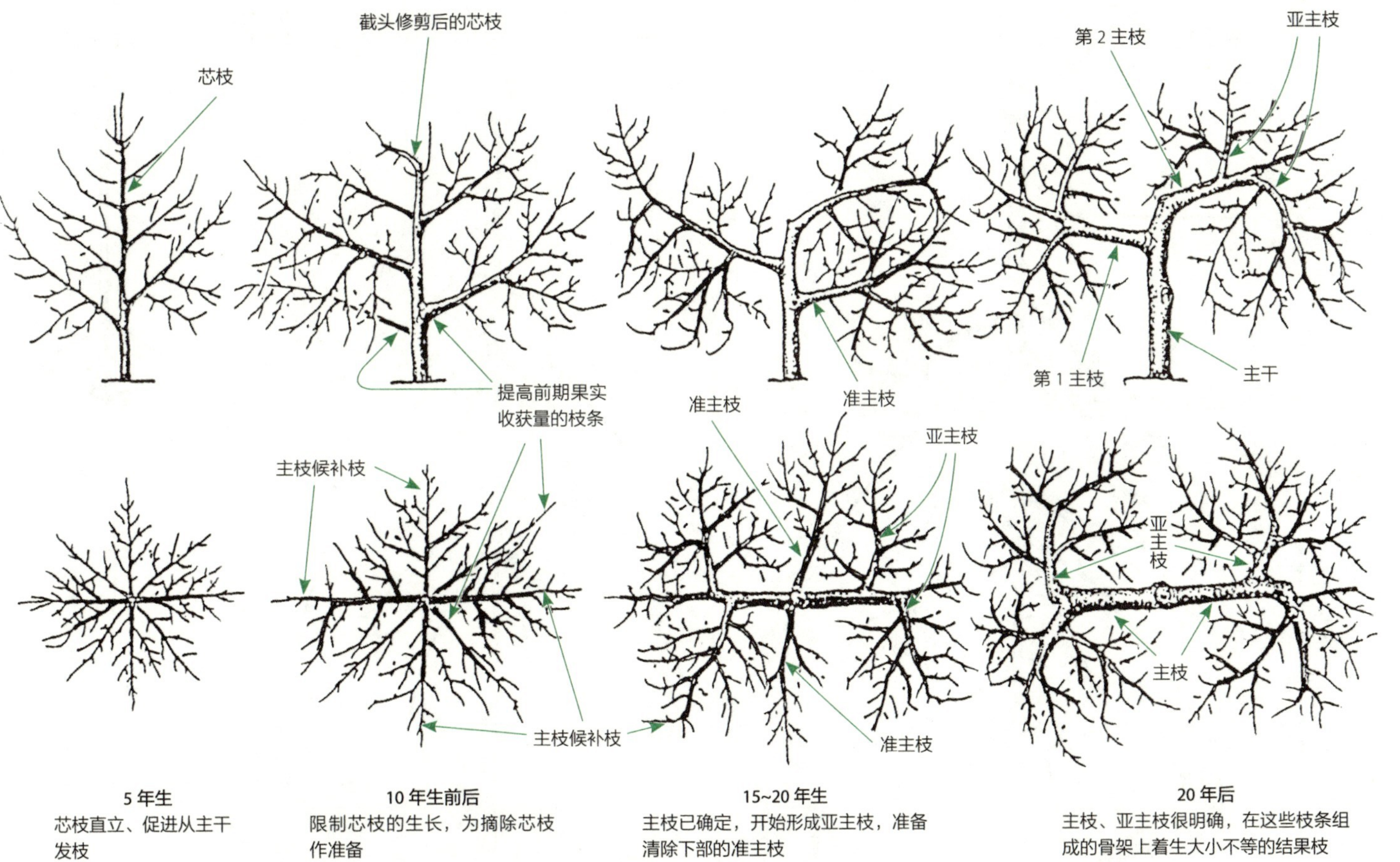

图 2-5　从壮年到成年过程中树形的变化和骨架枝形成的方法

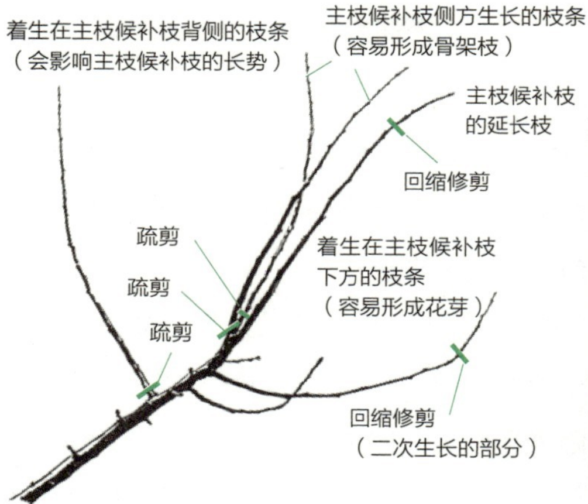

图 2-6 主枝候补枝延长部分的修剪方法

图 2-7 生长状况较好的 4 年生树（富士）

除了左侧比芯枝高的枝条，其他的枝条都很好，在标记的位置进行修剪，其他的枝条保持平衡，或是把枝条的前端向低于芯枝的方向诱引。在低位修剪的情况下，枝条附近会发生徒长枝，在夏季要进行适当处理。

第 1 层的枝条作为初期收获果实的结果枝，最好不要把主枝作为结果枝使用

图 2-8 枝条经过诱引的树（左）和没有经过诱引的树（右），4 年生王林品种

枝条直立向上的果树品种，如果进行枝条诱引，不仅能使主枝候补枝快速产生，而且能尽早提高产量

右图中的树从现在开始进行枝条诱引也不是很迟，和主干成 45~60 度进行诱引就可以了

图 2-9 新梢没有进行回缩修剪的 3 年生王林品种

二次生长枝条的部位一般不着生叶子，为防止这种现象的产生，可以在没有长叶子的部位的正下方进行修剪。但是，在上图中，由于下层的枝条不能形成主枝，可使其尽早结果。随着主枝候补枝的生长，再将下层枝条切除。大部分的枝条都不要修剪，而是通过诱引展开树冠

■ 从抑制芯枝到摘除芯枝时期的修剪
（从 4~5 年生树到 10 年生树时期）

主枝候补枝的处理方法 在第 4~5 年，能有 10 根以上的主枝候补枝为好，从其中选择 2 根作为主枝培养使用。第 1 根主枝选择距地 120~150 厘米高、面向南侧的枝条；第 2 根主枝选择比第 1 根主枝高 40~50 厘米、面向北侧的最理想。

更重要的是，要找到 2 根和主枝成直角方向、可以使用 15~20 年的枝条作为准主枝，最好不要选择和主枝同样高度的地方长出的枝条作为准主枝。

如果过分追求理想的树形，经验不足的人会陷入重修剪的陷阱，小心死板、一味讲究树形是不可取的。修剪时要尽可能地朝理想的树形方向考虑，并且花费时间和精力尽可能朝此方向进行。

主枝、准主枝以外的枝条、特别是距地面高度在 1 米以下的枝条，作用是提高果树初期的收获量，所以至少要收获一次果实，对这种枝条在二次生长的部分进行回缩修剪，产生的共枝（相同长势的二叉枝）尽可能不要进行处理，可以进行轻修剪。但对于妨碍主枝、准主枝生长的枝条要进行疏剪（图 2-10~ 图 2-14）。

芯枝的摘除 芯枝对上层主枝的稳定生长发挥着重要作用。绝对不能对主枝形成大的损伤，主枝既能生产果实，又能扩大树冠，必须保持其较强的长势。

调节芯枝大小是很困难的，没有经验的人很容易失败。在摘除芯枝前，主枝延长部的新梢最好要长达 60 厘米以上。如果主枝延长枝长度在 60 厘米以下，长势过弱，树冠的扩大就会延迟。在这个时候，剪短芯枝，重回缩修剪在主枝上着生的新梢，可以促进营养生长。相反，主枝延长部的新梢长达 1 米时，芯枝就会变得过于小，在这种情况下，不仅要回缩修剪芯枝，还要对树进行整体轻修剪，使芯枝变大。

芯枝要小，要和主枝及周边的枝条相协调，主枝要比芯枝粗，而且一直要等到结果后才能剪去，这一点很重要。

受到品种、土壤肥力等条件的影响，大致在第 10 年时进行剪芯枝的作业。

图 2-10 主枝候补枝生长过长的 5 年生树（富士）

主枝候补枝（⇨处）展开、着生了很多花芽，但是，不仅主枝延长部分的新梢不需要修剪，分出的二叉、三叉枝都不需要修剪。在此处即使用小枝替代芯枝（➡处），对主枝候补枝的下垂也没有作用。候补枝的大小也不整齐。特别是图中圈起来的部分出现了 4 根分枝，所以候补枝越长越大。但是对候补枝以外的枝条可以进行轻修剪，使其尽早结果

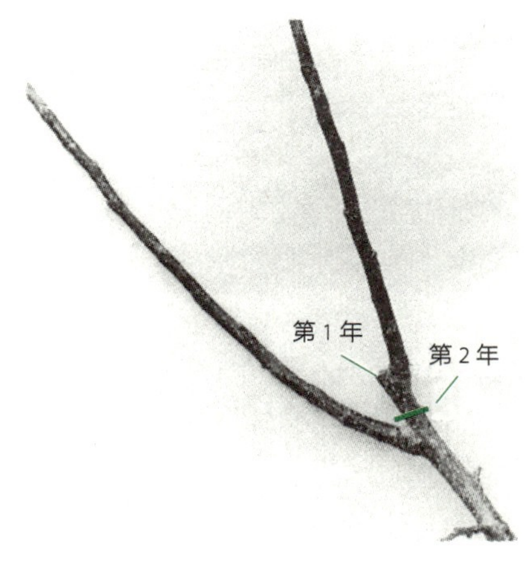

图 2-11 使强枝展开的回缩修剪

在想让枝条展开的情况下，通常是在下部芽以上部位修剪，但在强枝上，保留从下部芽以上的 1 个芽后进行修剪，第 2 年修剪上部的新梢

图 2-12 6 年生的富士品种

如果把大的直立向上的第 2 层主枝候补枝去掉的话（圈中），第 2 层的枝条就会不足。将来有可能成为大枝的枝条，在新梢阶段就会显现出来，所以应该尽早地整理枝条。同时，抑制芯枝的生长也过迟了，为了使第 2 层的枝作为主枝候补枝使用，要尽早抑制芯枝生长，第 1 层的枝条在结果后是可以剪去的

图 2-13 6 年生的津轻品种

在主枝形成的初期，对津轻品种有必要进行重回缩修剪。左图中的树回缩修剪较轻，所以主枝候补枝展开过大、小枝少。另外，主枝候补枝整理过早。在这个树龄应该留下更多的主枝候补枝。若这根主枝结很多果，就会对主枝产生损伤，应对主枝上的所有新梢进行回缩修剪。

另外，对从主枝切口周边发出的徒长枝，展开角度大的枝条要尽可能保留。下层的枝条中，妨碍主枝生长的枝条要切除，其他能增加果实收获量的枝条尽可能保留

图 2-14　从侧枝（结果枝）和壮年树主干产生的枝条的修剪方法

圈内的共枝（二叉枝）原则上修剪 1 根。在大箭头标记的地方进行疏剪、在小箭头标记的地方进行新梢的回缩修剪（剪头），这些枝条的回缩修剪只要修剪 2 次生长的部分就可以了

①侧枝（结果枝）　在枝条的前端不准备向下生长的情况下，共枝中修剪下部枝条；在准备向下生长的情况下，修剪上部枝条。共枝只留 1 根的情况下，要控制新梢的疏剪。如果空间比较大，2 根枝条均可保留

②主枝候补枝　在共枝的下方进行疏剪，主枝候补枝延长部分的新梢进行 1/3~1/2 的回缩修剪。上部枝条上着生的长、中果枝要剪去花芽（顶芽修剪），保持强长势

③不作为主枝的枝条　对上下分开的共枝不进行修剪整理，在大小箭头标记的位置对新梢进行修剪

骨架枝形成期的修剪（第 10~20 年）

主枝、亚主枝的长度和枝的数量　主枝的长度以成年期从主干树冠边缘的距离的 1/2 为宜。若每 1000 米 ^{2} 按正方形种植 20 株，到成年树时树冠的冠幅约为 7 米，主枝的长度是其 1/4，约 1.75 米。亚主枝的长度以从亚主枝分枝点到树冠边边缘的距离的 1/2 为宜。但是，实际上骨架枝伸展有一定的角度，有时还有弯曲的部分，所以比 50% 左右的长度标准要稍长一点，大致以主枝 2 米左右、亚主枝 1 米左右的长度作为标准。

亚主枝在 1 根主枝上保留 2 根、在 1 株树上保留 4 根，在果树第 15~20 年确定完成。在距主干约 1.5 米的位置确定第 1 亚主枝、然后在距第 1 亚主枝 30 厘米处确定第 2 亚主枝。在主枝、亚主枝的延长部位都着生有枝条，这些枝条由于结果，会逐渐下垂，如果这些下垂枝条出现长势衰弱的情况，就要进行更新。

树势稳定强劲、快速生长，产生大量的果实，会形成主枝下垂、影响树冠的扩大，在培养主枝期间一定要注意结果数量和结果方式。对越是结果良好、枝条容易下垂的品

种（津轻苹果、乔纳金苹果），越是需要对主枝候补枝进行较重的回缩修剪，这样结果下垂时，可以用主枝延长部进行更新。在主枝上部产生的徒长枝向斜上方强烈生长，这些枝条要培育覆盖在原主枝上，今后并用这些枝条进行替换更新。

使主枝上产生枝条 在主枝上不着生直立枝和分叉枝。至少15年以内不产生亚主枝，只形成大小不等的侧枝（在日本青森县又称为结果枝）。侧枝在初期产生很多，随着树的长大朝同一个方向生长，对间隔小的枝条进行疏剪培育侧枝，但是，过大的枝条不要用其作为骨架。对骨架化的枝条、弱的侧枝等要进行疏剪，对切口周边产生的新梢（徒长枝）进行适当调整。若早期增加亚主枝、形成骨架枝，会和准主枝产生竞争，缩短准主枝的寿命。

相反，若准主枝产生较大的分叉枝，不仅会妨碍主枝的生长，还会影响到生产作业效果，所以只能让大小不等的侧枝着生。每年从基部对侧枝进行疏剪，准主枝按照利用15~20年的目标进行切除（图2-15~图2-24）。

图2-15 骨架枝（亚主枝）延长部的侧枝（修剪前）

侧枝中生长出很多小枝的状态。伴随着小枝生长依次对其进行疏剪，使侧枝长大。但是，如果长大的侧枝像骨架枝一样大，或是枝条衰弱了，就要进行更新

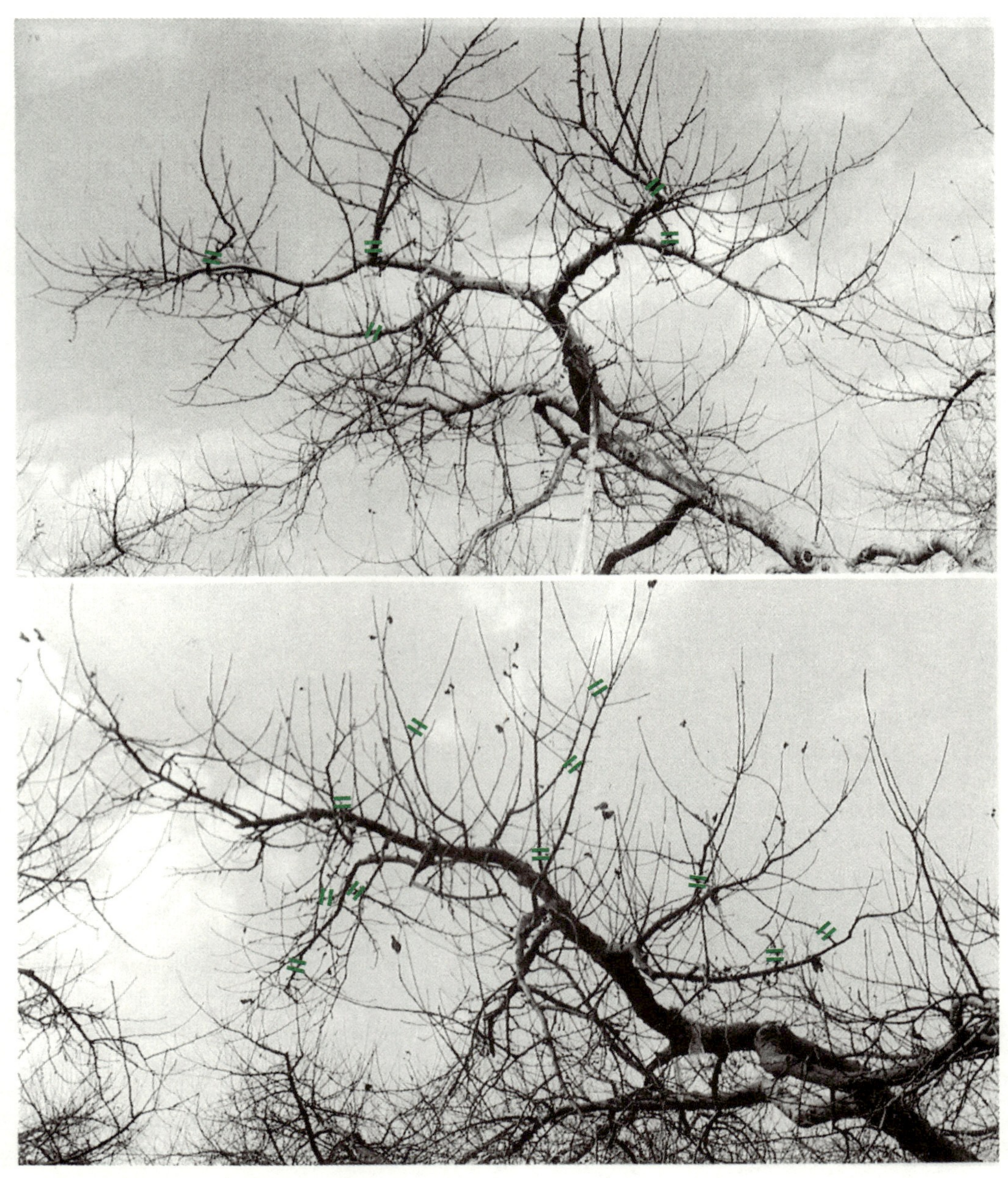

图 2-16　侧枝着生好与不好的案例（陆奥品种）

上图　形成的侧枝骨架化是不好的。如果像这样侧枝过大，最好进行更新矫正。若在侧枝的侧方产生大的分叉枝，就会出现这样的情形。去掉强枝、利用角度大的徒长枝矫正侧枝

下图　小的侧枝很多、形成较好立体感的状态。从骨架枝上去掉较强的侧枝，同时从侧枝上去掉侧方向生长的较强枝条

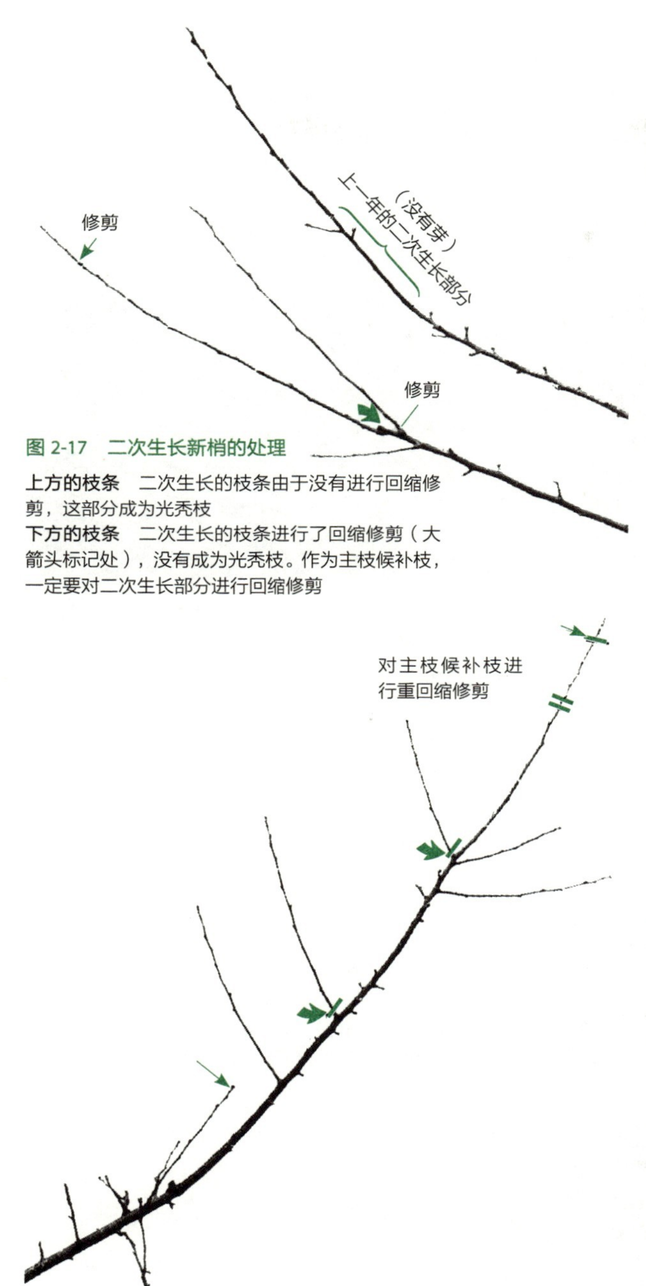

图 2-17　二次生长新梢的处理

上方的枝条　二次生长的枝条由于没有进行回缩修剪，这部分成为光秃枝

下方的枝条　二次生长的枝条进行了回缩修剪（大箭头标记处），没有成为光秃枝。作为主枝候补枝，一定要对二次生长部分进行回缩修剪

图 2-18　侧枝、主枝候补枝的修剪方法

图中所示的是在大箭头处进行疏剪，小箭头处是表示二次生长部分的回缩修剪

①侧枝和主枝候补枝以外的枝条　在大小箭头处修剪

②主枝候补枝　对主枝延长部的新梢进行 1/3 的回缩修剪（⫽处），与此同时，对全部新梢的顶芽（花芽）进行切除，保持枝条的强长势

图 2-19　下垂枝的修剪方法

仔细观察每个芽，以细小的枝条为单位进行回缩修剪，若进行疏剪可以长时间利用

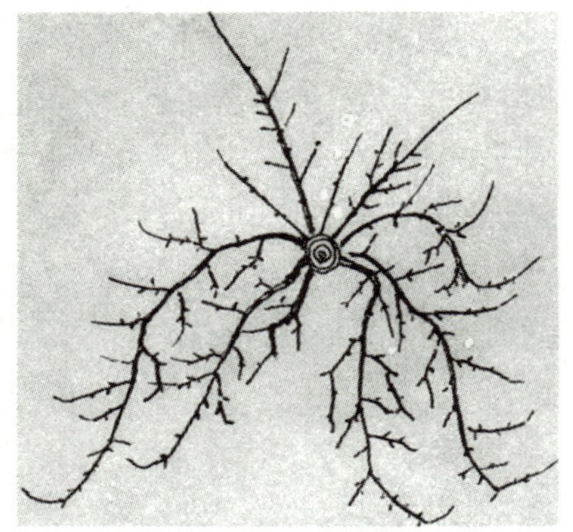

图 2-20　侧枝（结果枝）的着生方式

这是从主枝、亚主枝前端看到的图片

不管是枝条的上方、下方、侧面，都要用柔软的枝条作为侧枝。但是如果主枝、亚主枝呈水平状态时，下面的枝条要疏剪

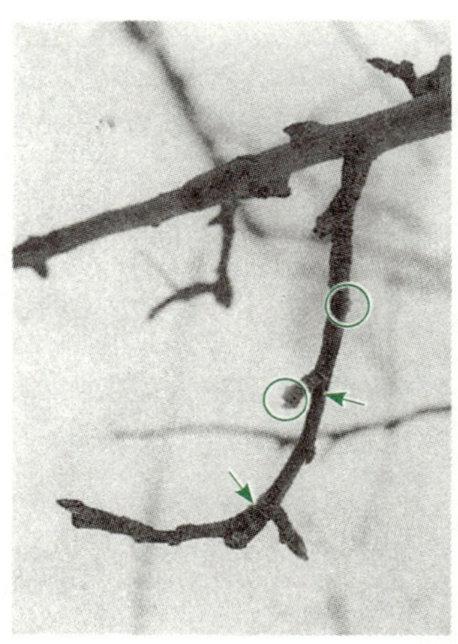

图 2-21　小枝的修剪

如果不修剪结 2 个果实，多是小果或中果，圈内的芽不发芽。若在下面的箭头处进行回缩修剪，使其产生一个大果实，圈内的芽不会发芽

若在上面的箭头处进行回缩修剪，圈内的芽形成短、中果枝或是短发育枝，使枝条年轻化。根据主枝候补枝的处理方法来决定修剪的位置就可以了

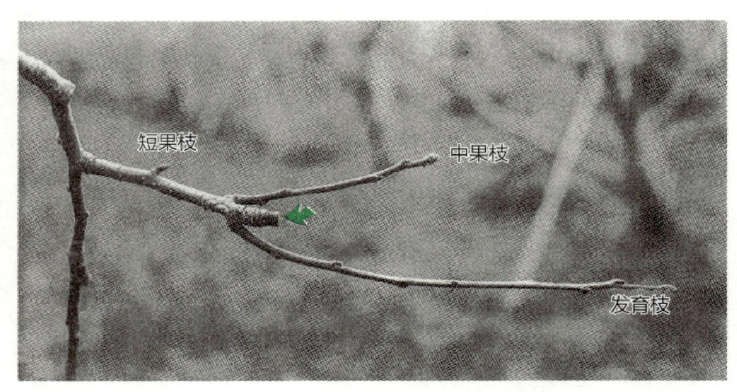

图 2-22　年度交替进行回缩修剪

想使新梢缩短、小枝增加时，可以在年度交替的时候在 1 厘米处进行修剪。这种修剪方法虽然是回缩修剪，但周边的新梢生长比较稳定

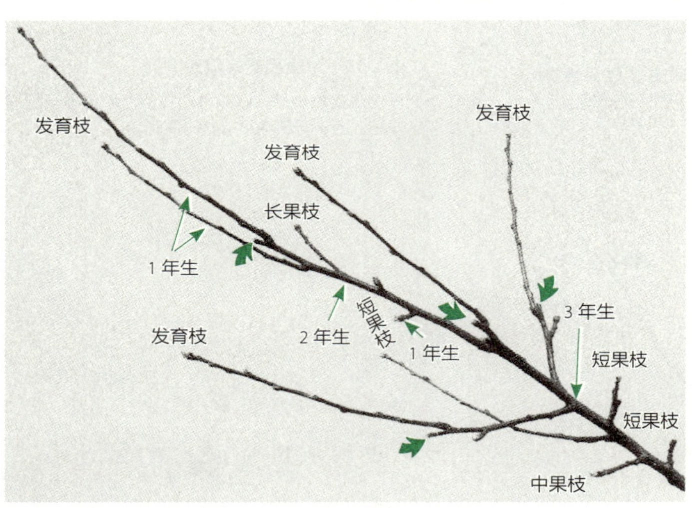

图 2-23　弱枝的回缩修剪

此为 1 年前新梢进行了重的短修剪（粗箭头处），发育枝增加、枝条年轻化

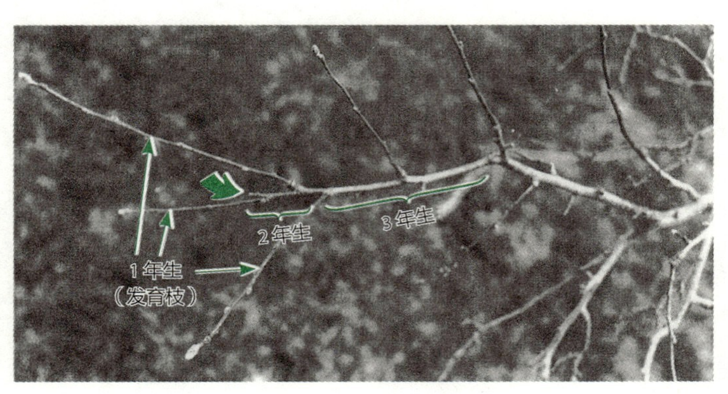

图 2-24　失败的新梢回缩修剪

回缩修剪（粗箭头处）过重，不能形成短果枝

■ 侧枝（结果枝）的培育和更新

如前边的图 2-5 所示，在亚主枝形成前，如果有侧枝，就直接在主枝上培育侧枝。开始形成亚主枝时，侧枝就可以在亚主枝上培育，马上从主枝上进行疏剪。

侧枝的培育方法　在直立的强势新梢枝条上不容易着生花芽，由于枝条不下垂，不适合作为侧枝使用。能够作为侧枝培育的是产生枝的角度在 45 度左右、枝条粗壮充实、稍长的新梢。修剪这根新梢时，按照品种、枝条的角度等，在枝的前端进行轻回缩修剪。第 2 年，在这根枝条的上部和侧面产生的新梢中，仅对长势强的枝条进行疏剪。这样就形成了侧枝，如果想使侧枝上着生的小枝（结果枝及几根结果组枝）结果，可以选择下垂枝的柔软枝条作为结果枝，这些小枝在枝条的上部、下部、侧部结果。如果侧枝水平生长并下垂，要剪除下部的小枝。最重要的是由于着生很多细枝，这些强势的细枝妨碍侧枝生长，每年都要进行疏剪（图 2-25）。

若侧枝的延长部位着生很多花芽，枝条长势就会变弱，所以，在新梢长 30 厘米以下时，为防止枝条衰弱，不要摘蕾（顶芽），而是进行 5 厘米左右的回缩修剪。对侧枝进行适当的回缩修剪、对衰弱的小枝细心地进行回缩或是疏剪，如果进行这样的操作，这种侧枝可以保持 10 年以上的利用时间。

侧枝的更新　侧枝由于反复结果，枝条一定会逐步形成下垂状态，下垂后枝条长势

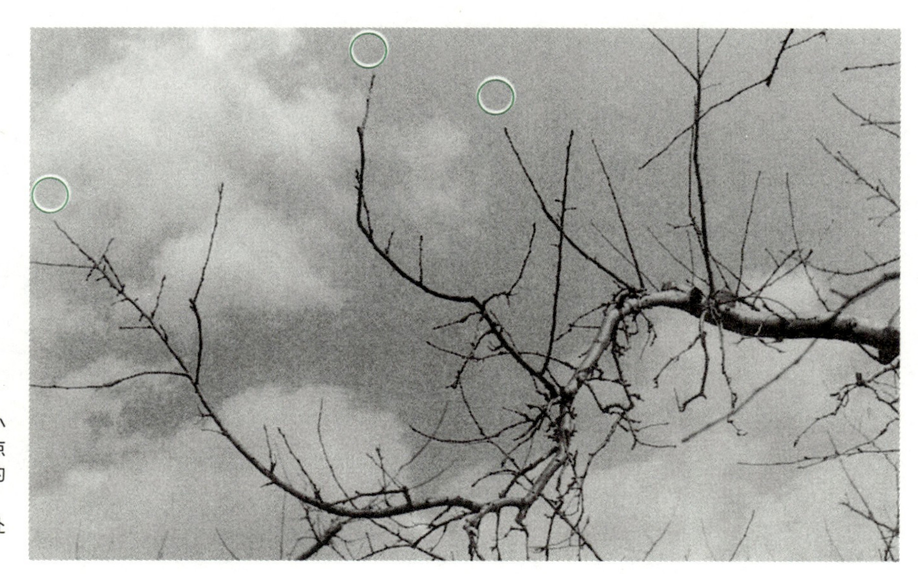

图 2-25　主枝、亚主枝的前端

侧枝上着生的小枝如果再多一点会更好，更新的枝条（标记处）会陆续产生，处于较好的状态

变弱，即使进行重修剪，也不能防止产生小果实和枝条光秃现象，在此情况下就需要进行侧枝的更新。

要预先准备好更新的枝条（预备枝）。侧枝在变成水平状态之前，选择侧枝基部附近的侧面或上部位置的新梢，以呈 45 度左右斜立，从侧枝方向左右偏差 20 度角为好，用这样的枝条来更新侧枝。

这根预备枝经过 4~5 年生长变大，倾斜直立的程度变弱，所以，又要寻找枝条作为预备枝。土壤肥力不同，最好用枝龄不同的 2~3 根枝条作为预备枝。在大侧枝进行更新时，基部的小枝要经过 2~3 年的时间去除，最好在枝条变小时进行切除。如果一下子全部切除，过重的修剪刺激会促使徒长枝产生。

图 2-26 中，侧枝（结果枝）是立体性的配置、骨架枝少，这是一个较好的案例。

图 2-26　亚主枝确定的富士 25 年生树（修剪前）

像骨架枝那样的大侧枝较少，小枝（结果枝）密生的侧枝配置，树冠很厚，形成较多结果型的树冠

主枝延长部（亚主枝）的侧枝配置，在 3~4 层向前方生长良好（①～④）的斜立枝，全都是处于结果状态。最好徒长枝少

3 苹果（矮化栽培）

——小池洋男

■ 矮化栽培的砧木和树形

迄今为止，都是使用圆叶海棠砧木和与之相对应的组合中间砧 M26，大多用细长纺锤形整枝修剪方式。但是，在富士品种 4 米 ×（1.5~2）米的株行距下，树形不易控制，枝条过于茂密的例子很多。在富士品种、使用 M26 砧木的情况下，建议可以采用 5 米 ×（3~3.5）米的株行距，用大树形、树冠下部宽的主干形整枝修剪方式（高纺锤形修剪）。最近，多使用更加具有矮化效果的高 M9 等砧木。在津轻、王林等树势比较弱的品种中，使用 M26 砧木完全能形成细长纺锤形树冠（图 3-1）。

另外，用 M26 砧木或是中间砧木作为矮化砧木，使用在长势比较强的树上，在传统栽植密度的果园里，必须通过间伐扩大树间距。

下面，以使用 M9 砧木（最好使用脱毒品系）进行细长纺锤形整枝为中心进行叙述。

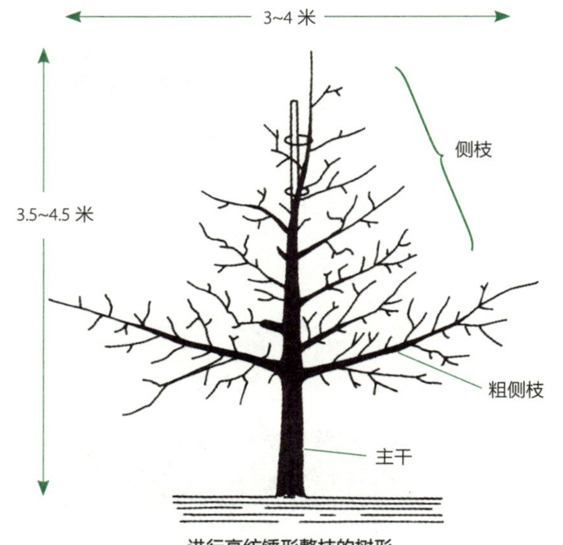

进行高纺锤形整枝的树形
从地面 1~1.5 米处着生稍粗的侧枝 2~3 根
适合用 M26 砧木的富士等树势比较强的品种

1.5~2 米
3.5~4.5 米
侧枝
主干

进行细长纺锤形整枝的树形
适合于 M9 砧木的小型品种

图 3-1　高纺锤形整枝和细长纺锤形整枝

幼树期的培育（从定植到第 4 年）

在细长纺锤形整枝中，定植后的 4 年左右是主干伸长的时期，同时也是侧枝开始逐步发育生长的时期。通过 4 年的培育，从地上部逐步向主干顶部配置产生的侧枝，这些侧枝的枝龄都很小，容易形成自然圆锥形树形，并且在幼树期，靠近树冠下部多少还是有些宽。

定植时主干的回缩修剪方法　产生分枝角度大的侧枝是培育的目标，所以，定植时更期待有能产生很多副梢（羽状枝）的苗木。定植时在地面上 85~100 厘米处进行主干的回缩修剪。而回缩修剪以从地上 50~100 厘米处的主干上产生分枝角度大、比主干更细的小枝条（羽状枝）为目标，它可以成为将来结果的侧枝。回缩修剪位置过高或过低，都不能在期待的位置产生侧枝（图 3-2、图 3-3）。

第 2 年顶部的修剪　从定植时进行回缩修剪的主干顶部产生数根带有直立倾向的枝条，从其中选择 1 根枝条作为主干的延长枝，剪去其他竞争枝。要确认作为主干延长枝上芽的充实程度、是否有枝条擦伤造成芽损伤等情况，综合判断后，来确定主干延长枝。

选定好主干延长枝后，从其下部产生的分枝角度较大的枝条中选择直径在主干一半

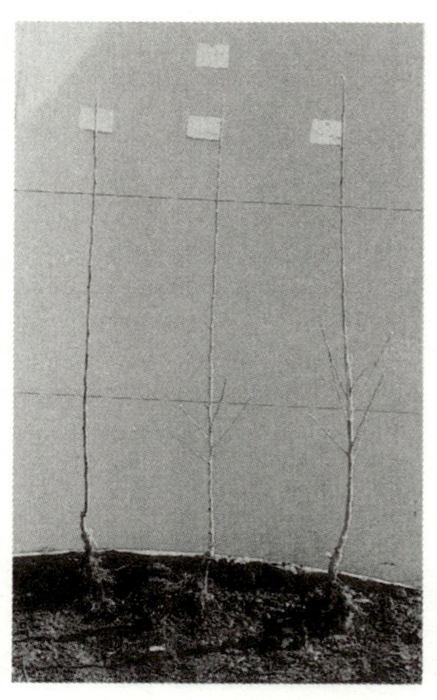

图 3-2　用矮化砧木的苗木。进行主干形整枝最好用像右边羽状枝较多的苗木

对 1 株羽状枝多发的苗木，要从地上 85~100 厘米处回缩修剪，羽状枝可以作为初期的结果候补枝使用

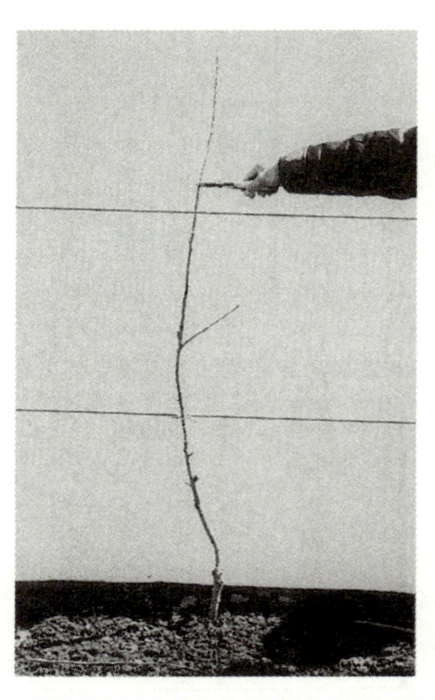

图 3-3　用矮化砧木的苗木在定植时的回缩修剪方法

从地上 85~100 厘米处修剪

以下的细枝，将其保留，作为侧枝进行水平诱引。

在幼树期，主干的回缩修剪是否每年都要进行呢？这要根据品种来定。树长势强、侧枝发生容易的富士等品种，生长第 2 年后不要进行回缩修剪，这样分枝角度较大的细枝就容易产生，比较合适作为侧枝保留。与其相对的是津轻、王林、阳光等品种，没有富士品种那样容易产生枝条，所以要在主枝延长枝充实程度不好的情况下进行 1/3 左右的回缩修剪。在这种情况下，如果回缩修剪过重，容易产生粗枝，所以修剪程度要根据主干的情况进行适当调整。这种回缩修剪如果持续进行 2~3 年，基本达到树高目标，就再也不需要进行修剪了。

侧枝的前端原则上不需要进行回缩修剪，但在树势较弱时及一些品种中，要以弱侧枝为中心，在结果开始前进行适当的轻回缩修剪，来促进枝条的产生（图 3-4~ 图 3-10）。

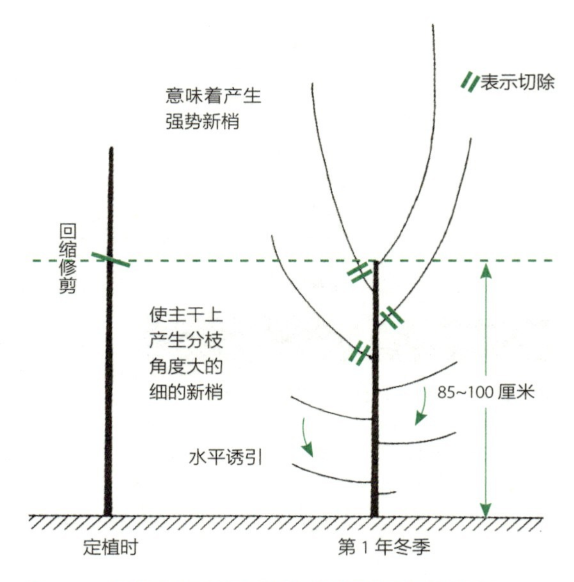

图 3-4　1 年生苗木定植后在适当的位置进行回缩修剪

回缩修剪位置的 4~5 个芽会产生长势强的新梢，其结果是下部的分枝角度扩大，意味着初期结果的候补枝成为小的新梢

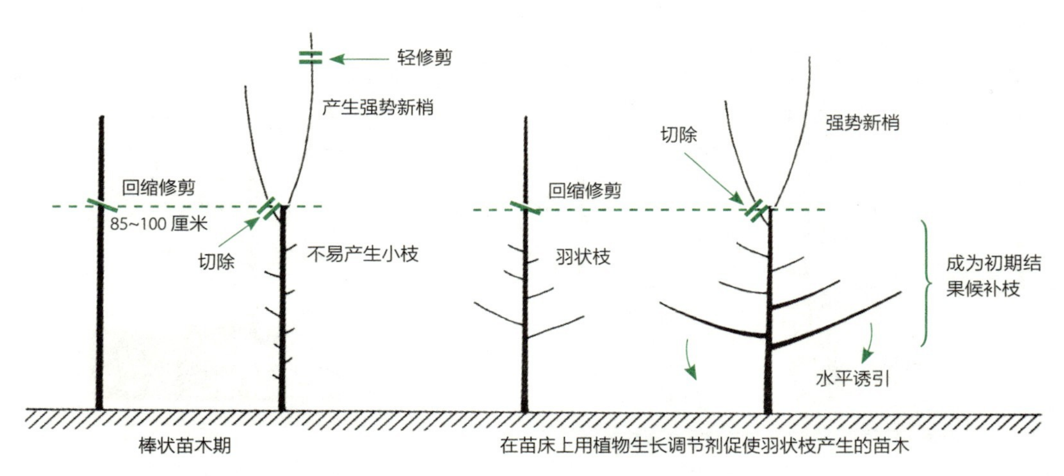

图 3-5　津轻等分枝性差的品种，利用产生了羽状枝的苗木

（左：定植时；右：第 1 年冬季）

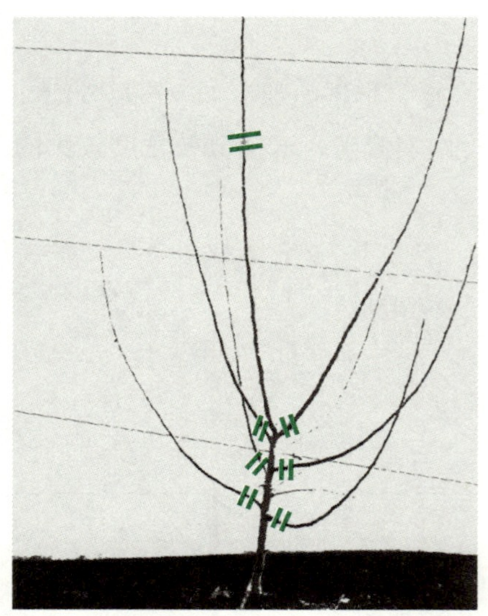

图 3-6 回缩修剪位置太低的苗木的发育

由于产生的新梢过于粗大，能留下的枝条少。修剪时留下主干延长枝，剪除竞争力强的粗枝。保留下的主干延长枝剪去 1/3 左右

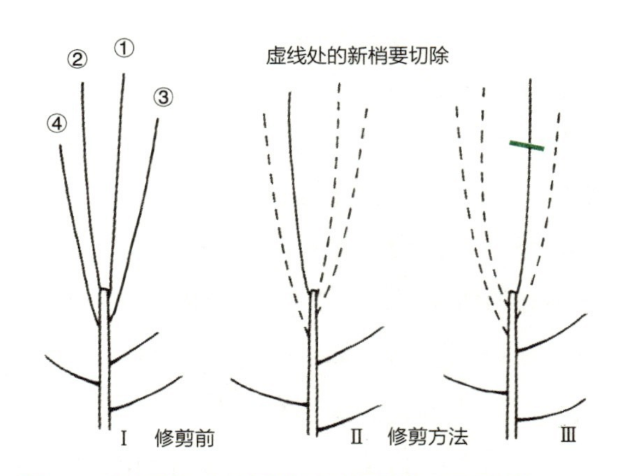

图 3-8 定植后第 2 年按芽的充实状况选定主干延长枝

Ⅱ图中，在保留芽充实良好的主干延长枝的情况下，不要进行回缩修剪

Ⅲ图中，在主干延长枝芽充实程度不好的情况下，进行 1/3 左右的回缩修剪

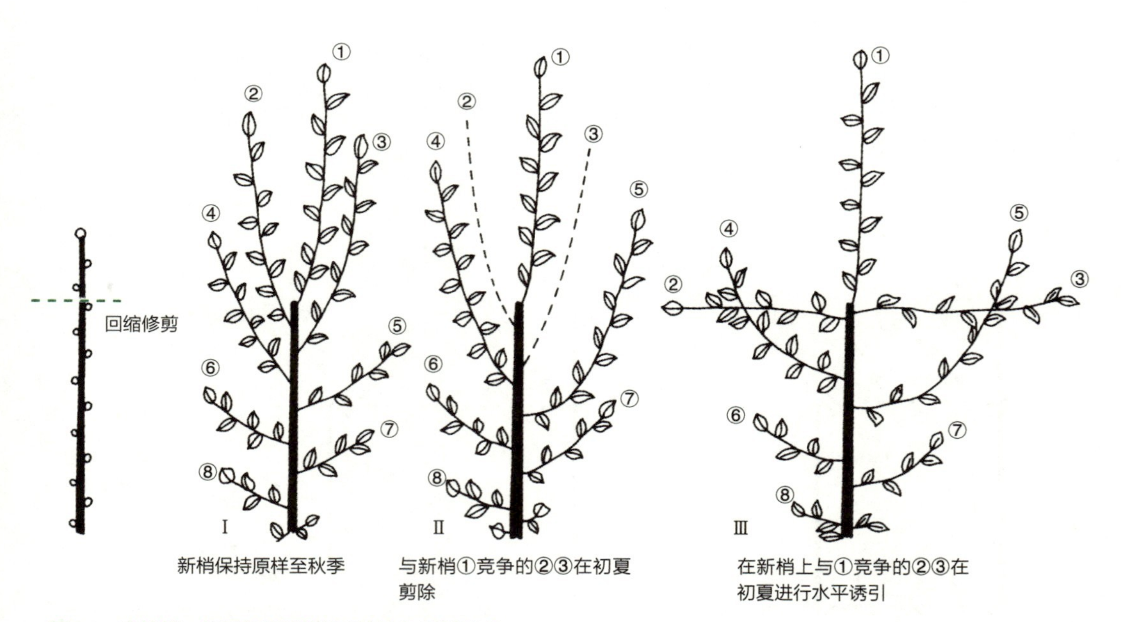

图 3-7 定植第 1 年顶部新梢的处理方法和生长模式

若按Ⅰ图的状态处置，⑤～⑧处的新梢分枝角度大，成为可用枝

若按Ⅱ、Ⅲ图的方式处理，下部的④～⑥的新梢强势，变成不可用枝，定植后第 1 年的生长期内将顶部枝条保留

图 3-9　幼树开始结果（4 年生的富士品种）

尽量避免在主干上结果，让其在侧枝上结果

修剪前

修剪后

图 3-10　幼树的修剪（3 年生的富士品种）

选择主干延长枝，切除与主干有竞争的粗侧枝，对留下的侧枝进行水平诱引。主干和侧枝的前端不要进行回缩修剪

■ 壮年期的培育（第 4~8 年）

到了壮年期，幼树期进行水平方向诱引的枝条开始结果，且结果数量每年都在逐步增加。

这个时期修剪的要点是保持圆锥形的树形和树长势的均衡。若主干上过粗的枝条保留太多，主干长势就会衰弱。所以，为了使主干强势生长，要对粗的侧枝进行疏剪，以控制侧枝的数量。

树枝之间间隔小、保留很多侧枝的情况下，会出现每年在侧枝上产生很多小枝、树枝重叠引起树冠内光照不足等问题，所以要进行适当的疏剪，限制侧枝的数量。对留下的侧枝要进行水平诱引，使其产生更多着生花芽的结果枝（图 3-11、图 3-12）。

图 3-11 富士品种的壮年树（5 年生、M9 砧木）

通过侧枝的选择和水平诱引，逐步形成了期待的圆锥形树形

对地表附近的枝条、水平侧枝上的徒长枝、顶部附近的有点直立的枝条都要进行切除。若有想使其生长的弱小枝可以进行剪头处理

图 3-12 津轻品种的壮年树（5 年生、M26 砧木）

通过侧枝的选择和水平诱引，逐步形成了期待的圆锥形树形，对树势弱的品种要提前进行前端的缩剪，进行侧枝的剪头修剪，努力维持树势

对前端下垂的枝条应在中间进行缩剪，对弱枝的前端进行剪头。主干延长枝变弱后要进行短截。没有需要进行疏剪的粗枝

成年期的修剪（第 8 年以后）

成年期的修剪要点　定植第 8 年以后，为了生产高品质的果实，需要加强树冠内的光照，在确保枝条适度生长的同时，维持树势和树形是非常重要的。对前端长势弱的侧枝进行回缩修剪、对结果部分的小枝进行截头、对多余的侧枝和粗大的侧枝进行疏剪处理等，这些作业都要在观察树的长势的情况下进行操作。

在这个时期，从侧枝的背面很容易产生直立的新梢，因此要通过夏季修剪保证树冠内有充足的光线进入，这是很重要的一点。

顶部的修剪　即使成年的果树，若对强势生长的顶端强行向下进行修剪，顶端附近也容易产生强势的侧枝，顶端生长会减弱，所以要在顶部生长减弱后，再修剪到目标高度。对于这个时机是很难确定的，但是，如果主干延长枝只有不到 40~50 厘米长，即使进行向下修剪，顶部附近的侧枝强烈生长的可能性也会很小。

从主干顶部向下修剪时，可以保留 1~2 年生的斜立枝替代直立的主干延长枝（图 3-13~ 图 3-16）。

①达到目标高度时的修剪方法
左图：在虚线处修剪；
右图：修剪后的形状（斜立的 1~2 年生枝可以进行短截）

②还没有达到目标高度时剪除与主干竞争的侧枝
左图：修剪前；
右图：修剪后

图 3-13　成年树顶部的修剪

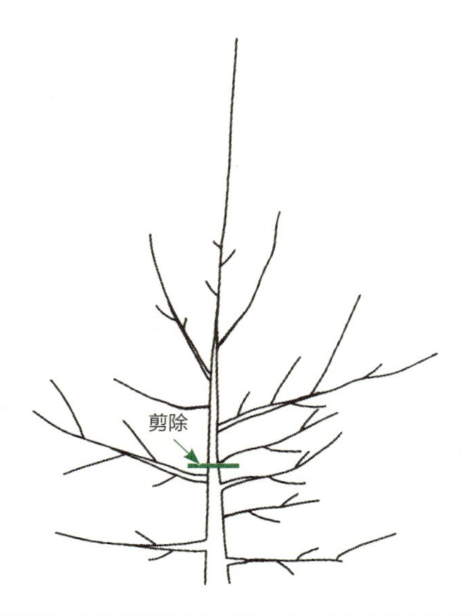

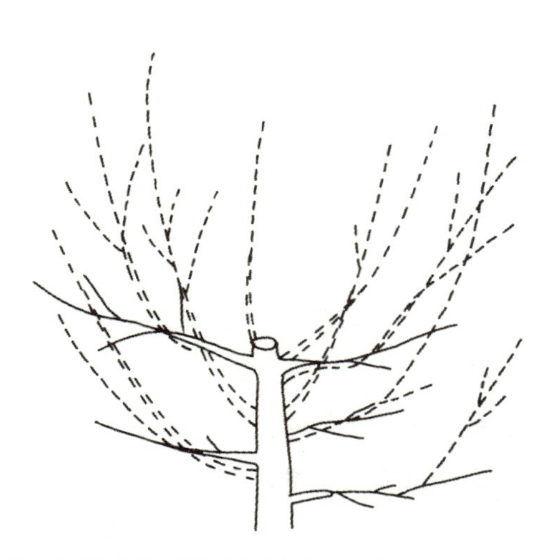

③强树势的顶部不能强行剪短落头。若在左图粗线部位剪短落头，就会出现像右图一样产生很多新梢，任其发展，会出现大量长势强的侧枝，影响树冠下部的采光

图 3-13　成年树顶部的修剪（续）

图 3-14　培育出期望的树形（细长圆锥形，15 年生、M9 砧木的富士品种）

图 3-15　使用 M9 砧木的成年期的富士品种的夏季修剪

到 7 月，枝条变多，剪除水平枝条上产生的徒长枝，夏季修剪在 8 月下旬之前分 2 次进行，对花芽形成和提高果实品质效果明显

图 3-16　成年期的津轻品种（8 年生、M26 砧木）

枝条容易老化的品种应尽早进行枝条前端修剪（剪梢处理），这样能形成有活力的树势

对前端弱枝进行回缩修剪。剪去水平侧枝上的徒长枝。剪除顶部附近的直立枝。对弱枝进行剪梢

■ 侧枝的诱引和修剪

通过诱引产生花芽　如果将果树的枝条向水平方向或是水平以下方向诱引，营养生长就会减弱，花芽形成就会加快。水平诱引的枝条上部位置的芽容易形成直立的徒长枝，但从侧面或是下部位置芽发出的新梢生长势弱，容易形成中果枝或是短果枝。利用这一特性进行水平诱引，使侧枝前端的长势减弱，能起到促进结果的作用。

开始结果后，不能让侧枝的前端再继续伸长。通过水平诱引，使枝条前端的长势减弱，数年后在中间位置进行回缩修剪，促使幼枝再生。

疏剪和强枝的回缩修剪　在侧枝多、有大侧枝的情况下，有必要对侧枝进行疏剪。

前端处于直立向上状态的侧枝强大，会使主干长势减弱，这是我们不希望看到的。在为保持树形平衡，在不能进行疏剪的情况下，要对全部侧枝进行水平或向下诱引，使前端长势减弱，然后在中间位置进行回缩修剪。

剪梢和弱侧枝的回缩修剪 对于开始结果的结果枝、侧枝等，要对树的长势和枝条生长程度进行判断，想要使枝条长势增强，就要对枝条前端进行轻修剪（剪梢），剪梢对于树势较弱的品种和树来说是非常重要的。对前端较弱的结果枝、侧枝进行回缩修剪，使结果部位靠近主干，促进侧枝上不断产生新的枝条。

树势较强的树或枝条不需要修剪，通过枝条诱引弱化其长势。对树势弱的树或枝条，通过回缩修剪、剪梢等方法，促进具有生长活力的新枝条产生，这是修剪的基本原则（图 3-17~ 图 3-20）。

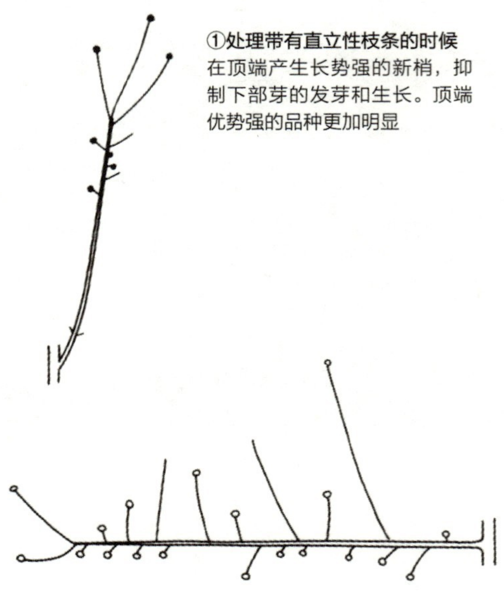

①处理带有直立性枝条的时候
在顶端产生长势强的新梢，抑制下部芽的发芽和生长。顶端优势强的品种更加明显

②处理斜立性枝条的时候
在顶端产生长势强的数个新梢，抑制了基部侧枝的发芽生长。与①的直立枝条相比，产生的芽要稍多一些

③将枝条水平诱引的时候
枝背上的芽徒长。前端新梢的生长受到抑制，直到基部的芽都会发芽生长

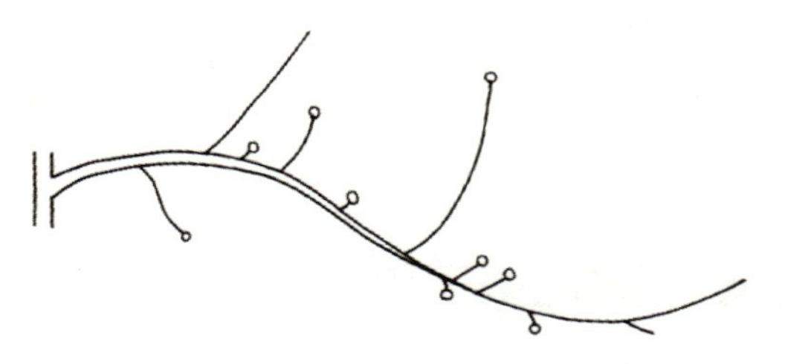

④枝条水平向下的时候
在弯曲部位产生强新梢，前端长势变弱

图 3-17　1 年生侧枝的角度和新梢的生长

图 3-18　在水平诱引的侧枝上第 2 年花芽的形成（津轻品种）

在水平诱引的侧枝上着生很多短果枝，形成花芽。在这根枝条上，徒长枝的前端也形成花芽，但长势强的徒长枝前端不产生花芽。不需要进行剪梢处理

图 3-19 利用刻芽促进新梢的产生

主干上的枝条发生不好的时候，如果进行刻芽处理，会促使新梢的产生。用促进生长剂 50~100 倍稀释液，在 5 月下旬 ~6 月下旬，喷洒在发育停止的芽上，同样也能促使新梢生长

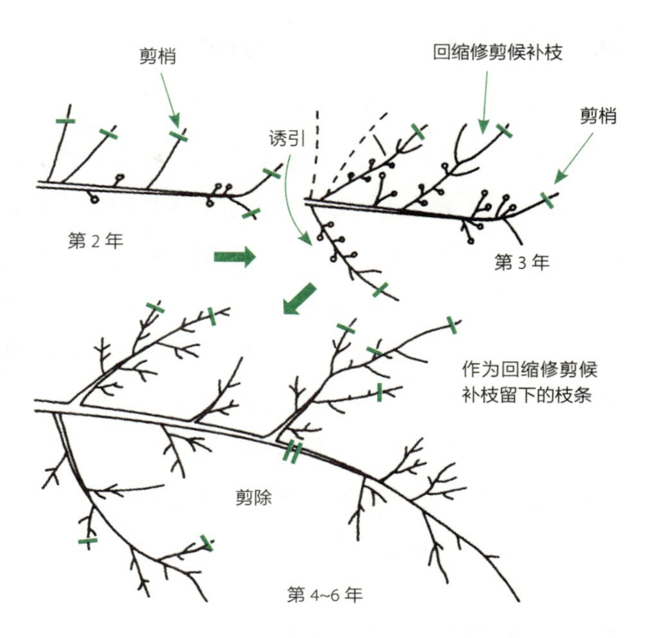

①结果几年后下垂的侧枝

顶端下垂时，进行回缩修剪促进枝条复壮

对生长过长、长势极弱的枝条进行回缩修剪

疏剪

剪梢

②对大的侧枝进行疏剪（壮年树）

不需要大过主干的侧枝，按照需要进行剪除

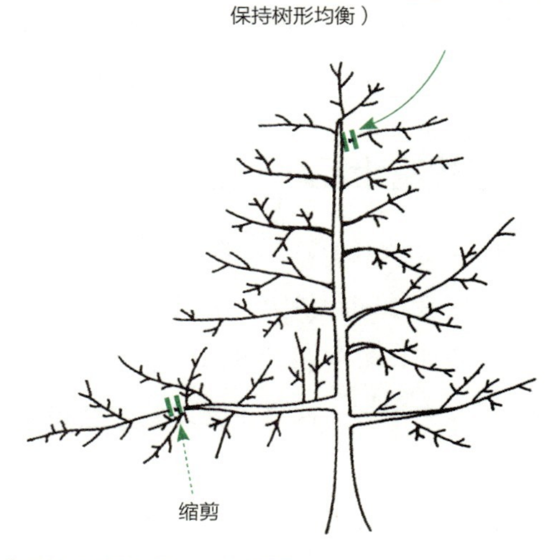

③侧枝生长过大过长，难以疏剪

（成年富士品种、M26 砧木）

斜立的枝条整体向下降低，顶端变弱后进行回缩修剪

回缩修剪时，尽可能地保留着生花芽的枝条

若对左边的粗枝进行疏剪，树形会变差、收获量也会减少

图 3-20 侧枝的处理方法

夏季修剪

矮化砧木苹果树在水平侧枝上很容易产生徒长的新梢，有必要采取相应的措施保证树冠内的透光度。因此，要在夏季修剪时剪去徒长枝。对从水平侧枝背面产生的徒长枝进行剪除，这是最基本的要点，避开新梢的顶端和侧枝顶端的新梢进行修剪。富士品种在 7 月上、中旬新梢停止生长，这时兼顾果实的着色管理，在 8 月下旬进行夏季修剪，这也是常见的基本修剪时期。

对富士以外的品种中树势强、徒长枝多发的，在 7 月上旬和果实着色管理期，分 2 次进行夏季修剪，也可以只进行 1 次夏季修剪。

夏季修剪时间越迟、修剪程度越强，对抑制根和树干肥大的效果就越大，为第 2 年贮藏的养分就会随之减少。因此，要根据树的长势，确定修剪时间和修剪程度。树势弱的苹果树是不用夏季修剪的。

M26 砧木富士品种的培育

M26 砧木的富士品种在进行宽间隔定植的情况下，若用高纺锤形整枝法，侧枝的处理方法与通常的方法是不一样的。在距地面 1 米左右的主干上保留 3 根稍粗的侧枝，向水平目标方向、前端稍微斜立的方向进行诱引，由此，主干长势变弱，形成树冠底边宽的主干形树形。其他品种的整枝修剪方法和细长纺锤形整枝法一样（图 3-21）。

密植富士品种过密后的间伐

用 4 米 ×（1.5~2）米的株行距，M26 砧木的富士品种易形成过度繁茂的树冠，通过间伐使栽植间距扩大，并且要从距地面 1.5 米左右的位置开始培育 3 根粗侧枝，如果粗侧枝顶部长势变弱，可以向下进行多年的修剪，以控制树高。间伐后，树冠上部的强势侧枝通常很多，这是正常现象，这些侧枝经过几年的疏剪，使树冠形成底边宽的宽三角形树形。

保留在主干下部稍粗的侧枝，要以不影响作业为前提，与排列方向成直角的所有粗枝都要剪除，形成平面的树形（又称棕榈叶形整枝）。这是间伐强势树，改善果园树形的一种方法（图 3-22~ 图 3-24）。

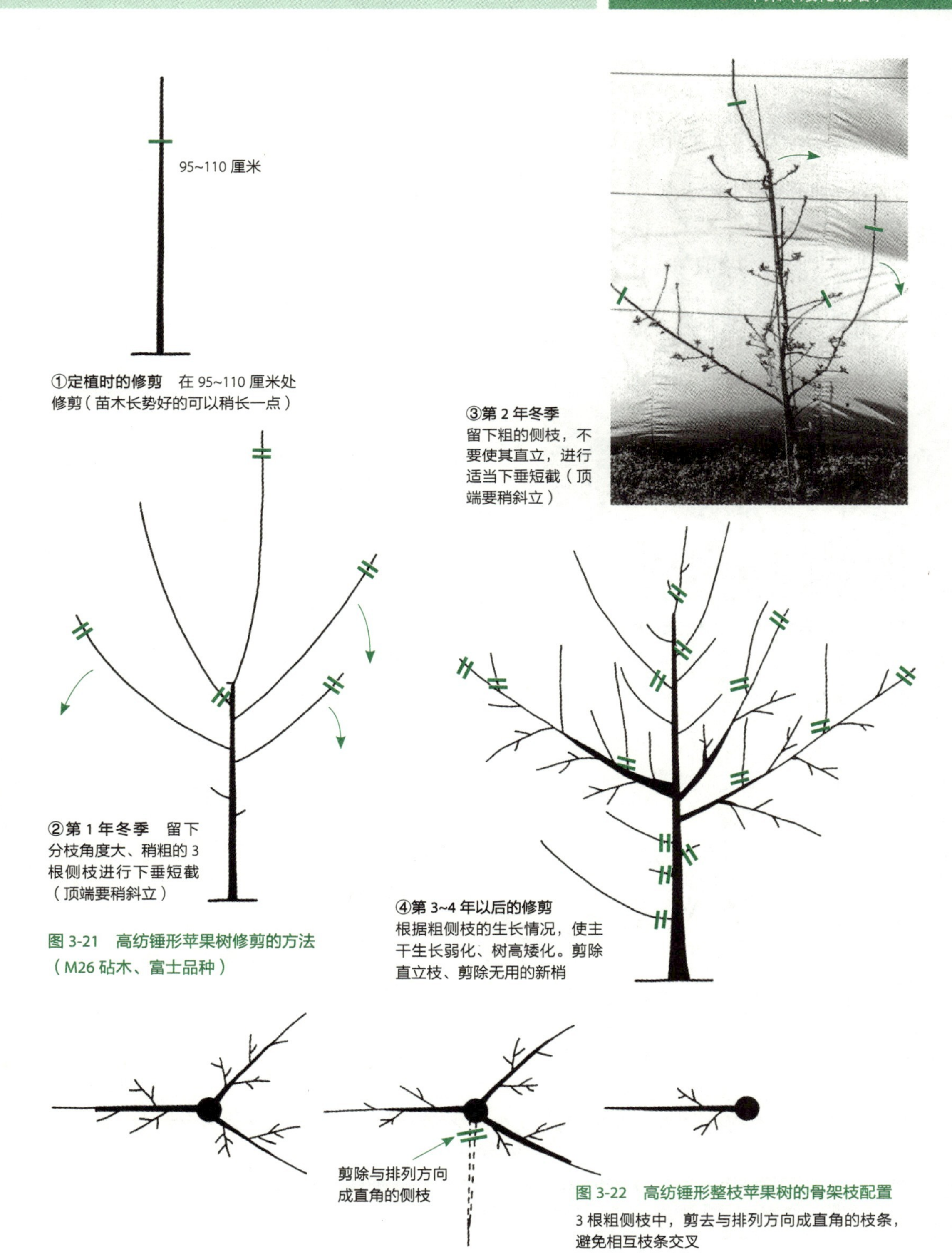

图 3-21　高纺锤形苹果树修剪的方法（M26 砧木、富士品种）

图 3-22　高纺锤形整枝苹果树的骨架枝配置

3 根粗侧枝中，剪去与排列方向成直角的枝条，避免相互枝条交叉

图 3-23　15 年生的 M26 砧木富士品种

长势特强、4 米 x1.5 米的株行距下，枝条过于繁茂、树冠下部枝条光照不足、树势衰弱，要对上部的侧枝进行重回缩修剪以增强树势

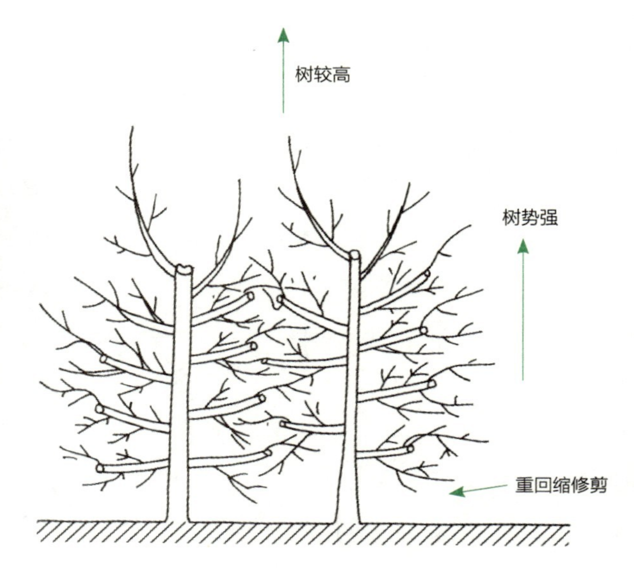

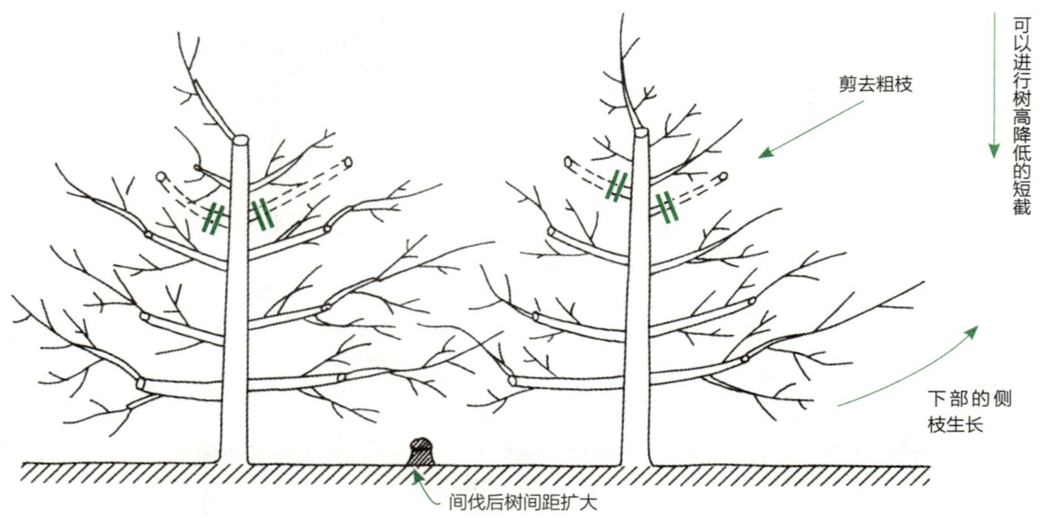

图 3-24　和株行距为 4 米 ×（1.5~2）米的 M26 砧木富士品种一样过度繁茂的苹果园进行间伐情况下的整枝

①**没有间伐**　对强侧枝进行回缩修剪，树势强、结果减少、树较高（上图）

②**间伐**　侧枝自在生长，形成的花芽多、透光良好、果实着色好（下图）

4 葡　萄

——高桥国昭

葡萄栽培的目的是为了尽可能生产出高产量、高品质的果实，为了实现上述目标就需要有生长发育较好的树形，也称为“好的树相”。因此，所有的管理作业都要为了形成“好的树形”“ 好的树相”而进行，整枝修剪也不例外，它是非常重要的一个环节。

世界上的整枝和修剪方法可谓千差万别，好的修剪方法也有很多。但是在高温多雨的日本几乎都是采用避雨设施进行棚架栽培，而且自然整枝修剪法占了绝大部分，在此我们以 X 形自然整枝为中心进行解说，同时，也顺便介绍一下平行整枝技术。

■ 什么样的枝条能结果

葡萄的果实产生在新发出的枝条（新梢，因为这根枝条结果，也称结果枝）上。产生新梢的枝条也称结果母枝，也有上一年的新梢（结果枝）。在葡萄上，几乎所有的芽中都能发育成花芽，所以，修剪时不用担心有无花芽的问题。霜霉病等引起早期落叶、树势衰弱的情况下，产生的新梢上花芽会很少或是没有花芽（图 4-1）。

图 4-1　开花前的结果枝（新梢）

一般在 3~4 节着生最初的花穗。同样的品种下，花穗数越多、花穗越大，说明营养状态越好

■ 什么是好的树相

为了实现高产量、高品质，需要提高单位面积光合作用的生产量，向果实输送更多的营养。因此，在维持枝条均匀生长的同时，新梢生长发育必须与其相适应。

这样的新梢会经过下面的生长过程：健全的芽→发芽早、新梢初期生长旺盛→从开花 10 天前开始，生长变缓→坐果良好→开花后 1 个月以内生长停止→此后到成熟期为止，光合作用产生的营养向果实输送，几乎看不到无用的生长；但是叶子到成熟期为止都是深绿色的→果实收获后不会二次生长，到落叶前变成黄色叶，然后自然脱落（图 4-2、图 4-3）。

图 4-2　健全腋芽的发芽（巨峰品种）

一般只有主芽发芽。副芽在主芽受到晚霜危害产生生长障碍时才会发芽，但是，在巨峰系品种中，一般情况下副芽也容易发芽

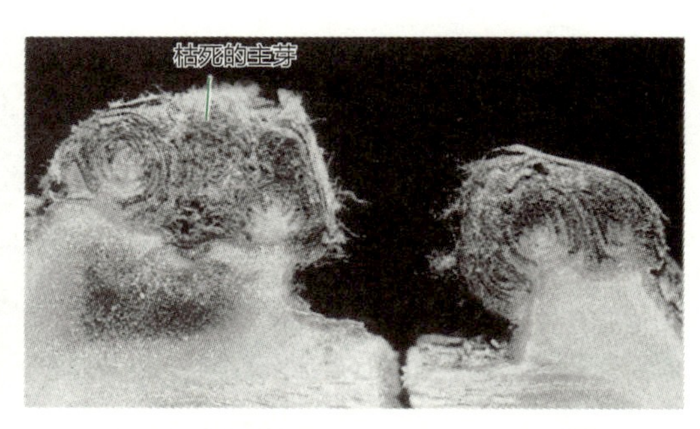

图 4-3　巨峰品种健全的腋芽（右）和主芽枯死的腋芽（左）

■ 结果母枝的选择

什么样的芽是好芽　在一般情况下，芽的选择不需要多斟酌，但在巨峰系品种中，随着新梢的生长，腋芽的主芽枯死的情况也会时常发生。生长旺盛的结果母枝上的芽很多，如果顺利生长，有不少二次生长的枝条比一次生长枝条的芽多。因此，修剪时最好保留好二次生长的枝条（图 4-4~ 图 4-13）。

什么样的生长方式好　判断修剪好与不好，最根本的是看结果枝（新梢）的生长发育状况。以修剪后是不是产生好的树相来进行判断。

保留什么样的枝条好　如果仅就结果母枝质量来说，枝条在长 1 米左右停止生长且节间短、基部粗、前端细、节的左右有点弯曲、呈闪电状生长、成熟度好的枝条被认为是好枝条。

图 4-4　二次生长的巨峰品种的腋芽在主芽枯死后结果母枝的发芽状态

图 4-5　德拉瓦尔品种各种作业方式下结果枝良好的状态

这是 4 月 18 日结果枝的状态，从左开始分别是超早期加温栽培、早期加温栽培、普通加温栽培和无加温栽培的结果枝。无论哪种方式栽培，结果枝都处于较好的生长发育状态，并且枝条长势形态相似

判断修剪好坏标准最基本的是，结果枝的生长发育是否接近好的树相

图 4-6　巨峰品种的各种作业方式下结果枝良好的状态

这是 6 月 13 日结果枝的状态，从左开始分别是早期加温栽培、普通加温栽培、无加温栽培和露地栽培的结果枝。露地栽培稍强一点，其他的都和理想的情况相近。像这样即使作业方式发生变化，也会出现好树相的结果枝

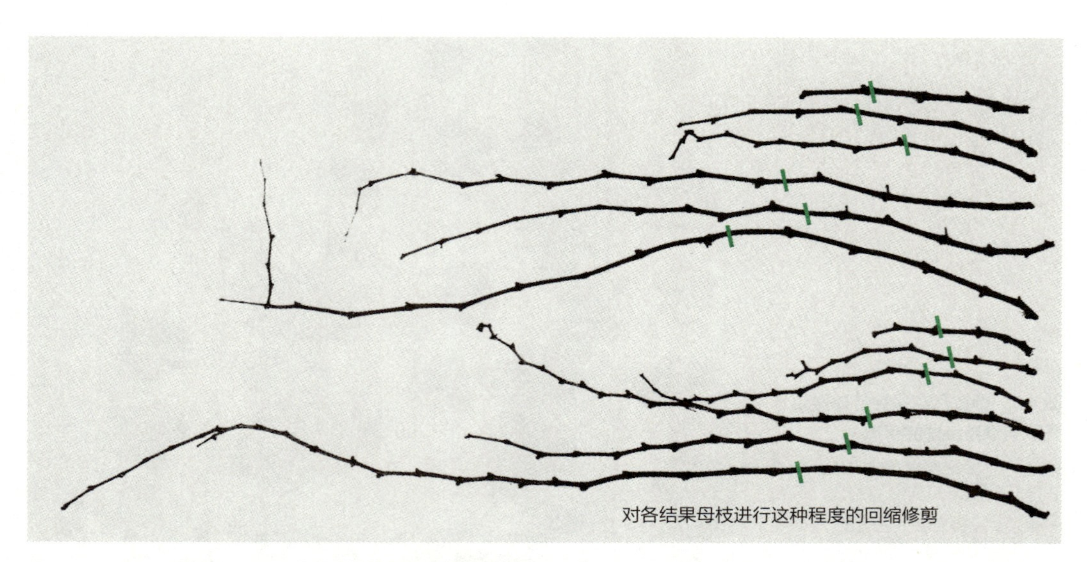

图 4-7　最方便使用的巨峰品种结果母枝

上层 6 根枝条是大棚栽培的枝条，枝长 36~151 厘米，发育成熟的芽仅有 5~13 个。下层 6 根枝条是露地栽培的枝条，枝长 27~160 厘米，发育成熟的芽有 4~26 个。对这样的结果母枝，保留 4~10 个芽即可

图 4-8 德拉瓦尔品种粗大的结果母枝的发芽情况

上部 42 个芽中有 41 个芽发芽，下部 28 个芽全部都发芽。像这样正常生长发育的枝条，不管粗细、长短均能较好地发芽

图 4-9 巨峰品种粗大的结果母枝的发芽情况

中间位置的粗长结果母枝，发芽明显迟，也有不发芽的。但是在树势强、必须保留下这根枝条时，可以在树液流动开始时进行刻芽，促使其发芽

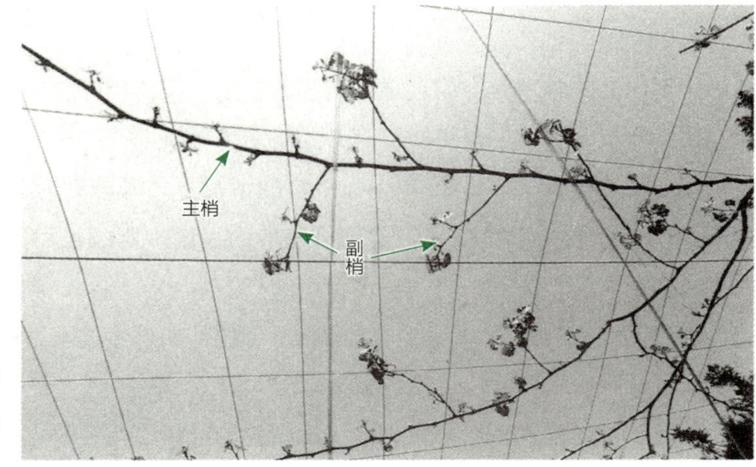

图 4-10 2 年生巨峰品种粗长枝主梢和副梢的发芽

健康生长的粗长枝，主梢发芽较好。但是副梢发芽早、结果也很好，所以在保留粗长枝的时候，也要积极地保留副梢

图 4-11　巨峰品种二次生长枝部分的发芽情况

前端的二次生长枝上很容易发芽，基部的一次生长枝上发芽不好。为了不长出这样的枝条，可以采取摘心、夏季修剪等措施使其不生长，或是采用生长抑制剂抑制其生长

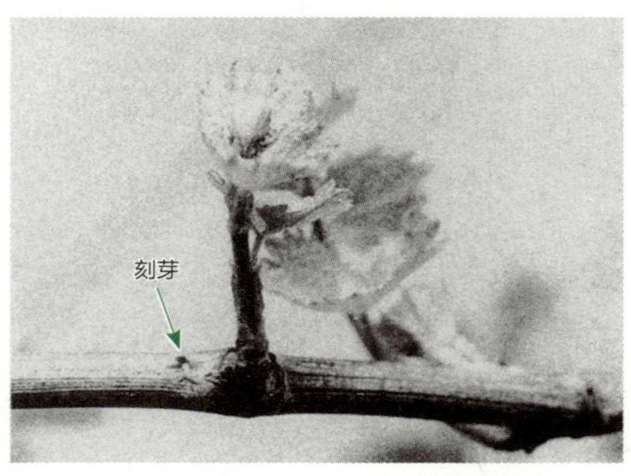

图 4-12　刻芽促进发芽

粗长的结果母枝上不能发芽的时候，在芽的前端 5 毫米左右处进行刻芽，刻芽要伤至木质部。刻芽在树液流动期进行为宜

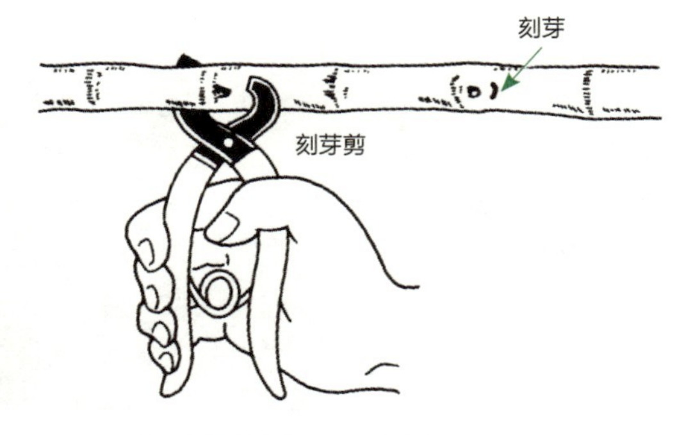

图 4-13　刻芽容易使粗长枝上产生芽

上面所述的枝条是非常合适好树相的枝条。在树相好的成年葡萄园中，这样的结果母枝占了很大的比例，修剪时没有必要对结果母枝进行选择。

但是，在幼年、壮年或者是强势树的情况下，若修剪时只留下良好的结果母枝，修剪下的枝条数量就会变多，达到重修剪的程度，所以长而大的结果母枝得到很好的利用。

即使是生长几米以上、长而大的结果母枝，如果生长发育良好，花芽分化率也是很高的。

但是，有了二次生长的枝条，一次生长的枝条上花芽分化率都会很低，如果有好枝条替代，可以不用再保留。另外，生长发育良好、长而大的枝条，比合适的枝条发芽迟，所以在幼树、壮年树中最好利用好的副梢（从新梢的叶腋伸出的枝条）。

但是，长而大的结果母枝因早期落叶，腋芽的主芽很多会枯死，如果有其他好的枝条可以替代，最好不要保留（参照图 4-10）。

大棚和露地栽培枝形的区别　大棚和露地栽培中，结果母枝的生长发育稍有不同。

在大棚栽培中，由于不受风的影响和温度较高，所以节间较长。如果采用同样的方法修剪，大棚栽培的很多枝条要剪去，也就是说进行重修剪。当采用大棚和露地混合栽培的情况下，若先大棚设施栽培，后露地栽培，要进行稍重的修剪；若先露地栽培，后大棚设施栽培，需要进行轻修剪。这一点要注意（图 4-14）。

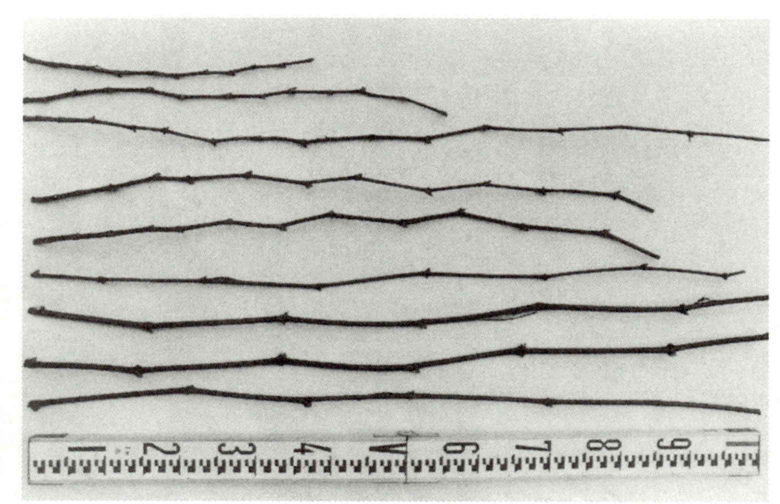

图 4-14　德拉瓦尔品种的露地栽培（上面的 5 根枝条）和大棚栽培（下面的 4 根枝条）的结果母枝

露地栽培的芽，从上到下分别有 11、12、15、12、12 个芽，而大棚栽培的都是 6 个芽。如果留同样的长度（1 米），大棚栽培的芽数只有露地栽培的一半

■ 修剪的强度和第 2 年的生长发育

提高果实的产量和品质最重要的是要有好的树相，因此，树势的调整应该尽早着手进行。在树势的调节上有土壤调节、水肥管理等多方面的方法，但是通过修剪产生的效果是最有效的，也是最快的。调节时树势强的可以留多点芽（轻修剪），树势弱的可以少留些芽（重修剪），通过这样的措施很容易实现高产优质的目的（图 4-15、图 4-16）。

修剪的强度和第 2 年的新梢生长　修剪越重，第 2 年的新梢生长越旺盛，并且结果枝又粗又长。

修剪的强度和第 2 年新梢的整齐度　很多人都认为：结果母枝保留太长，会从枝条前端部位生长出粗大的新梢，枝条下半部的芽生长变弱、新梢的整齐度变差，所以修剪

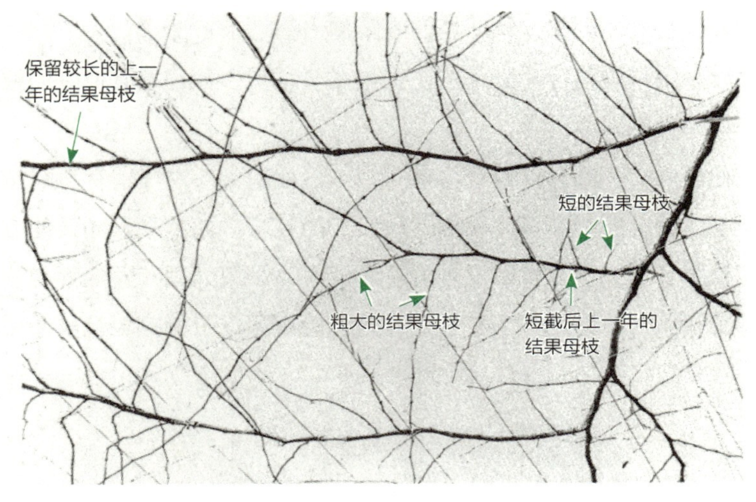

图 4-15 结果母枝的长度和新梢的生长

若进行短截，顶芽生长优势增强、顶端的新梢生长较快，基部枝条不生长。与此相比，不修剪或是留 30 个芽的结果母枝长势比较整齐

图 4-16 盆栽的德拉瓦尔品种的芽数

芽数分别保留 1、2、4、8、16 个，共 5 个处理，修剪越重发芽越迟、生长发育初期的展叶数就少，因此叶面积的增加就大幅度推迟

时在粗大的结果母枝上只留下数个芽。但是，实际情况恰恰相反，结果母枝越粗长、留下的枝要越长，新梢生长反而整齐。在芽数为 50 个以上的粗大结果母枝上，修剪时最好留下 30 个左右的芽。并且越是衰弱的结果母枝越是要进行短截。

修剪的强度和第 2 年整株的生长发育 若进行重修剪，每根新梢都会生长旺盛，但节间变长、叶量增加推迟、花穗变小且数量也减少。从整株来说，要确保长至足够叶面积的时间就会推迟、结果状况变差，果实的品质会下降、收获量也下降。定植后 2~4 年的幼树、壮年树长势非常强，需要毫不犹豫地进行轻修剪。

在实际的修剪中，如果某年经过修剪后，树势情况良好，采用和上一年同样的修剪方法就可以了。如果树势比较强，可以进行轻修剪；如果树势比较弱，可以进行重修剪。要想真正理解其中修剪的内涵，除了实操体验，没有其他更好的方法。

定植方式不同时修剪强度的变化 从露地栽培、常规无加温栽培到早期加温栽培，再到向超早期加温栽培转变时，可以进行稍重修剪。如果不这样做，有可能会导致树势突然衰退。

相反，从提早定植向延迟定植方式转变时，一般强度的修剪就可以了。

采用补充二氧化碳、补光等实用技术措施时，修剪强度没有必要进行太多的调整。

留多少芽? 比较适宜的标准是：保持棚架内适度光照，叶面积指数要在 3 左右。如果新梢平均长 1 米，保持每 1000 米^2 约有 15000 根枝条（每平方米有 15 根枝条）是必要的，一般情况下，比此标准多保留 10%~20% 的芽就可以了。

■ 修剪的基本方法

疏剪还是回缩修剪 即使留下同样的芽数，若修剪方法不同，对第 2 年树的长势产生的影响也不同。一种是以保留结果母枝数量多为主替代保留短结果母枝为主的回缩修剪，另一种是以保留长结果母枝为主替代保留少量结果母枝数为主的疏剪，两者相比较，第 2 年的新梢生长以采用回缩修剪的生长旺盛，进行疏剪后，枝条难以生长。因此，树势强的要采用以疏剪为主的修剪方式，树势弱的要采用以回缩修剪为主的修剪方式（图 4-17）。

防止枝枯产生的修剪方法 在结果母枝上的修剪一般常在芽和芽的中间进行。但是若在主枝、亚主枝上进行芽和芽中间的修剪，很容易产生枝枯现象，所以要在芽的下一节点位置修剪，从下一个节发出的芽形成新梢，这样的修剪方法被称为牺牲芽修剪（图 4-18）。

粗枝的修剪方法见图 4-19~ 图 4-21。

图 4-17 疏剪和回缩修剪

左边是在结果母枝中间的回缩修剪。右边是从枝条基部开始的疏剪

图 4-18 修枝的位置

左边是在节间处的修剪，是对结果母枝的修剪方法。右边是牺牲芽修剪，是对主枝、亚主枝前端的修剪方法

图 4-19　不正确的修剪方法

对于老枝，如果不在分叉处修剪干净，容易产生枯切口，留下的枝条也容易衰弱。在切口处要涂上木工胶，防止干燥，促进切口愈合

图 4-20　用聚乙烯带子绑扎临时枝

上一年修剪后，由于用聚乙烯带子绑扎左侧枝条的基部，枝条不变粗。这样切口小、容易愈合。用铁丝的话会扎进树皮中，难以剪断。一般不怎么用有伸缩性的带子

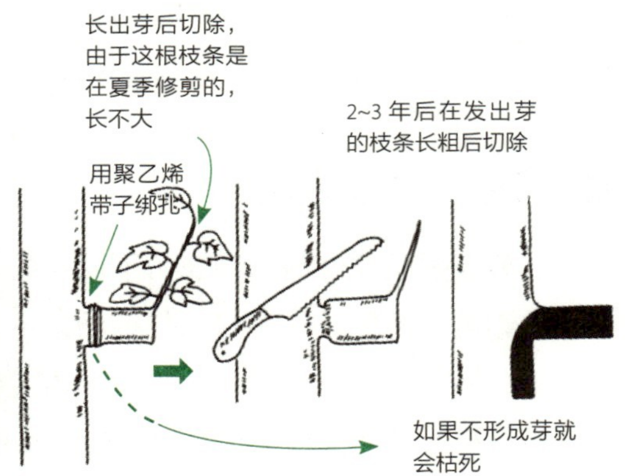

图 4-21　粗、老枝条的修剪方法

■ X 形自然整枝的树形

考虑树形　好的树形是指保留令人满意的结果母枝，并使其能够均匀地分布在棚架上。

通过 X 形自然整枝，能提前扩大树冠，如果稀植，5 年内就可成园并有一定的收获量。另外，树势调节也容易、产量也高。

由于这个树形复杂，对于初学者来说就比较困难。前端部位的枝条较弱，称为“失败枝”的现象时有发生，这是其不足之处。但是，树形能自由变化，棚面出现空隙的地方能立即被枝条覆盖，所以没有必要高度紧张。

平坦地形栽培的 X 形自然整枝法

① 在主枝上的排列顺序。从小树的前端部位发出的延长枝是第 1 主枝，棚下 50 厘

米处分出的枝条是第 2 主枝，并且从第 1、第 2 主枝的分枝部位 1~1.5 米处分出来的枝条就是第 3、第 4 主枝。

② 每根主枝在棚面上所占面积的比例大致是：第 1 主枝占五成，第 2、第 3 主枝占三成，第 4 主枝占两成。

③ 在地势倾斜的情况下，第 1、第 2 主枝要向倾斜上方伸展，第 1 主枝要更向倾斜方向伸展。

④ 从主干开始，到第 3 主枝的分枝点的长度要比到第 4 主枝的分枝点的长度短。

⑤ 分出第 1 亚主枝的距离，在第 1 主枝上要短一些，从第 2、第 3、第 4 主枝上分出第 1 亚主枝的距离要更长一些。

⑥ 第 1 亚主枝的发枝方向和主枝同侧，第 2、第 3 亚主枝要向相互不同的方向发枝。

⑦ 在壮年期，要尽可能利用临时枝，随着树龄增加，主干附近的临时枝要切除，让主枝前端的枝条返回填补空间。

倾斜地形栽培的树形 如果在 7~8 度的倾斜地栽培，进行 X 形自然整枝时，第 1、第 2 主枝应向倾斜的上方进行配置，另外，第 1 主枝应该向最大倾斜角度的方向生长。在倾斜度更大的地方，最好采用 V 形配置（图 4-22~ 图 4-24）。

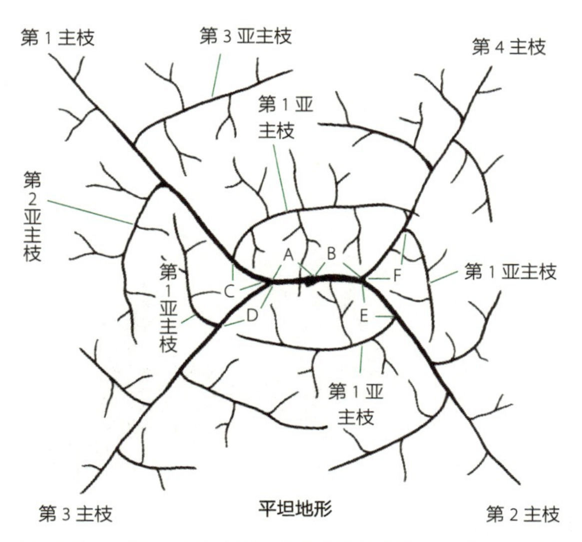

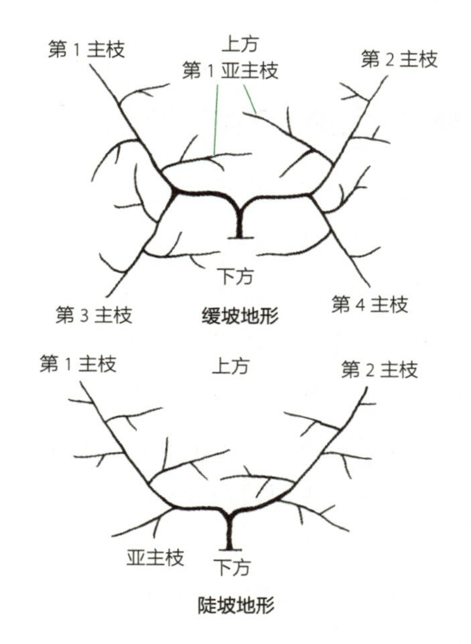

在平坦地形，用 X 形自然整枝，不产生失败枝的要点是：到分枝部位的长度是 A<B、C<D ≤ E<F

图 4-22 不同地形的 X 形自然整枝

图 4-23　X 形自然整枝的德拉瓦尔品种成年树

如图所示，树势生长稳定，每年采用同样的修剪方式，能够收获大量高品质的果实

图 4-24　主枝之间的长势差距，达到图中程度即可

①为第 1 主枝，②为第 2 主枝，③为第 3 主枝，④为第 4 主枝

■ 从定植开始的整枝、修剪

尽早结果的要点　葡萄在定植 1 年后新梢就会开花，从第 1 年开始修剪，有必要尽可能留下更多的芽进行培育。因此，定植的当年就应该考虑枝条的生长方向，使其生长并伸长。更重要的是定植穴中要有足够的肥料，把健壮的苗木短截后定植。此外，在夏季要对包含副梢、副梢的副梢等在内的新梢进行认真管理。这样做的话，到第 2 年时每株就会产生 10 千克以上的收获量（图 4-25）。

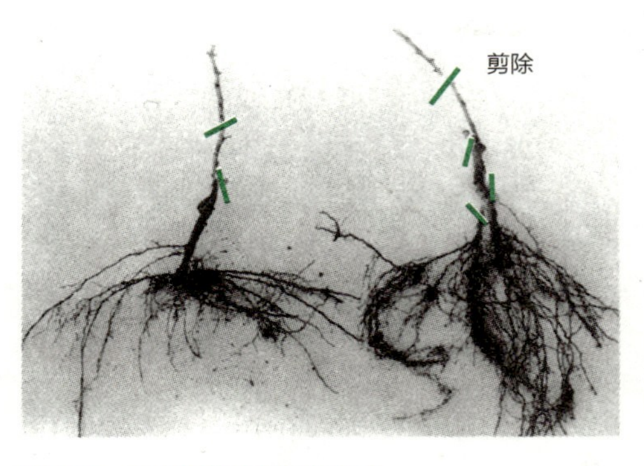

图 4-25　苗木的选择和修剪方法

必须选择有无病毒证明的苗木，选择较细且枝硬、根多的苗木。最好要完整保留有 3 个芽，嫁接部位以上生长的根系要进行剪除

另外，要想从第2年开始提高单位面积的产量，增加单位面积定植数量是很重要的。大体标准是，如果土壤肥沃，每1000米^{2}定植40~50株、土壤贫瘠的地块按每1000米^2 80~100株定植。

定植后第1年 定植后第1年的首要任务是，根据生长程度差异，确定主枝（图4-26、图4-27）。

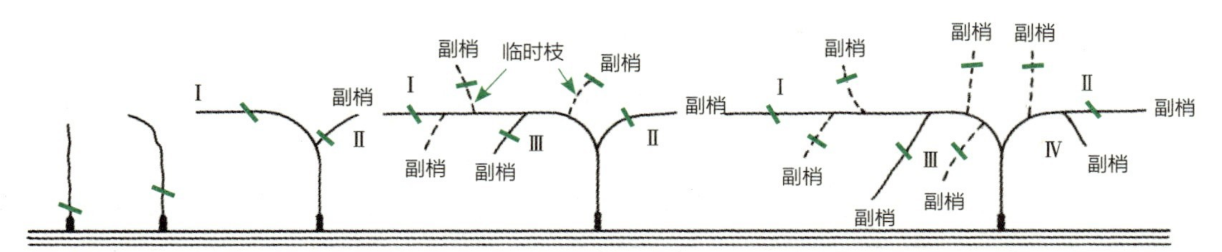

①新梢较短、到棚架上的长度还没有1米的情况下，留下数个芽后进行短截，使其再发出新梢

②如果在棚架上能有1米以上的长度，保留第2主枝

③如果枝条生长旺盛、在棚架上达3米以上，根据第2、3主枝情况，在确定第4主枝之前，保留生长出来的临时枝2~3根。第2、3主枝要选择比第1主枝细的枝条。临时枝也是同样，接近主枝粗度的要进行疏剪，保留下的枝条在长梢修剪的基部用聚乙烯带子捆扎。各枝条之间的距离保持在30厘米左右

图4-26 1年生苗木的生长发育和修剪

（罗马数字代表主枝的序号）

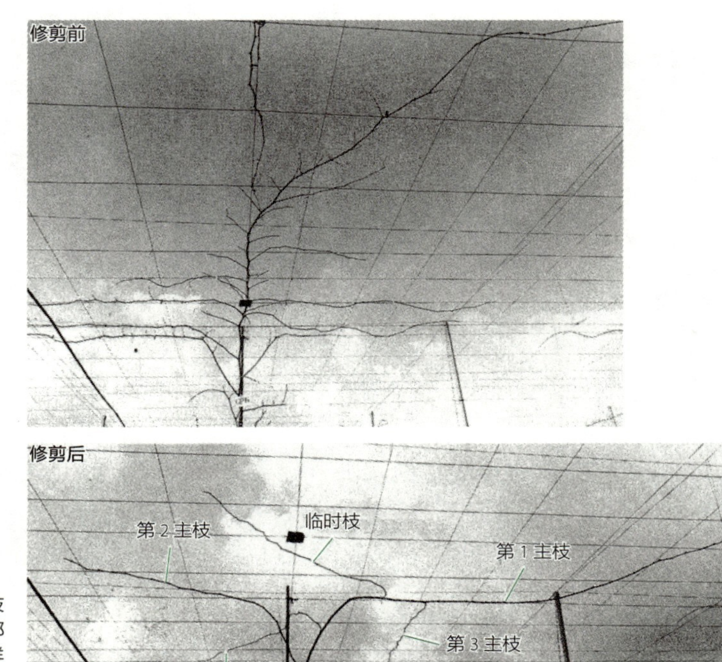

图4-27 生长发育较好的1年生德拉瓦尔品种修剪前后

保留第1、2、3主枝候补枝和2根临时枝。临时枝的基部要用聚乙烯带子捆扎，在这样的状态下，可以保留原长的60%~70%

第 2~3 年的修剪 在这个时期要朝着形成 4 根主枝和一部分亚主枝组成的树形方向发展，头脑中要有完整的 X 形自然整枝的思路并进行修剪。

要考虑到将来不要形成卡脖子枝，认真考虑确定主枝及亚主枝的直径及着生位置。但是如果过分地考虑树形，就会出现重修剪。对树势强的树尽量进行轻修剪，这一点要注意（图 4-28）。

第 4~5 年的修剪 在这个时期要确定 4 根主枝，每根主枝上确定 1~2 根亚主枝。在确定主枝、亚主枝的同时，对不需要的临时枝进行整理。

准备间伐的树的修剪、临时枝的整理、避免形成卡脖子枝的修剪、主枝及亚主枝前端部分的修剪等，可以参照图解页的叙述进行（图 4-29~ 图 4-35）。

成年树的修剪 经过 7~8 年后，树形已基本形成，所以不需要再过多考虑树形的修剪了。但是在主干附近、第 1 亚主枝基部附近等处有时会产生混杂交叉的枝条，另外，随着侧枝的长大增粗，以及与亚主枝产生竞争等，要根据树形树势的变化进行适当修剪（图 4-36~ 图 4-39）。

图 4-28 由水田改成的 2 年生巨峰品种葡萄修剪后

树势非常强，10 米左右长的结果母枝有很多，所以要果断进行轻修剪。留下的结果母枝长度是修剪前的 60% 左右、1150 个芽保留了 53%。在树势极端强的情况下，即使结果母枝重叠也是可以的，所以，大胆保留很多且很长的枝条也是很重要的

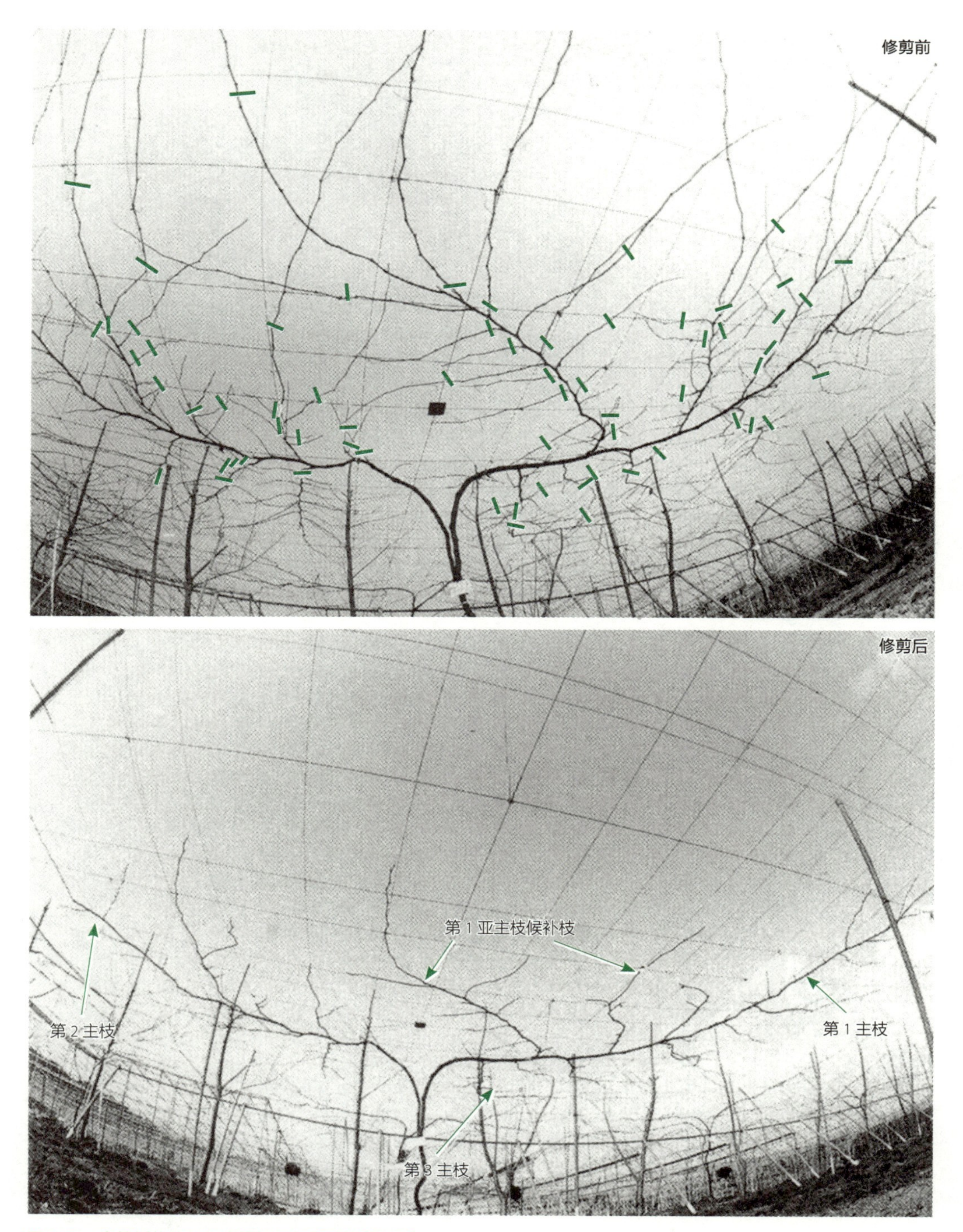

图 4-29　中等树势的 4 年生德拉瓦尔品种修剪前后

4 根主枝已定形，第 1、第 2 主枝中的第 1 亚主枝和第 2 亚主枝候补枝也处于定形的状态

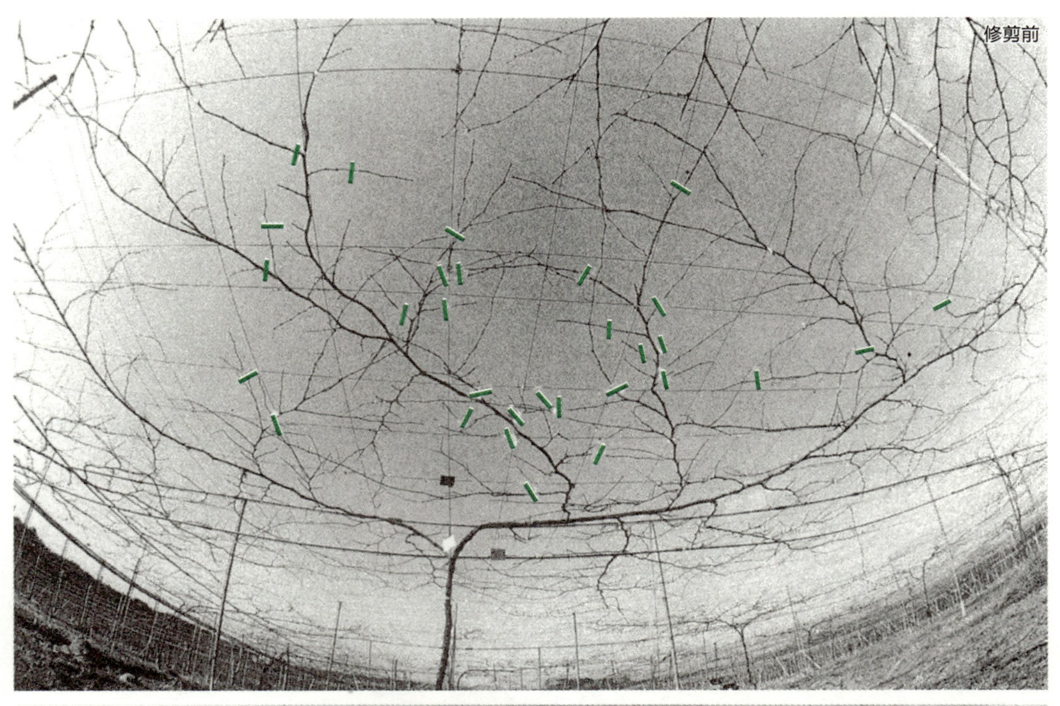

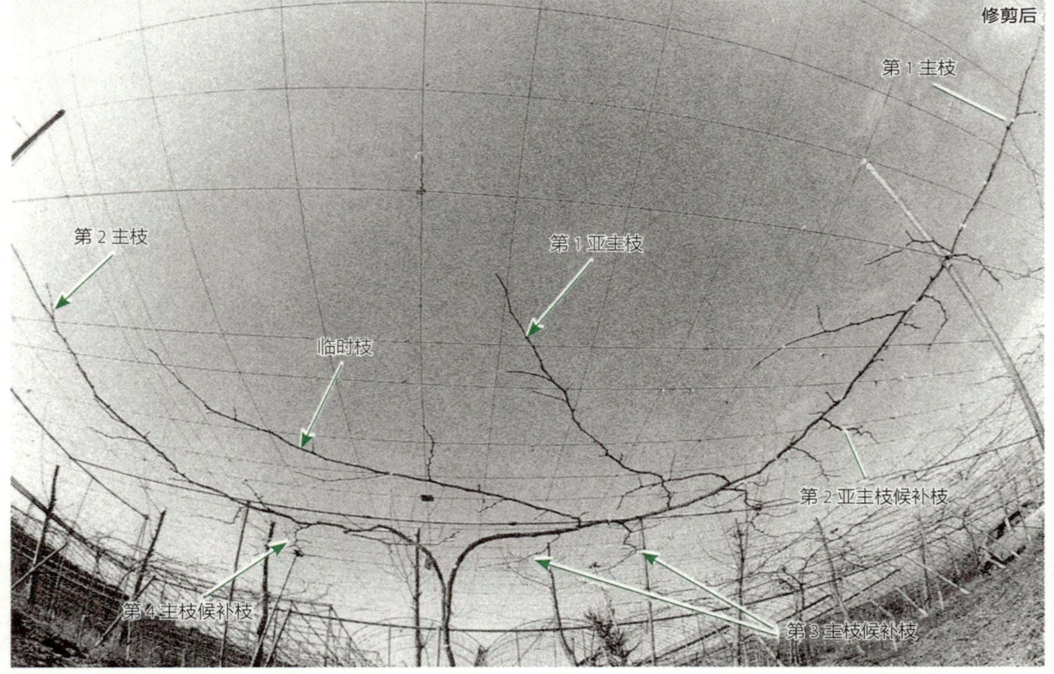

图 4-30　树势稍弱的 5 年生德拉瓦尔品种的修剪前后

由于树势弱。临时枝处于不能修剪整理的状态

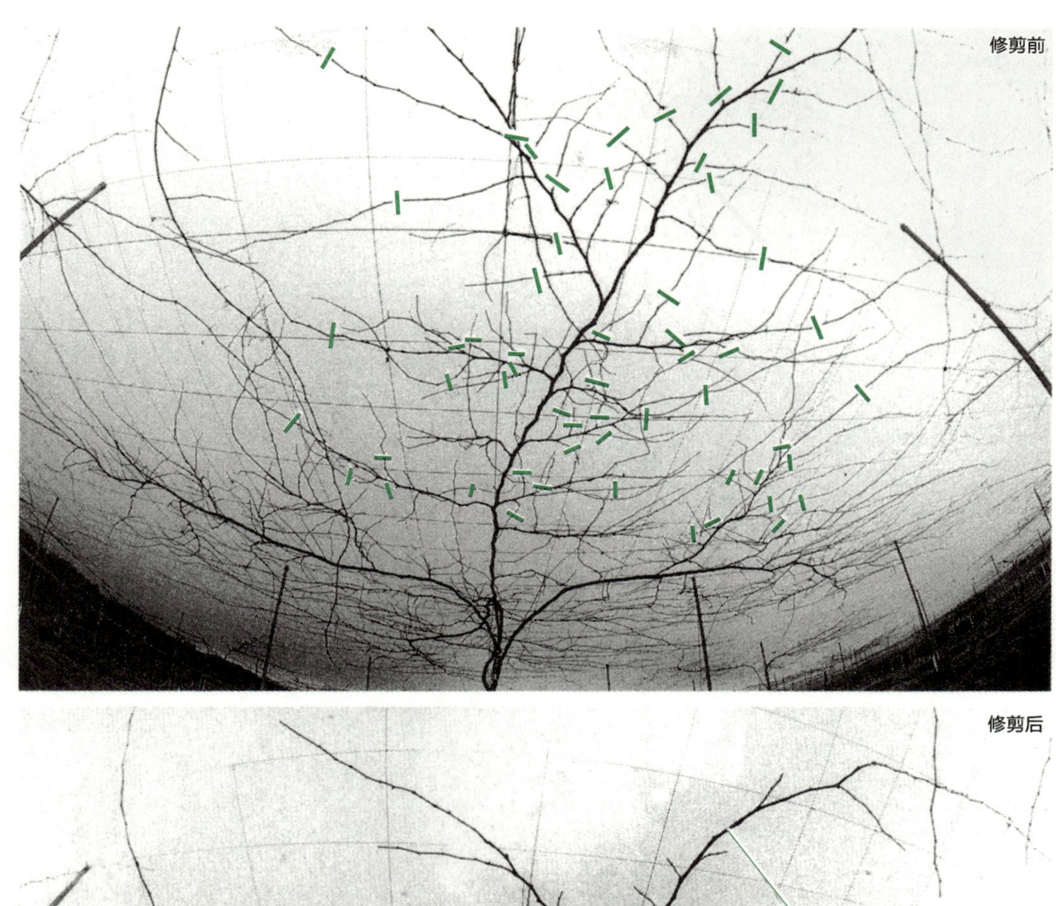

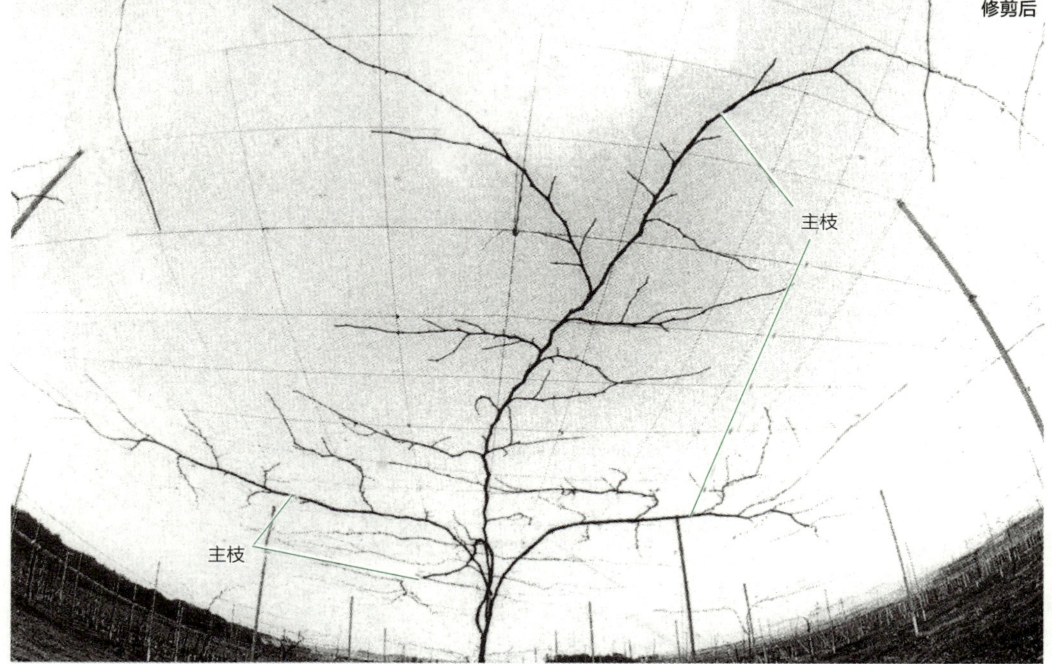

图 4-31 准备间伐的中等树势的 4 年生德拉瓦尔品种修剪前后

由于准备间伐，最初就保留 4 根主枝进行培育，即使形成失败枝也没关系，尽可能使枝条覆盖整个棚面进行修剪

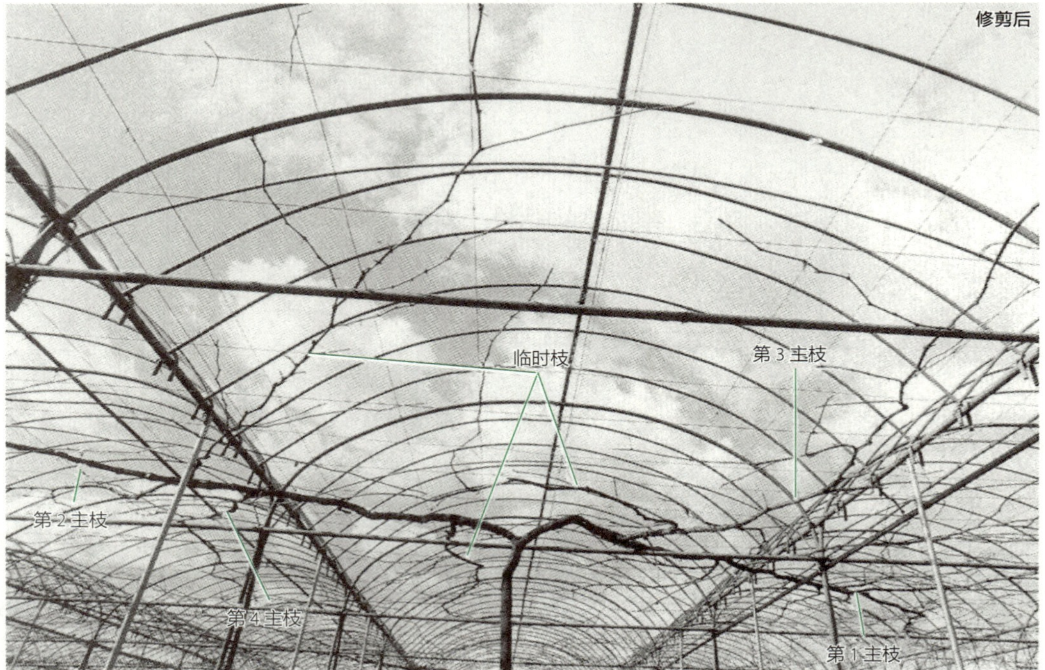

图 4-32　树势稍强的 7 年生德拉瓦尔品种临时枝的修剪整理

树势强，即使棚面有空隙出现，伸向前方的亚主枝、侧枝也能返回生长，很容易使枝条覆盖整个棚面

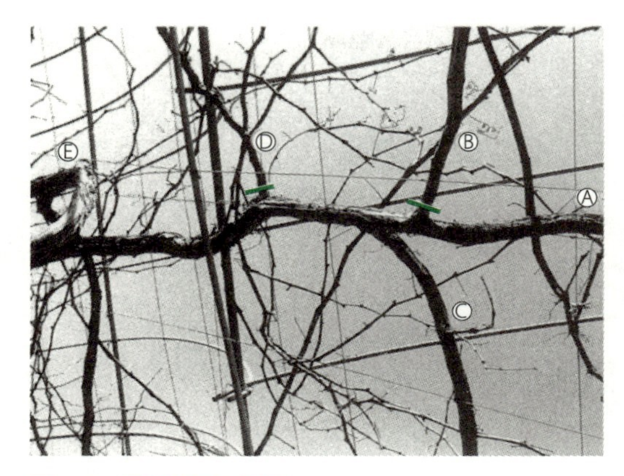

图 4-33　三叉枝更加不好

Ⓑ枝和Ⓒ枝的间隔短，所以Ⓐ枝弱；另外，Ⓓ枝也靠得很近，保留Ⓒ枝和Ⓔ枝，剪除Ⓑ枝和Ⓓ枝

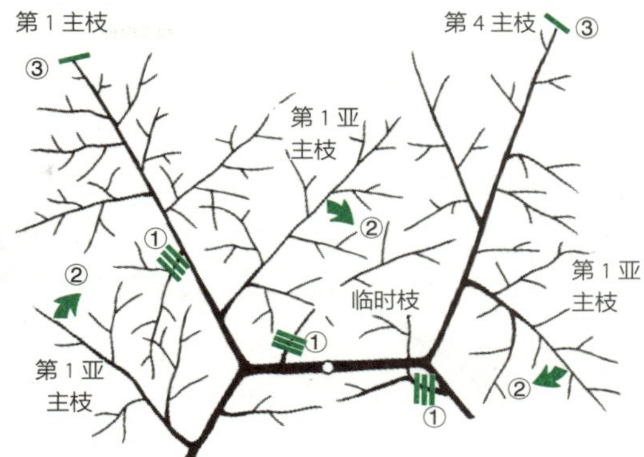

图 4-34　修剪的顺序和修枝方法

①首先对临时枝等成为无用的粗枝进行修剪
②其次，使亚主枝、侧枝向棚架空隙处生长，填满空间
③从第 1 主枝的前端开始，向基部进行细致的修剪，第 2、第 3、第 4 主枝也可如此进行

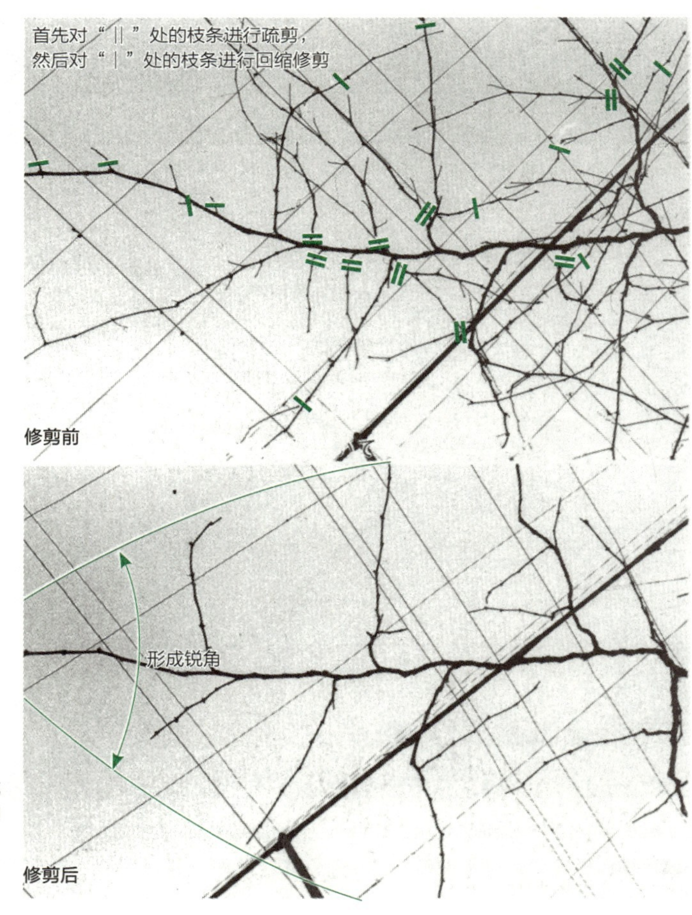

图 4-35　主枝前端部位的修剪

对前端粗的结果母枝进行重修剪，以形成适当的间隔，左右交互配置结果母枝及侧枝，使其形成以前端为顶点的锐角三角形。这样的话，前端就不容易形成失败枝。另外，新梢的生长发育也容易整齐

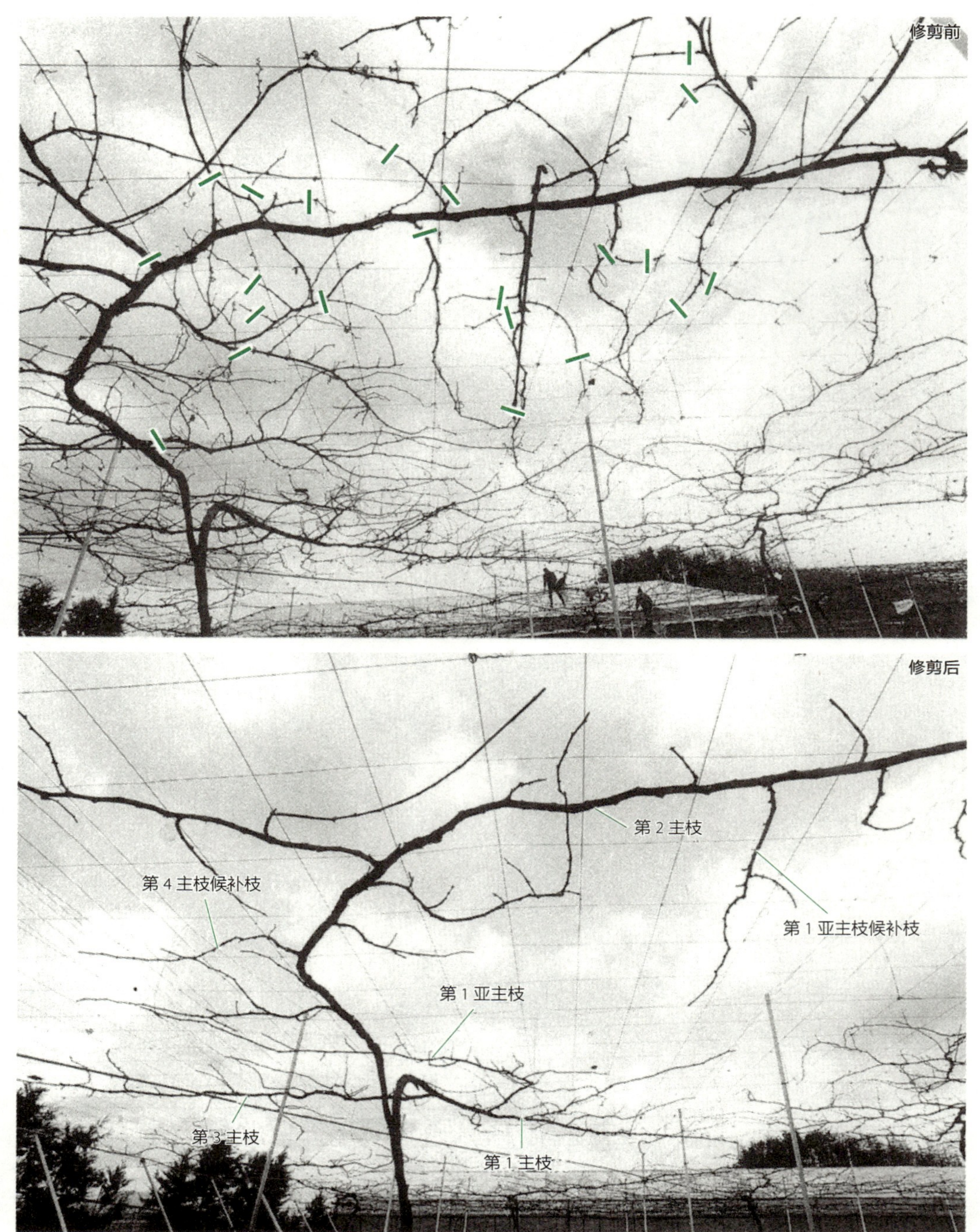

图 4-36　向右上方稍缓倾斜的 10 年生巨峰品种修剪前后

通过间伐，每 1000 米^2 留下 8 株，修剪后树冠间处于稍空旷的状态，这时，还有需要整理的枝条，所以对主干、主枝基部附近的侧枝进行整理并修剪

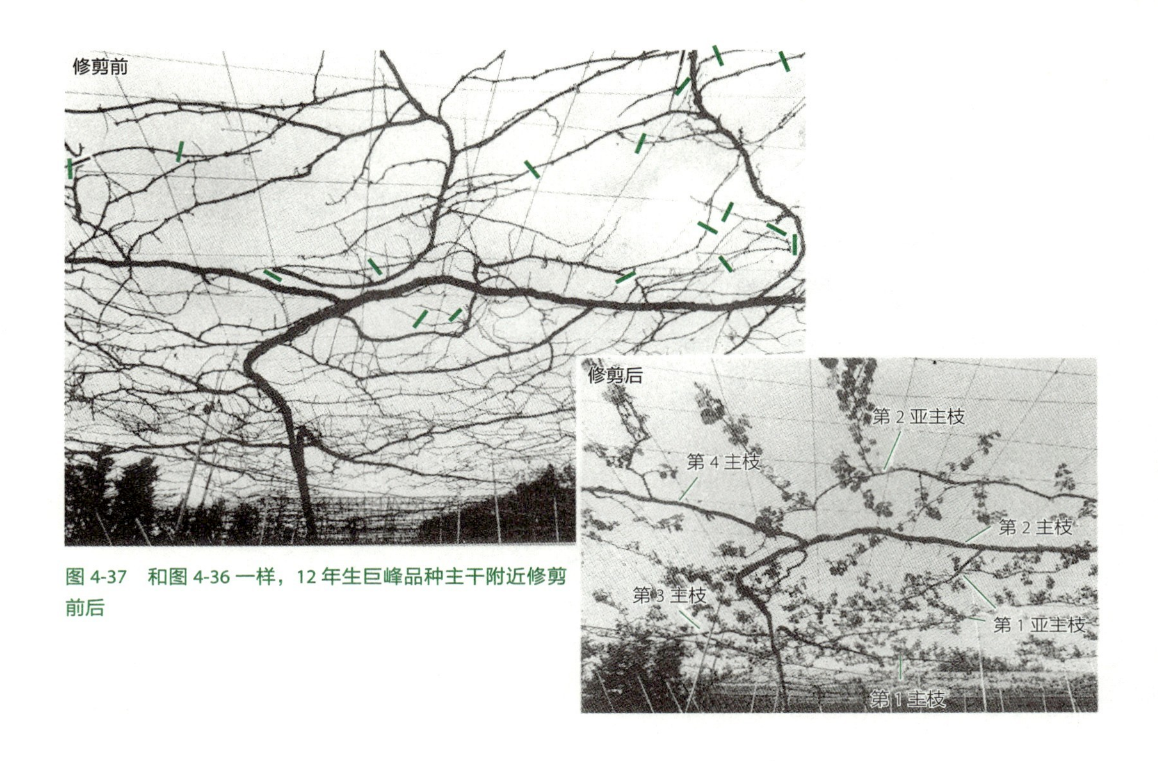

图 4-37　和图 4-36 一样，12 年生巨峰品种主干附近修剪前后

图 4-38　和图 4-37 一样，巨峰品种主枝前端部位修剪前后

树冠间已完全相接，以后没有必要对树形进行变更。即使如此，主枝基部附近的侧枝还是要进行适当的整理

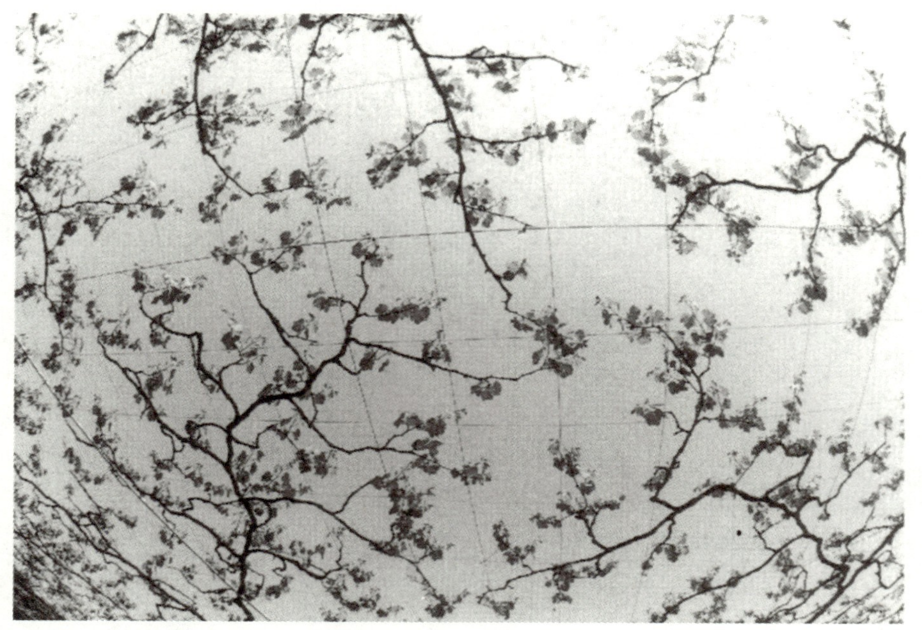

图 4-39　17 年生德拉瓦尔品种的发芽状态

如果像图中这样，按照上一年的修剪方式反复进行就可以了。对几乎所有的结果母枝留 3~5 个芽进行修剪

■ 间伐和缩伐

树冠相互接触时的间伐　为了提高生长初期的收获量，一般都采用密植方式，所以，随着树冠的扩大，必须采取间伐措施。如果错过了间伐的最佳时期，棚面的枝条过于茂密，果实的品质下降，密植的缺点就会显现出来。

在壮年期，树冠前端相互接触时就要开始进行间伐，间伐后棚面会形成足够的空间，若树势生长旺盛，1 年时间枝条就会充满整个棚架空间。

缩伐和缩伐树的修剪　另外，在定植的葡萄比当初预想的树势强时，原本定为永久保留的树（简称永久树）有时也会出现需要间伐的情况，但如果把整株全部间伐掉，其他树的树冠虽然可以扩张了，但会造成棚面过于空旷，所以最好可以采用缩伐的修剪方式。缩伐时要观察棚面的空旷程度，是修剪 1 根主枝好，还是 2 根主枝好，要进行综合的判断。

缩伐是一种重修剪，所以对保留下的树要进行轻修剪。缩伐枝条时从基部切除为好（图 4-40~ 图 4-42）。

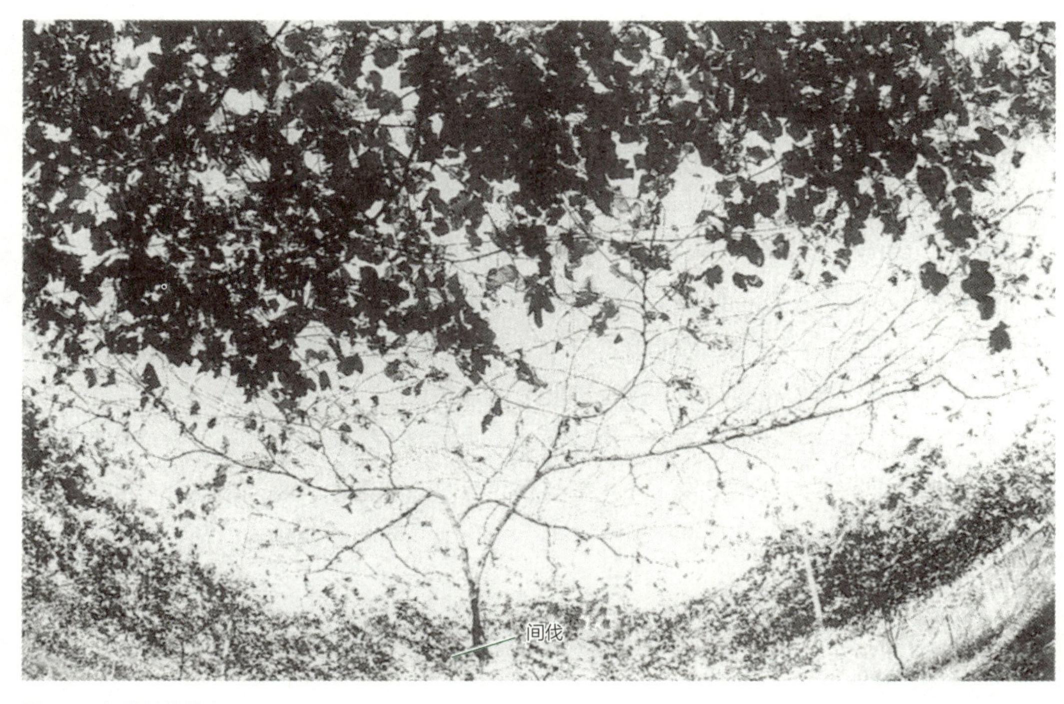

图 4-40　间伐过的状态

间伐、缩伐最好在果实收获后进行。如果这样做，保留的树光照充足、生长旺盛

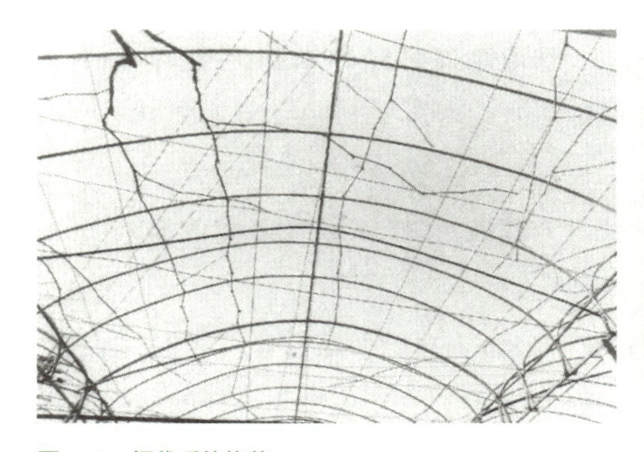

图 4-41　间伐后的修剪

进行间伐、缩伐后，棚面出现空隙，保留近邻树的结果母枝，使其伸长并填补空隙。即使树形有点歪斜，也能保证一定的收获量，因此要认真考虑用枝条填补空隙。树形可以在第 2 年进行矫正

图 4-42　断根后的状态

保留单侧有枝条的树，对切除枝条的一侧进行断根处理

平行式短梢修剪

整枝特点　这是按照 1.8~2 米的间隔对主枝进行平行配置的方式。有把主枝左右各配置 1 根、主枝左右各配置 2 根、主枝左右各配置 3 根 3 种类型，并分别称为一字形整枝、H 形整枝、王字型整枝。主要是在以日本冈山县为主的关西地区的早熟坎贝尔葡萄（Campbell Early）、贝利 A 葡萄（Muscat Bailey A）、大粒紫黑色无籽葡萄等采用这样的栽培方式。其优点是主枝的长度是固定的，不会引起树形的混乱，每年在同一个地方进行 1~2 个芽的短梢修剪，因此修剪简单、方便、实用。但是因为不能对树势进行修剪，因此若用于容易落花落果的品种，不能确保坐果。

另外，结果母枝花芽分化不好、发芽后遇上强风时，这一部分就会出现空枝现象。特别是从主枝上留下的枝条上发芽产生的新梢，尽量不要弯曲，直到枝条长结实为止，管理上需要细心照料。从开始展叶到开花期，强风容易造成新梢损坏，所以这种整枝法不适合用于有强风的地区。

下面，我们以 H 字形整枝法进行叙述（图 4-43~ 图 4-45）。

定植后的第 1 年　树形形成的迟早和新梢生长的比例是相对应的。所以，从定植开始就需要促进枝条旺盛生长。另外，设立牢固的支柱，在新梢生长的同时认真细致地进行诱引，到达棚架时，最重要的是用诱引棒诱导枝条直线生长。

确定第 2 主枝的方法和 X 形自然整枝相同，选取棚架下 50 厘米左右产生的副梢，使其向相反的方向伸展。当第 1 主枝生长比较好时，用离开主干 90~100 厘米处的副梢作为第 3 主枝并使其伸展。

冬季修剪时，以到 7 月下旬为止生长的位置为基准，按照全部生长量的 50%~60% 进行回缩修剪。

第 2 年　对于第 1、第 2 主枝的延长枝，按 50% 左右进行回缩修剪。第 3、第 4 主枝按 H 形配置进行同样程度的修剪。对于 2 年生枝部分，在产生结果母枝的基部保留 1~2 个芽进行修剪。

第 3 年及以后　在主枝生长到规定的长度之前，要保留延长枝，到主枝达规定的长度时，每年进行回缩停顿修剪。在 2 年生以上的枝条上，结果母枝保留 1~2 个芽进行修剪。在产生侧枝缺损的情况下，对前后侧枝的结果母枝进行长梢修剪并进行诱引，将来作为侧枝使用。

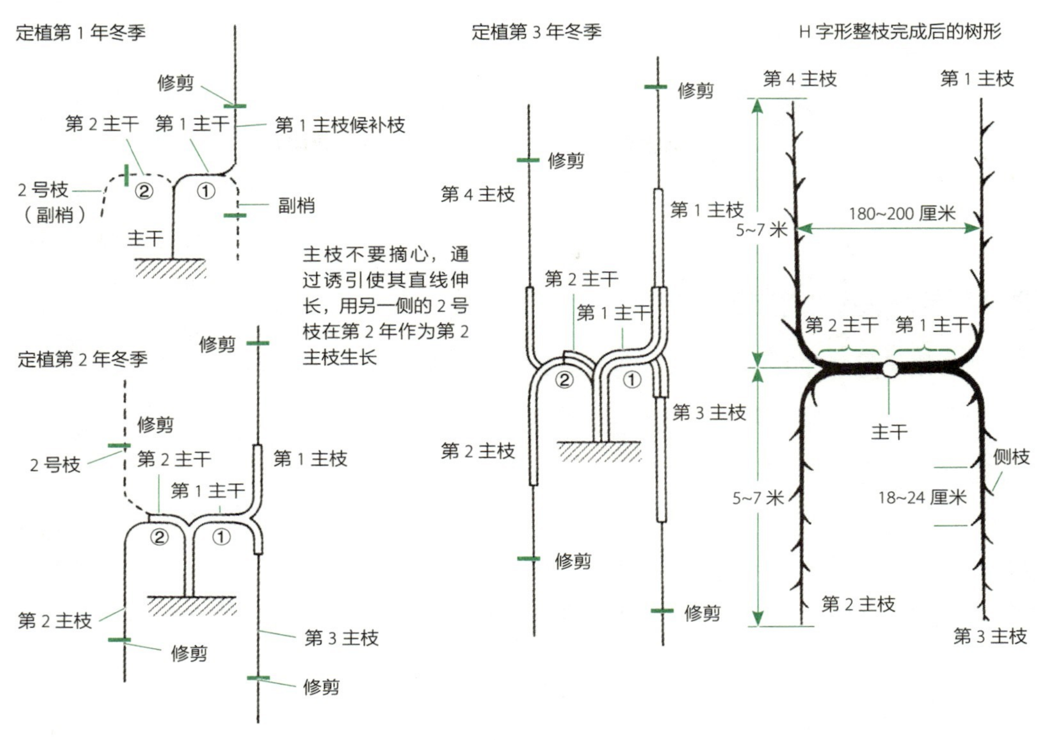

图 4-43　H 形整枝的培育方法（平坦地区）（山部绘图）

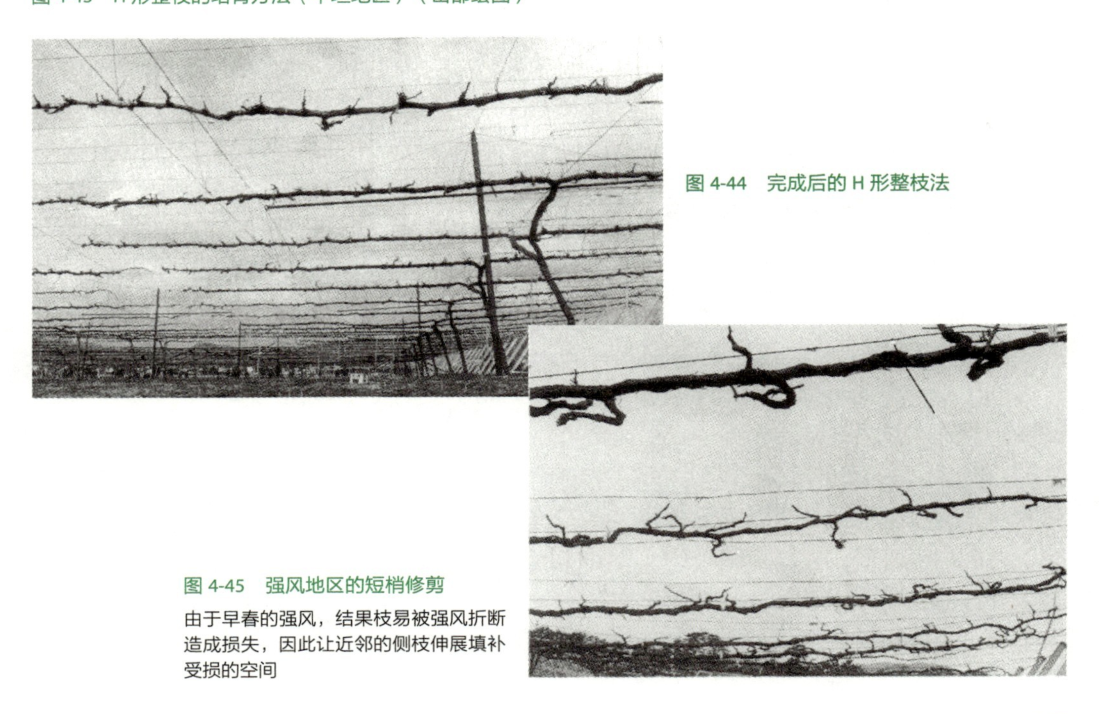

图 4-44　完成后的 H 形整枝法

图 4-45　强风地区的短梢修剪

由于早春的强风，结果枝易被强风折断造成损失，因此让近邻的侧枝伸展填补受损的空间

5 梨

——广田隆一郎

■ 结果习性和结果方式

梨的结果习性如图 5-1 所示。梨的花芽有着生在新梢顶端的顶花芽和着生在叶腋中的腋花芽之分。从长几毫米到 2~3 厘米的着生顶花芽的枝条叫短果枝，是梨的主要结果枝。但是，幸水品种短果枝维持难，主要是由长果枝的腋花芽结果。

在新梢中，对果实生产有用的枝条叫发育枝，长大时需要剪掉的枝条叫徒长枝。发育枝在落叶后如果着生腋花芽，则叫长果枝，即使没有腋花芽也可被利用的叫预备枝。另外，由包含于花芽中的副芽（叶芽）抽生出来的新梢较短，会发育成短果枝，还有其他没有多少利用价值的枝条（图 5-2~ 图 5-4）。

要尽早使发育枝伸长到 1 米左右，枝条停止生长后，可形成饱满的花芽。如果顶端长出止叶、顶芽形成饱满的花芽，就会向基部慢慢形成腋花芽。

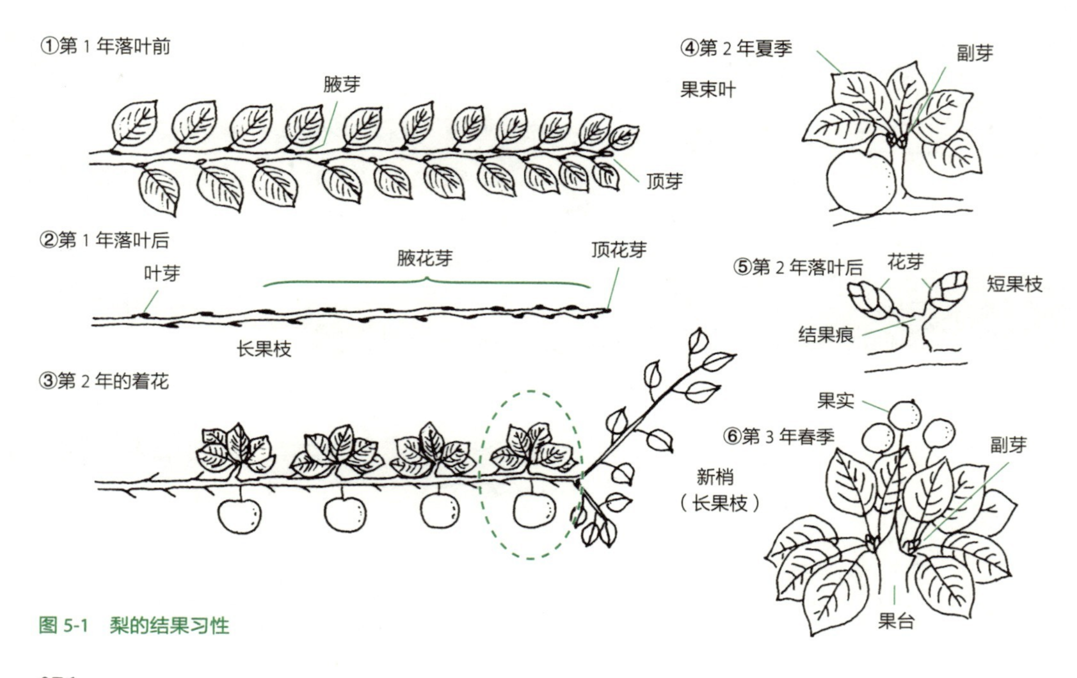

图 5-1　梨的结果习性

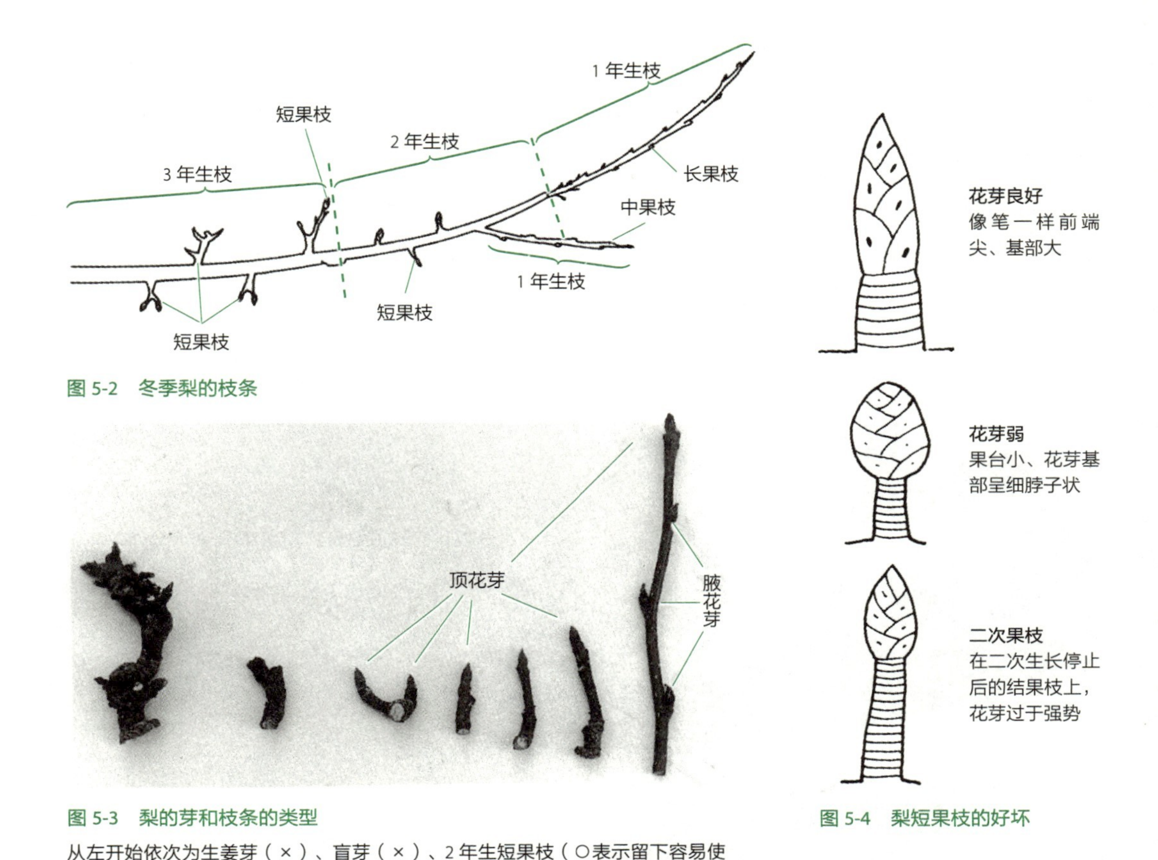

图 5-2 冬季梨的枝条

图 5-3 梨的芽和枝条的类型

从左开始依次为生姜芽（×）、盲芽（×）、2 年生短果枝（○表示留下容易使用的部分）、1 年生短果枝（○）、二次果枝（×）、二次果枝（×）、长果枝（○）

图 5-4 梨短果枝的好坏

对于主要由长果枝结果的幸水品种，可以对没有花芽的发育枝进行回缩修剪，只保留 20~30 厘米长（作为预备枝），在第 2 年努力使其发育成着生饱满腋花芽的长果枝。

■ 修剪时间和修剪方法

修剪的时间和目标 虽然冬季休眠时期的整枝、修剪是重点，但是从发芽开始的抹芽、新梢诱引，以及对夏季的徒长枝、秋梢的修剪等，这些生长期的管理都是极为重要的。

抹芽 抹芽如图 5-5 所示进行。如果认真仔细地进行抹芽，会减少徒长枝的产生，夏季（6 月）就不需要剪除徒长枝了。因为在夏季去除枝条会削弱树势，对果实发育也不利，所以夏季尽可能不进行修剪。

回缩修剪和疏剪 枝条的修剪方式有两种，一种是回缩修剪，是把 1 年生的长侧枝从中间剪除的修剪方式。另一种是疏剪，即为了确保枝条间合适的间距，把过密的无用枝条从基部进行剪除。

如果想使疏剪的剪口附近产生新梢，就不要保留枝条外侧的组织。用锯子进行斜向锯除，留下枝条内部的分生组织部分，从粗枝的横向或侧下方会长出新梢（图 5-6 和图 5-7）。

图 5-5 抹芽要尽早进行

Ⓐ：有像这样的红色芽时，就用手轻轻地摘除
Ⓑ：待生长到这种长度再除去时，就会留下小坑状的痕迹，应该用修枝剪去除此类芽，以避免其长成徒长枝
Ⓒ：即使生长至这个时期稍迟了一点，也可以用手摘除，可以适当保留侧面萌发的芽
Ⓓ：背上的芽一定要摘除

①不好的修剪法
修剪时在芽的前端保留过长的桩枝，容易造成枯枝

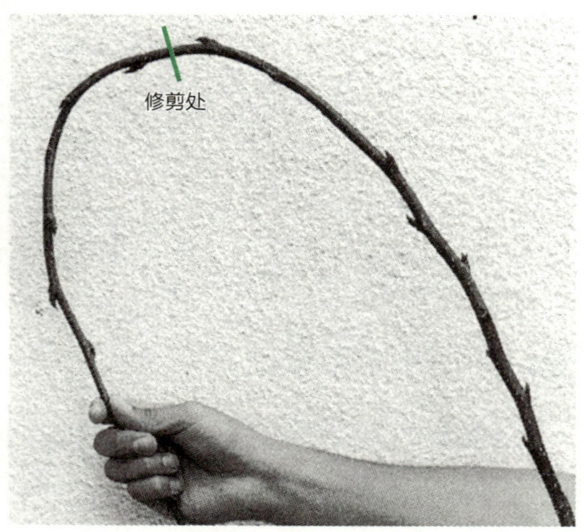

③二十世纪、丰水等品种修剪位置的确定方法
用手捏住枝条的顶部向下轻轻弯曲，在弯曲的最顶端处选留合适的芽进行回缩修剪

②好的修剪法
在靠近芽的前端进行回缩修剪，新梢生长良好，枝条不会变枯

图 5-6 发育枝的回缩修剪

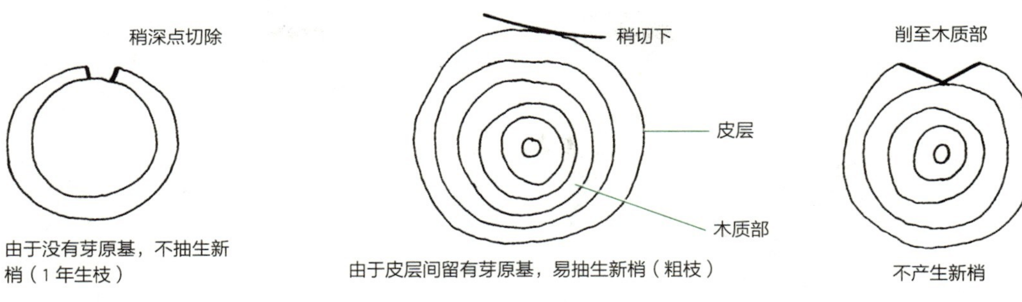

图 5-7　进行疏剪时对枝条基部要尽量少保留

大枝的修剪方法　在用锯子锯除主枝或是亚主枝这样的大枝时，先锯除枝条前端一部分，然后在大枝基部下侧开始往上锯深达枝条 1/3 直径处，这样做不容易因操作不当而导致锯口处枝条开裂。另外，锯口即使大一点，由于留有活桩，锯口的愈伤组织会很快愈合。对大的锯口要用糊状的伤口保护剂进行涂抹或是用胶带进行保护，防止锯口水分蒸发和内枯。

■ 树形和定植密度的关系

什么是好树形　按棚架高 1.8 米进行固定，主干高 70~90 厘米最为合适，3 根主枝，每根主枝着生 1~2 根亚主枝，在两侧配置间隔 35~40 厘米的侧枝或是长果枝。如果保留 4 根主枝，主枝相互之间间隔狭窄，亚主枝就难以形成（图 5-8、图 5-9）。

定植密度和间伐　定植间距以 4~5 米为宜。在间隔 4 米的情况下，每 1000 米 ^{2} 定植 62 株，为保持相互之间不影响，应逐步间伐至 33 株，最终留下 16 株左右。在间隔 5 米的情况下，从最初的 40 株间伐至最后保留 20 株。

经过 7~10 年的培育，对需要间伐的树，主枝数量多一点也可以，在每根主枝上保留像亚主枝一样的粗枝 5~6 根，这样就能提早收获果实（图 5-10）。

■ 从定植开始的培育

定植的时间　一旦确定主干高度，从其附近充实饱满的第 2 个叶芽的上部进行修剪（图 5-11）。在修剪部位的第 2 个芽如图 5-12 一样进行摘除（牺牲芽）。

第 1~2 年　在定植后的第 1 年冬季，选择 3 根相互间隔不太远的当年生长的新梢作为主枝，设立支柱进行辅助诱引。这时稍微把新梢扭至横向方向，在保证枝条不扭断

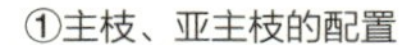

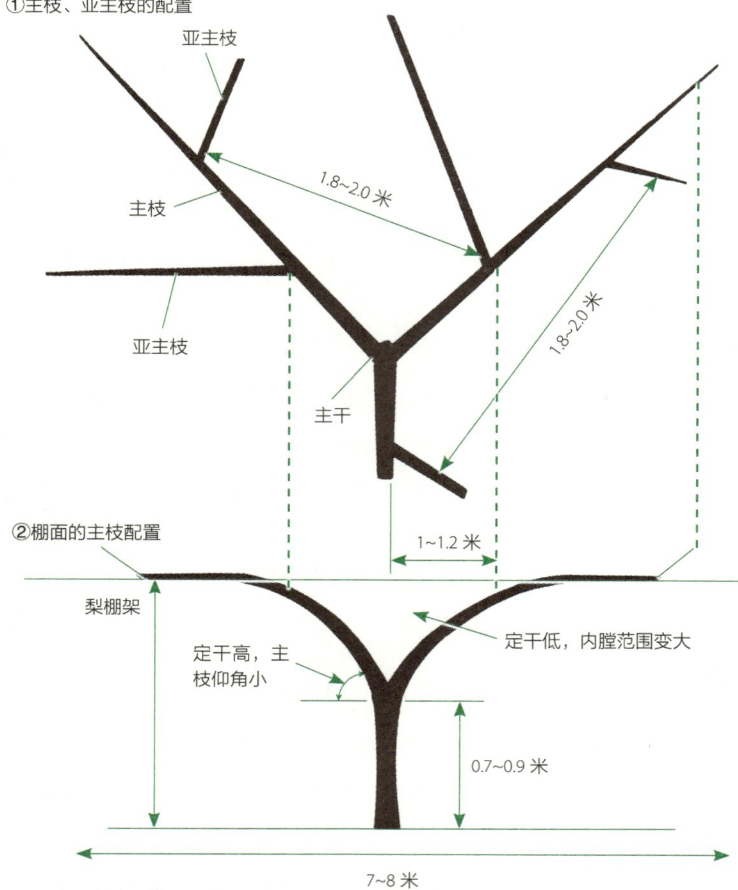

图 5-8　梨较理想的树形

定干高度以 0.7~0.9 米为好

定干高：上棚架后主枝延长枝易变弱，主干、主枝生长发育推迟，树冠扩张慢

定干低：主干、主枝的生长发育较好，树冠扩大快，但影响作业，且内膛范围果实品质差

图 5-9　完成后的树形

这种状态是透光好、理想的树形。Ⓐ为主枝，Ⓑ为亚主枝

图 5-10　间伐树的树形

保留 5~6 根从主干上部萌发的新梢作为主枝使用，能提前结果

的情况下用绳子进行固定诱引。调节时对长势强的新梢要扩大角度，长势弱的新梢要缩小角度，使各新梢生长整齐，并达到扩大树冠的要求。

除此以外的新梢要从基部进行疏剪，对留下的 3 根新梢在枝条前端轻轻弯曲，在弯曲的顶点部位的芽处进行回缩修剪。

第 2 年冬季的修剪和第 1 年冬季的一样，在主枝延长枝前端饱满充实的部位进行回缩修剪。除此以外的新梢都要进行疏剪，过分细弱的新梢难以长成大枝，留下也无妨（图 5-13）。

第 3 年　树长到第 3 年，由于留下的枝条长势不是太强，便在主干枝或是 3 年生的短果枝上开花。最好不要让永久树结果，对准备间伐的树可以让其结 15~20 个果实。另外，如果不对永久树进行人工授粉，自然结果数量会极少，所以也没有必要进行摘蕾。

第 3 年冬季，主枝延长枝的处理方法和第 2 年是相同的，可以稍留下长大的主枝上着生腋花芽的长果枝。另外，对主枝在棚面上进行诱引时，在前端 1 年生枝部位加上竹竿进行支撑，使新梢快速生长（图 5-14）。

第 4 年　到了第 4 年的生长期，由于新梢快速生长，所以在 6 月以长势强的枝条为中心向棚架进行诱引。这样就可以抑制新梢的长势，使主枝、亚主枝候补枝的生长加快，同时，保留下的结果枝也会增多。

在冬季，从距离主干 2 米左右的位置对在主枝的横向或是斜下方向产生的新梢进行选留，以作为第 1 亚主枝候补枝。前端部位的回缩修剪按照主枝的修剪方式进行。

和主枝上的新梢、主枝延长枝有较强竞争力的强枝要进行疏剪，对主枝延长枝没有影响的枝条应尽量多地予以保留。

到了第 4 年，使永久树结 20~30 个果实。

第 5 年及以后　树形基本上已经完成，没有必要急于选定第 2 亚主枝。

新梢产生枝数变多，徒长枝多发，所以和上一年一样在 6 月对新梢进行诱引，这是一项重要的工作。

树形完成之前，在主枝上可保留 2~3 年生的枝条，在这些枝条上着生长果枝，因此在主枝上不配置亚主枝而是直接培养结果枝（侧枝），在使其结果的同时形成树形。主枝上着生的侧枝以尽早更新为目的，尽可能多保留一些。

这样，从第 7 年开始进入间伐时期，树形已基本成形。

图 5-11　定植后苗木的状态

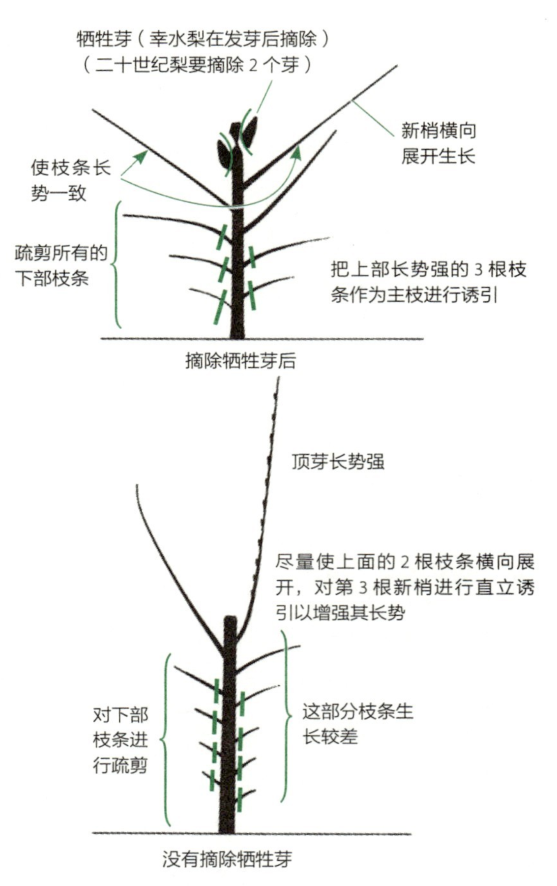

图 5-12　有无牺牲芽和新梢的生长（第 1 年冬季）

图 5-13　第 1 年冬季的诱引

在第 1 年生长状况较好的苗木上确定主枝。对强枝进行小角度诱引，对弱枝进行大角度诱引

图 5-14　有较好的 3 根均衡整齐主枝的幼树（3 年生树）

■ 秋季修剪

按图 5-15 所示进行秋季修剪，时间是在果实收获后 1 个月左右。这是考虑到徒长枝叶子的光合作用对树势增强和营养物质积累能起到较好的作用才确定的修剪时期。

秋季对徒长枝的修剪，会对树的长势产生影响，所以不一定每年都进行。连续进行 2~3 年后，是否间隔 2 年再修剪，还需要观察枝条的生长状况才能确定适合的修剪时期。

另外，在日本西南部等温暖的地区和不会产生枝叶过密问题的地区，没有必要进行秋季修剪。

防止叶子交错混杂的修剪是为了调节树的长势而进行的，可以归纳到常规修剪技术管理中去。

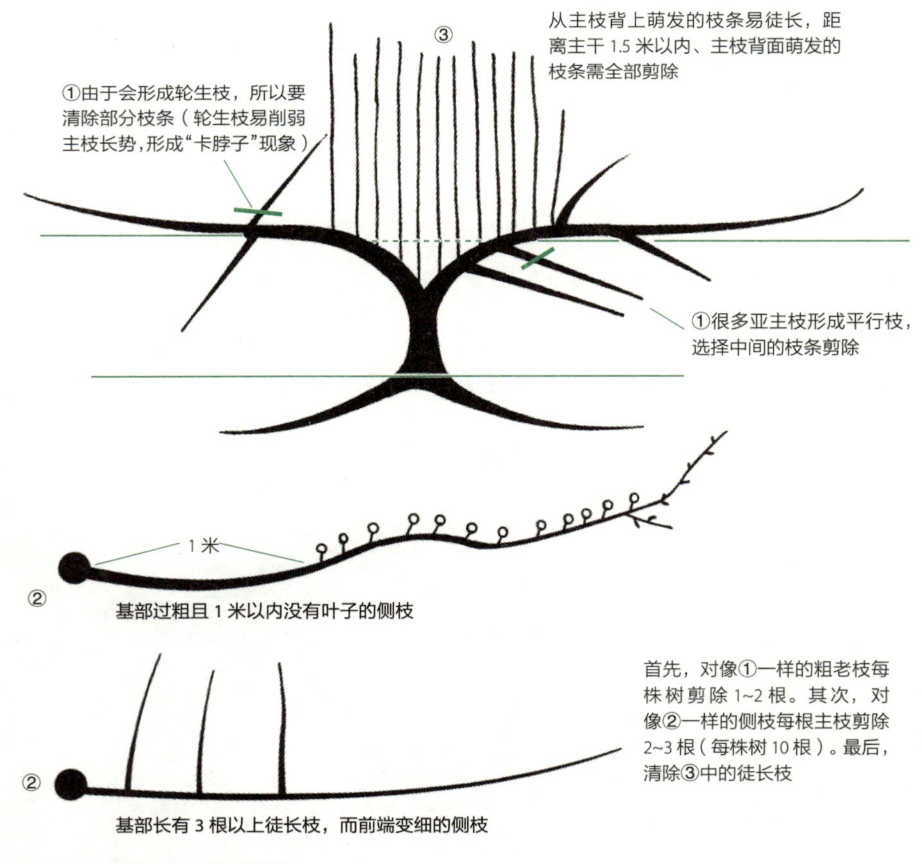

图 5-15　秋季修剪需剪掉的枝条

■ 主枝、亚主枝前端部位的处理

主枝、亚主枝的前端部位是扩大树冠、延长枝条的部分，又称为延长枝，是形成树体骨架的枝条（图 5-16~ 图 5-21）。

在冬季修剪延长枝时，应该选留饱满充实的侧芽进行回缩修剪，这样可以避免主枝、亚主枝在棚架面上的起伏波动。

从前端部位的第 2 个芽开始分上芽和下芽，不用担心下芽生长的枝条会比前端的新梢长势强。

另外，主枝延长枝用竹竿支撑诱引时，其高度一定要比侧枝、结果枝的延长枝要高，这一点要切记！

由于树势不同，延长枝有各种各样的生长方式，因此对延长枝进行修剪时务必结合这一特性，选择最恰当的方式进行修剪。具体分类如下所述：

延长枝上只着生叶芽时　选择 1 年生枝中充实且叶芽饱满的位置进行回缩修剪。叶芽与枝条呈 30 度左右角时形成的芽充实饱满，与基部或前端部位平行的小芽一般不充实饱满。

在生长力强的壮年树上，1 年生枝保留 1/2~2/3 进行修剪。但是对 6~7 年生的树，一般保留 5~7 个芽进行重回缩修剪是最通常的修剪方法。

延长枝上着生腋花芽时　对长 1 米以上的枝条，应回缩修剪至靠近基部侧面的叶芽处。在全部都形成花芽的情况下，就对生长叶芽的枝条保留 2~3 个芽进行重回缩修剪。

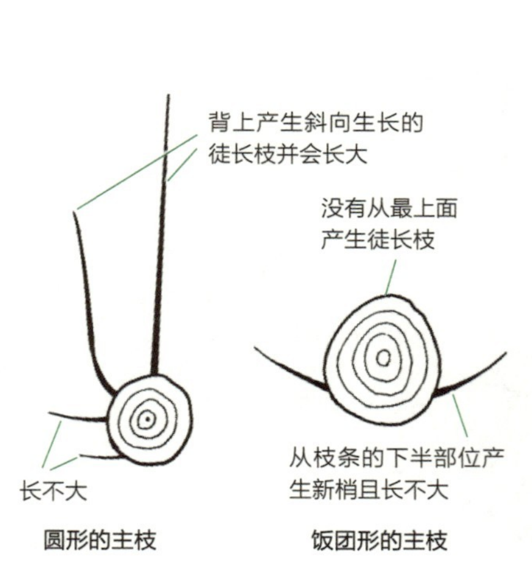

图 5-16　主枝的断面呈饭团形

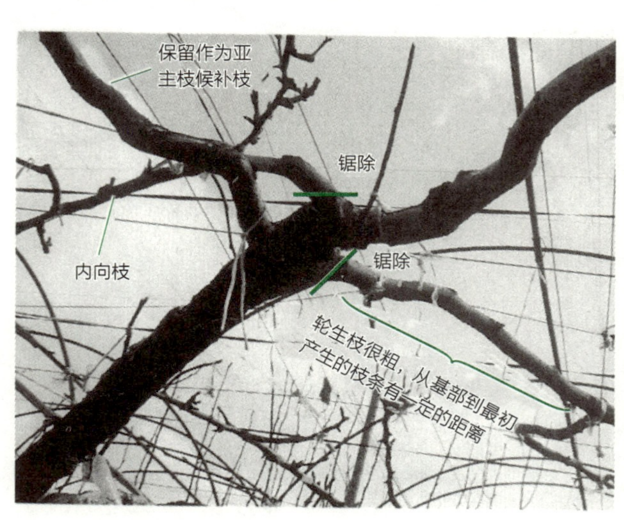

图 5-17　清除轮生枝、内向枝

修剪前 希望主枝的前端（A）有这样强的长势。由于没有竹竿诱引，主枝离开棚架后呈弓形（B）

修剪后 用竹竿作为支柱进行上下诱引，将竹竿作为和枝条绑起来，效果还是比较好的。
主枝（A）上的侧枝（C）按照图中的间隔进行保留，B 为第 1 亚主枝

图 5-18 修剪前后（幸水品种）

图 5-20　主枝前端的诱引

图 5-19　成年树的主枝前端强势生长

为了保持主枝前端强势长，1 年生枝保留 2~3 个芽进行重回缩修剪，前端比棚面高 30 厘米。若 3~4 年后生长出强旺的新梢，就用这些枝条的前端进行更新

图 5-21　主枝变弱后前端部位的更新修剪

出现枝条长不足 1 米的情况时，就需要进行重回缩修剪。此时使用上芽也是可以的，这样就可以保证前端的芽生长强旺。

延长枝发育成短果枝或小枝时　在这些枝条基部附近的强势芽上进行重回缩修剪，或是用从 2~3 年前开始产生的徒长枝、发育枝进行更新。

延长枝渐渐衰弱时　尽可能选择从主枝侧面抽生的、基部直径为 1 厘米以上、长 1 米以上的枝条进行更新。更新枝要在枝条长度一半以下进行重回缩修剪。

将修剪前相当于主枝前端部分的枝条作为侧枝处理，在主枝更新枝变大前都可使用。

■ 侧枝和结果枝的配置

在主枝、亚主枝上着生侧枝，但对于幸水梨等在长果枝上着生果实的品种，侧枝就成了结果枝。另外，像二十世纪梨这种利用短果枝结果的品种，往往在侧枝上着生短果枝结果。

一方面，若以增产为目的，保留过多侧枝，结果数会增加，收获量也明显增大。但是，果实的大小、品质差异也很大。另一方面，若过于重视果实品质，修剪时过多减少侧枝数和花芽数，会导致结果数减少、徒长枝多发、枝条过密，且果实的品质也会下降。

因为侧枝的单侧就能够形成 17~20 厘米的叶层，所以为了使叶子不相互重叠，主枝或亚主枝上平均 1 米的范围内只能留 3 根侧枝。可以按这样的标准进行侧枝配置。

侧枝老化后，基部几乎没有芽，空间浪费会增加，这时就要把 1 年生（长果枝）、2~3 年生、4 年生以上的侧枝进行相互配置，保证芽数充足且不形成空缺。

< 幸水梨 >

结果枝的条件　幸水梨是以利用长果枝结果为主，但固执地认为幸水梨只利用长果枝结果，这一想法是没有必要的。若 2 年生枝上着生有数量充足的短果枝，利用其结果也是可以的（图 5-22、图 5-23）。

幸水梨长果枝基部的直径为 1~1.5 厘米、长度为 80~120 厘米是比较好的。最理想的结果枝是：基部直径 × 枝条长度的值为 100~110、芽数为 20 个左右、结 6 个果实。应在长果枝前端回缩修剪 2~3 个芽，使其结果。

在第 2 年冬季，这种长果枝前端的 1~2 个芽抽生出发育枝，其他的芽发育成短果枝和几根梳齿状的徒长枝（图 5-24）。

此外，应保留不着生腋花芽的 1 年生枝，优先考虑作为主枝、亚主枝的前端进行培养。

图 5-22　幸水梨新梢的回缩修剪

A：枝条稍微有点徒长、前端部位呈三角形。剪掉前端 4 个小芽

B：在充实饱满的长果枝前端除去 1~2 个芽

C：在枝条前端形成花芽的新梢不适合作为结果枝。在基部发育充实的叶芽处进行回缩修剪，使其生长为发育枝，作为预备枝使用

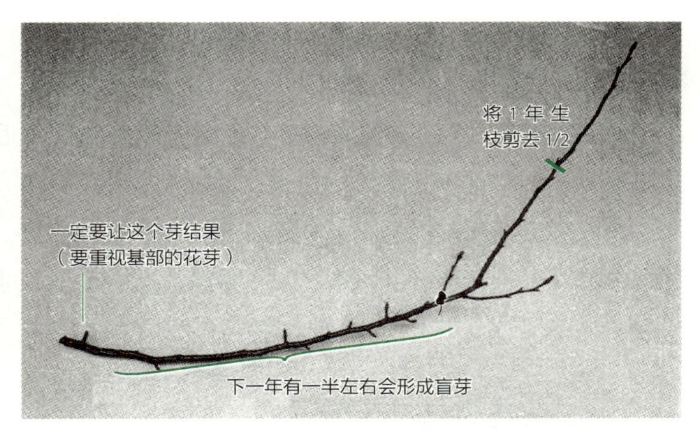

图 5-23　着生有短果枝的 2 年生枝的修剪

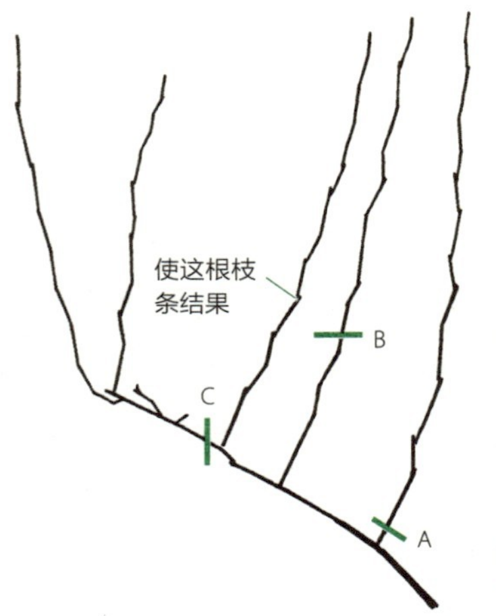

图 5-24　徒长枝上着生有像梳齿状的侧枝（幸水梨）

着生短果枝的 2 年生枝　利用这类枝条时，保留前端发育枝长度的一半进行回缩修剪。若利用其短果枝结果，到第 3 年的冬季，结果位置上一半的芽会发育不良，形成盲芽。在回缩修剪的发育枝上着生的短果枝，通常只能使用 2 年，所以应及时进行更新。但是，如果在基部附近有徒长枝，还可以再使用 1 年，即在枝条基部的发育枝前端进行剪掉 1~2 个芽的回缩修剪，然后保留徒长枝上 2 个健全的芽进行回缩修剪，以作为预备枝使用。下一年从预备枝上抽生的发育枝可作为长果枝使用，通过这样的方式进行更新。

有梳齿状新梢伸出的 2 年生枝　将基部新梢作为预备枝使用，在此预备枝前选留 1 根长果枝。下一年返回到预备枝的位置处进行更新。还有一种方法是不留预备枝，2 根枝条都作为长果枝使用，下一年只保留靠近基部的 1 根枝条作为短果枝结果。

侧枝的更新 侧枝基部直径在 3 厘米以下、从枝条基部到叶子着生部位的长度（光秃位置），短的可以留作侧枝。经过几年生长，直径达到 3 厘米以上时，基部呈灰色光秃状，长的侧枝上果实的大小、品质等不稳定，这样的老枝应当进行更新（图 5-25~图 5-28）。

在预备枝上培育长果枝 幸水梨的 1 年生枝上不易形成花芽，所以把徒长枝作为预备枝，从此开始培育长 1 米左右着生花芽的发育枝，下一年作为长果枝使用。这种方法如图 5-29 所示。

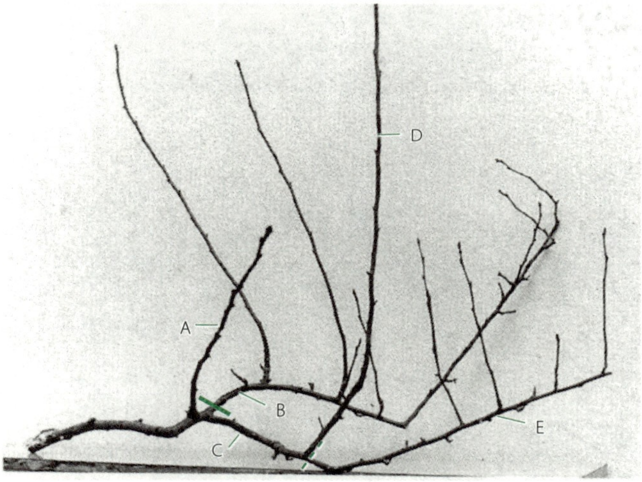

图 5-25 幸水梨的二叉侧枝的修剪

A 枝进行疏剪，B 枝在基部进行回缩修剪（ 处），C 枝可以利用。这时由于枝条基部变粗，如果下一年进行更新，D、E 两根枝条可以使用；如果下一年想继续使用，就只保留 D 作为长果枝，将 E 剪除（ 处），期待从侧枝基部萌发新梢

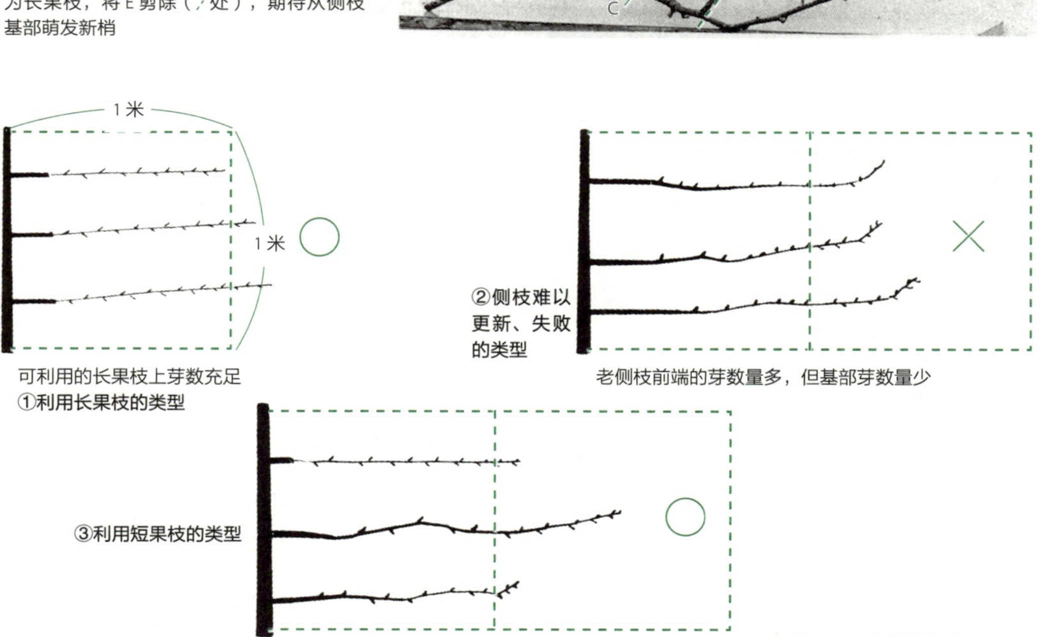

图 5-26 侧枝的配置

图 5-27 正确的侧枝配置

芽数不要零散配置。侧枝的前端必须直立

图 5-28 枝条即使增粗变长，芽的数量也不会增加

在幼枝上每间隔 5 厘米有 1 个芽，老枝无芽。老枝多了，叶数、新梢数就减少。这样的侧枝要从基部锯除进行更新

< 二十世纪梨 >

不使用长果枝结果 二十世纪梨的 1 年生枝，通常是让中果枝结果，几乎不利用长果枝结果。因此，二十世纪梨的 1 年生枝不管有没有腋花芽，如果枝条着生的位置和角度好就能留下，将其作为具有叶枝、着生短果枝的预备枝。

也有和幸水梨一样进行短截培育发育枝的方法，这类发育枝在幸水梨中被称为预备枝，但在二十世纪梨中被称为短果枝预备枝。

有从粗枝直接长出的枝条和从短果枝预备枝上长出的枝条，两者相比，从短果枝预备枝上长出的枝条，具有难以长大的特点，可以长时间使用（图 5-29~ 图 5-31）。

根据年限回缩修剪前端的 1 年生枝 在 1 年生枝前端的充实饱满位置进行回缩修剪。是否充实饱满的判定标准是：分别用手握住枝条基部和顶端并轻轻用力，枝条出现弯曲的点就是要进行修剪的地方，记住这一点就可以放心、简单地进行修剪操作了。通常枝条上有 22~25 个芽，在新梢前端的 4~5 个芽处进行修剪即可。

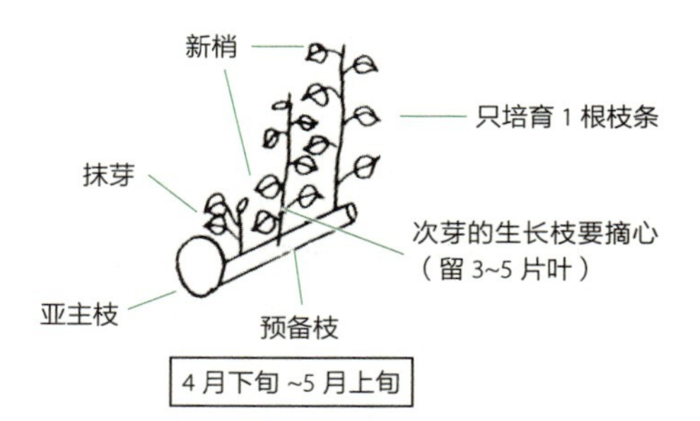

10 厘米

• 从二次伸长开始
• 在群芽处摘心

5 月上、中旬（二次伸长 10 厘米左右）

②新梢生长停止后，对预备枝进行 30 度角的诱引

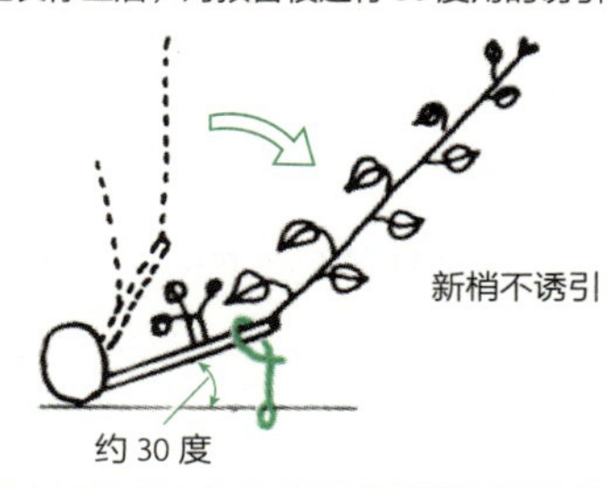

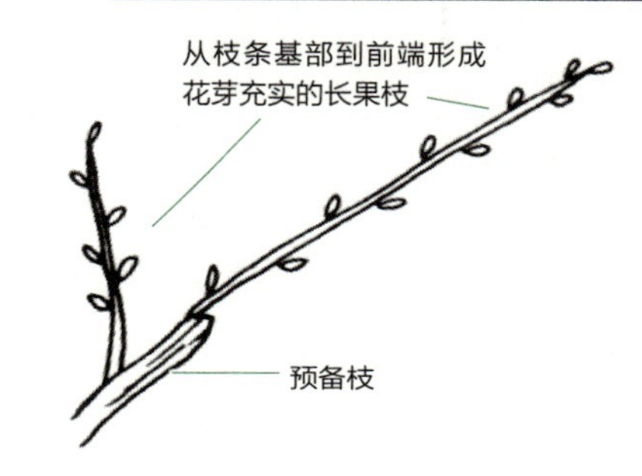

新梢生长停止后 10 天以内进行预备枝诱引 ⇨ 这个时期花芽分化

（大棚栽培为 6 月上、中旬，露地栽培为 6 月中、下旬）

图 5-29　预备枝的培育

图 5-30　直立的预备枝

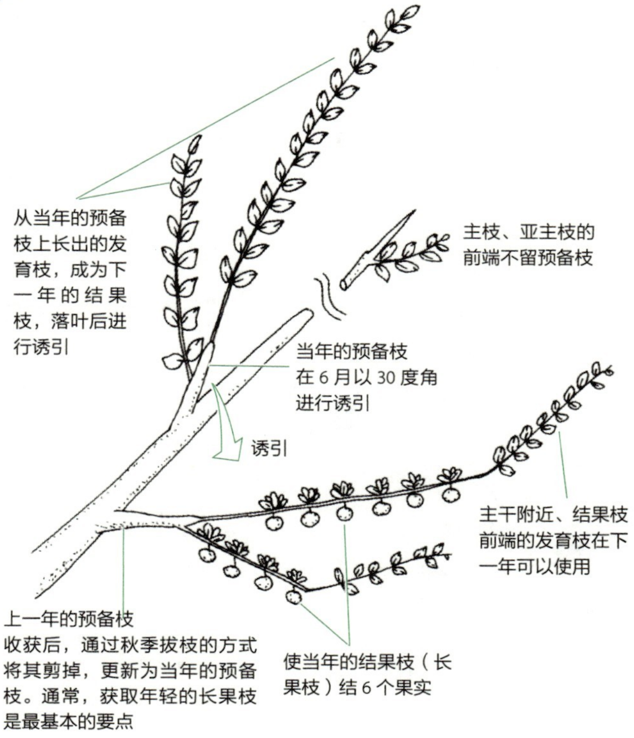

图 5-31　准备好预备枝，确保下一年有较好的长果枝

第 2 年以后的 1 年生枝前端，原则上以保留上一年一半的芽数量及枝条长度进行修剪就可以了。如果在 1 年生枝时保留 20 个芽，则在第 2 年前端的枝条保留 10 个芽、第 3 年保留 4~5 个芽、第 4 年保留 2~3 个芽（图 5-32）。

侧枝更新的标准　如果侧枝的基部长得不是太粗大，短果枝能够维持 5~6 年，便可只保留前端的 2~3 个芽，以维持侧枝的生长。通常情况下，侧枝的基部长粗、基部的短果枝伸长，会出现枝条光秃现象，所以从第 5 年开始，要回缩修剪到长势强的芽的位置，着手进行侧枝更新。

二十世纪梨的侧枝如果在第 1 年进行轻回缩修剪，就会形成好的发育枝，生长出的发育枝，下一年就可以长时间使用。相反，对稍弱枝采用重回缩修剪，若只是为了充满树体空间，短果枝的质量会难以保证，并且出现枝条光秃现象，这是不好的。

侧枝基部变粗大，枝条光秃部分达 50 厘米以上，产生徒长枝 3 根以上，这样的侧枝要毫不犹豫地进行剪除。

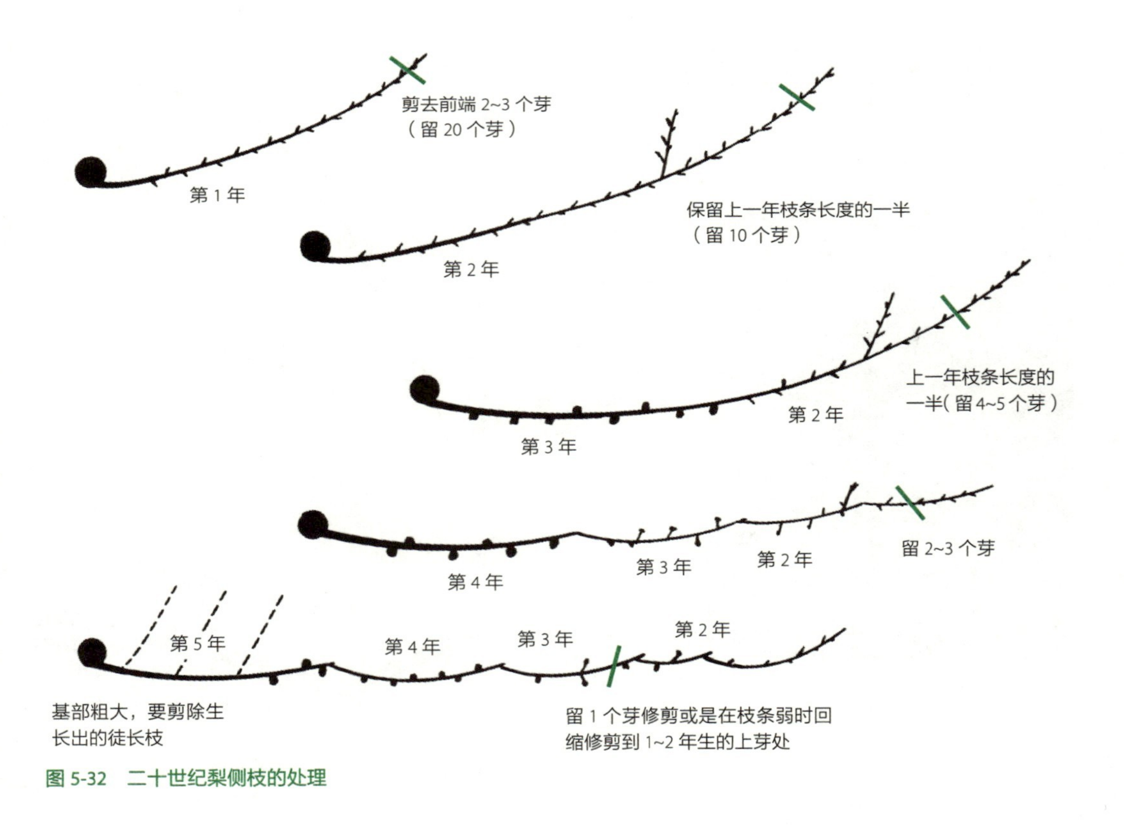

图 5-32　二十世纪梨侧枝的处理

在短果枝上要对盲芽进行适当的整理，确保有一定的叶枝。

< 丰水梨 >

丰水梨是短果枝比较多、腋花芽多、枝数多的品种，极容易产生小枝，侧枝的维持比较困难，但是它容易更新。以强势长果枝结果时，容易产生很多畸形果、纵沟果，所以主要以短果枝结果为主（图 5-33）。

丰水梨枝条的处理方法是将幸水梨和二十世纪梨的处理方法进行了结合，但必须遵守的是如同二十世纪梨修剪中所述，对 1 年生枝要在弯曲饱满充实的位置进行回缩修剪。

丰水梨修剪时，保留新梢长度到一半的情况很少，基本上要剪掉 2/3。在不充实的位置回缩修剪时，前端的发育枝必定长势较弱，长势强的徒长枝就会从基部生长出来。

另外，从预备枝上不仅可以长出长果枝，还可以着生短果枝，在短果枝上会结 1~2 个果实。

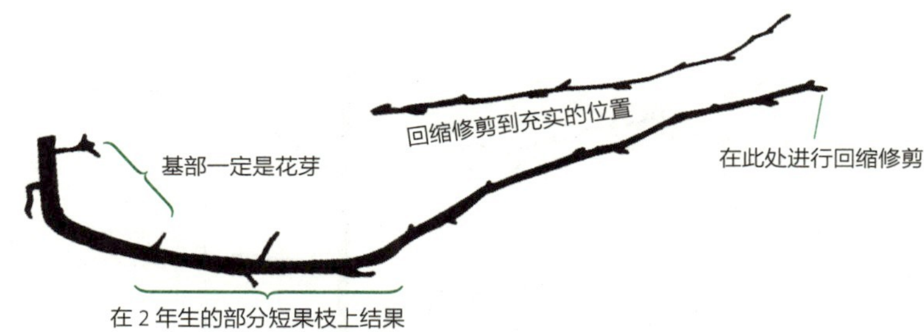

图 5-33　丰水梨侧枝的处理

丰水梨侧枝的基部必须着生短果枝，使其结果。另外，如果在基部有小枝，叶芽也要除去

侧枝、结果枝的诱引

枝条的位置和诱引方向　把主枝或是亚主枝按长度三等分，靠近前端的侧枝、长果枝和主枝的角度要小，向前方进行诱引。

中间的侧枝、长果枝，要和主枝成直角进行诱引。

靠近基部，距离主干近的枝条长势越强，所以要面向主干进行返回式的诱引（图 5-34）。

如上所述，在诱引方向上会有差别。前端部位应养分、水分供应充足，使枝条生长强壮，而主干部位要进行弱生长，这是保持树整体生长平衡的一种方法。从主枝的中间到前端先诱引哪一根枝条，并没有多大的差别，但是枝条基部的处理方式不同，果实的收获量、品质、大小等会有很大的差异。

诱引的方法　诱引时，侧枝或是结果枝的基部要相对固定，结果部分的枝条要在棚架纵线和横线交叉点处进行绑扎固定。这样长果枝和侧枝就不会变成弓形（图 5-35）。

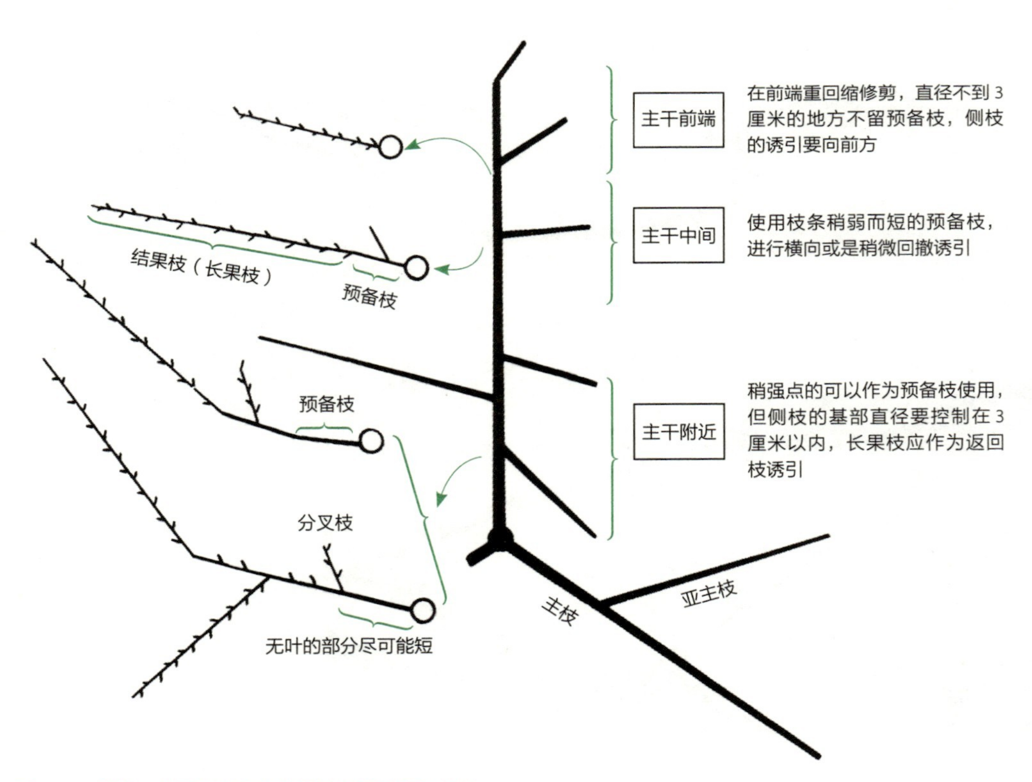

图 5-34　侧枝、结果枝的产生位置和修剪及诱引方向

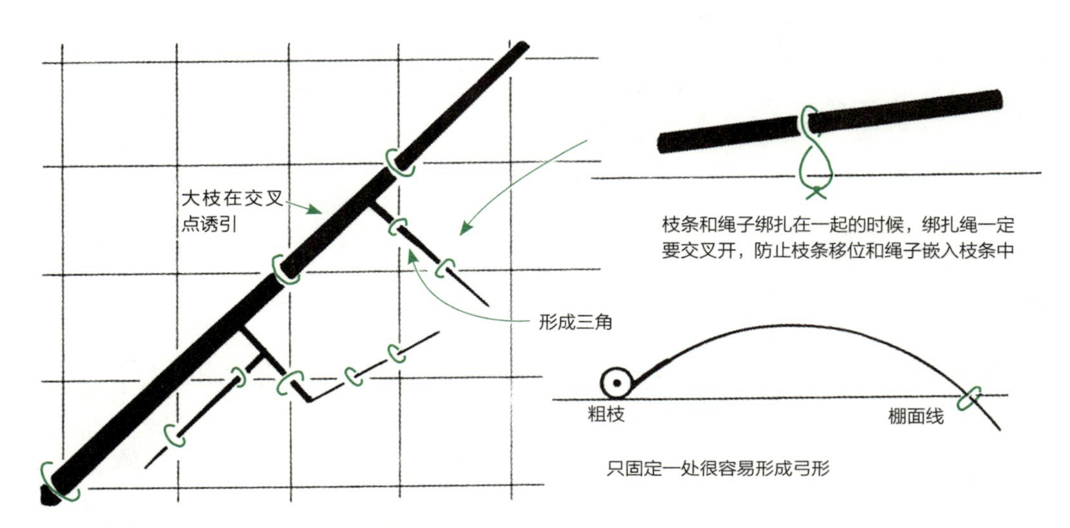

图 5-35 枝条诱引的方法——必须在两处绑扎

6 西洋梨

——奥山仁六

整枝修剪的要点

结果习性和花芽分化方式 西洋梨和苹果一样，在3年生枝上着生结果枝并开花结果。也就是说，当年产生新梢的腋芽第2年生长，顶芽形成花芽。花芽的着生方式因品种不同而不一样，但是，发育枝的腋芽上容易着生花芽的品种有巴梨、冬香梨等。法国西洋梨（Rahurannsu）、日面红梨、马尔代夫西洋梨（Gurumorusou）等品种几乎不产生腋花芽(图6-1)。

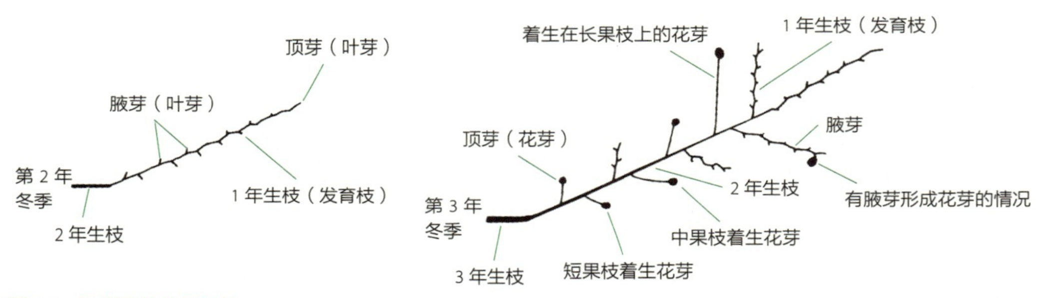

图6-1 西洋梨的结果习性

生育特点和枝条生长方式 幼树期的生长发育特点是生长旺盛、顶端优势特别强，因此，越是前端的枝条生长越快、徒长枝多发。另外，越是旺盛生长的枝条，在枝条前端越会着生充实饱满的芽，枝条基部几乎不发芽，基部会容易光秃，因此，需要进行高强度的回缩修剪。

若枝条的分枝角度小，容易裂开。若产生的位置不好，枝条很快会变粗大。所以，从主枝上选择作为亚主枝分枝时，尽量利用从主枝侧面产生的枝条。

品种和枝条的特性

枝条的发生和生长因品种不同而不一样，法国西洋梨等品种容易产生较硬、直立、分枝角度小的枝条，所以容易形成直立、内膛狭窄的树形，因此要选用展开角度比较大的枝条。冬香梨等品种的枝条细且硬、容易下垂，所以主枝的候补枝形成比较困难。银铃西洋梨、冈山幻西洋梨等品种枝条粗且发育饱满，展开的角度比较大，因此更容易利用。

■ 直立树培育和棚架培育

和日本本地的梨相比，西洋梨具有和苹果相似的特质，通常按照直立树形的培育方法进行培育就可以了。

直立树形的培育可以形成立体的结果层，所以比平面棚架搭建的树形结果数量要多，但要在幼树期就要进行重修剪（为了形成树的骨架）等，使树间的距离变窄，因此早期收获的产量比棚架培育的要少一点，所以定植的数量要多一点，以弥补产量不足。另一方面，虽然搭建棚架需要增加一定的费用，但在强风地区，像玛格丽特法国西洋梨（Marguerite marillat）一样的果实较大的品种，比较适宜这种栽培方式。

■ 主干形的培育

主干培育主要有 3 种，一是密植栽培提高早期收获量，适合用主干形的培育方法；二是定植数量少、树大的适合用开心形的培育方法；三是在这两者中间的树形适合用不规则主干形的培育方法（图 6-2~ 图 6-9）。

主干形的培育方法 西洋梨是利用矮化砧木进行矮化栽培的。现在常用的砧木是山梨、豆梨等。这种培育不需要形成主枝、亚主枝等骨架枝，结果部位直接着生在主干部位的侧枝上，因此可以进行密植并早期就能有较多收获量。培育方法按图 6-2 进行，但侧枝尽可能简洁化，在回缩修剪的同时促进发育枝的产生，并保持发育枝的年轻、旺盛生长是一个重要的技术要点。

侧枝的诱引能促进花芽的分化，这是一项重要的管理措施，从春季开始到 6 月要认真进行此项工作。

夏季修剪和管理 西洋梨的特点是长势强，若任其生长，顶端优势特别明显，基部几乎不能发芽，花芽分化困难，所以要进行夏季修剪来调整。

① 若对从主干产生的侧枝在冬季进行重修剪，枝条长势强、花芽分化迟，所以侧枝产生之后立即进行夏季修剪，使其产生弱副梢（二次生长枝）（图 6-5）。夏季修剪应在修剪后产生副梢的 6 月上旬进行。

② 在幼树期，对于主干延长枝长势比较强的新梢，保留 5~6 片叶进行夏季修剪。

③ 侧枝的诱引对于花芽的分化和结果的稳定性具有重要作用，因此对直立枝要进行诱引。诱引的角度不能是水平的，而应该有 30 度左右，如图 6-4，应在初春时期尽早进行。

棚架培育

棚架培育的方法参考图 6-10。

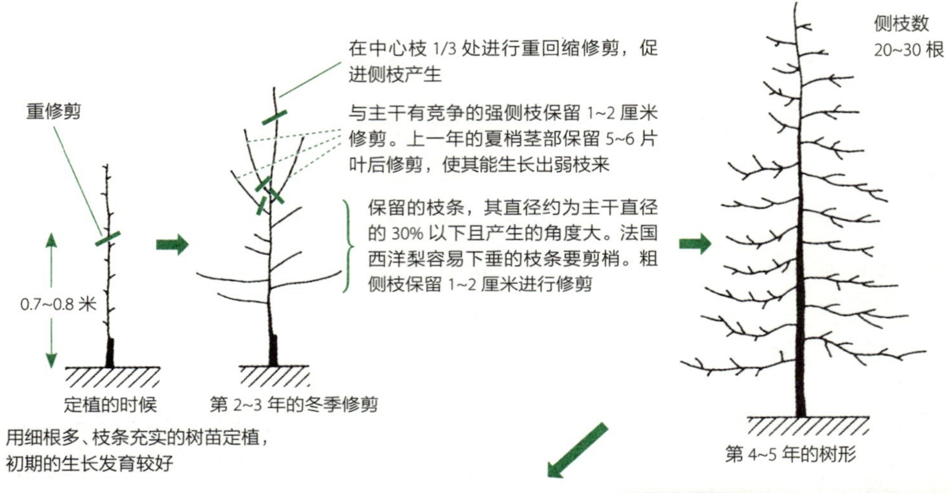

整理拥挤的侧枝，
保留 15~20 根枝条

树高
3~3.5 米

成年树的树形

图 6-2　主干形的培育方法

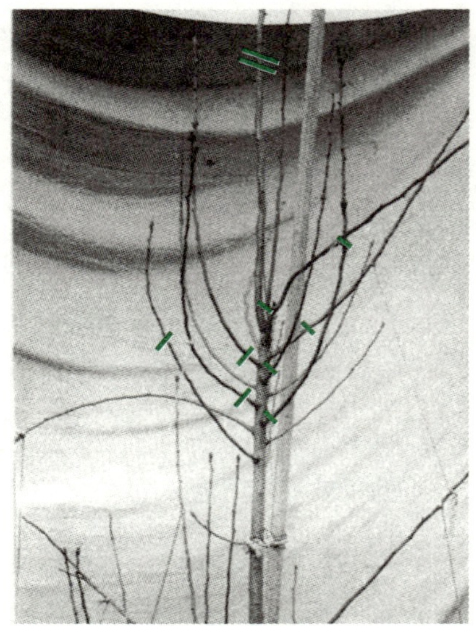

图 6-3　主干前端部分的修剪（3 年生树）

对主干进行重回缩修剪，剪除与主干有竞争的枝条，保留 1~2 厘米

图 6-4 幼树侧枝的诱引（主干形、4 年生树）

将直立的侧枝诱引至水平至 30 度，能促进花芽分化

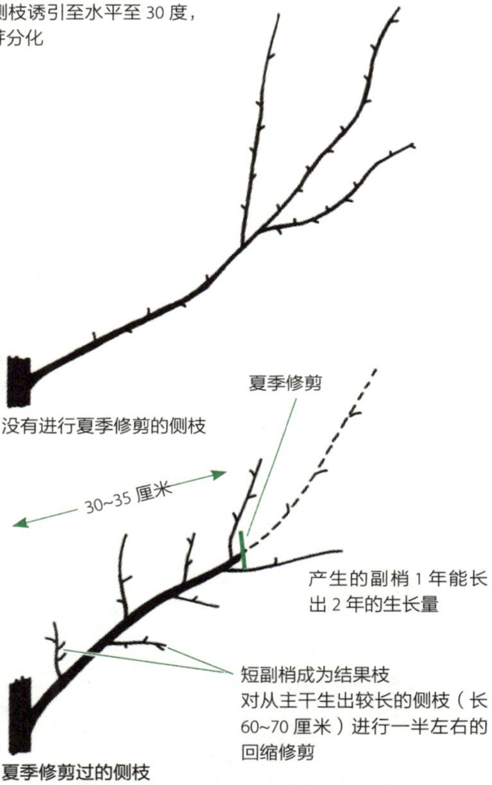

没有进行夏季修剪的侧枝

夏季修剪

30~35 厘米

产生的副梢 1 年能长出 2 年的生长量

短副梢成为结果枝

对从主干生出较长的侧枝（长 60~70 厘米）进行一半左右的回缩修剪

夏季修剪过的侧枝

图 6-5 侧枝前端的夏季修剪

修剪前

图 6-6 通过夏季修剪对徒长枝进行整理（法国西洋梨、6 年生树）

对延长枝上的竞争枝及中间长势强的徒长枝进行夏季修剪，以整理树形

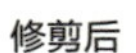

修剪后

图 6-7　幼树的修剪（主干形、法国西洋梨、6 年生树）

修剪前　徒长枝产生很少，中果枝和短果枝逐渐出现，是树势稳定初期的幼树

修剪前

修剪后

修剪后　在这个时期，要尽早形成树形，对主枝候补枝进行重修剪，由于初期未计划有更多果实收获量，所以要对有用的枝条进行整理

另外，对发育枝的前端进行轻回缩修剪，以促进花芽分化

图 6-8　侧枝的产生角度和主干形的培育方法

不好的培育方法（法国西洋梨、6 年生树）侧枝直立，着生的结果枝不好。形成像这样的树姿后仅靠修剪很难改善树形，所以要对侧枝进行彻底诱引，降低树的长势后再改善树形

好的培育方法（法国西洋梨、6 年生树）　侧枝的产生角度大、树冠内光照充足，整个树体上结果枝着生位置良好。在整理结果枝时可以对徒长枝进行轻修剪（＼表示修剪的地方）

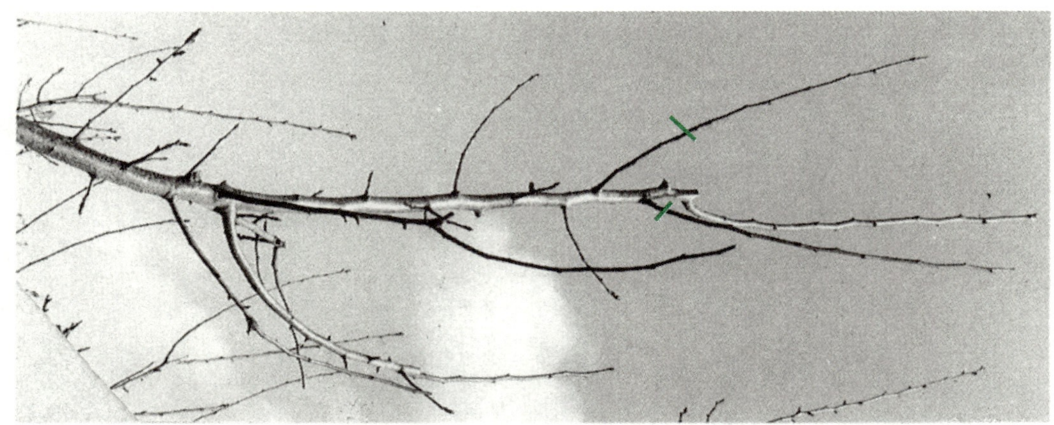

长势强的树　树长势过于强势，侧枝上产生的结果枝就少。对前端的竞争枝要进行一定程度的轻修剪

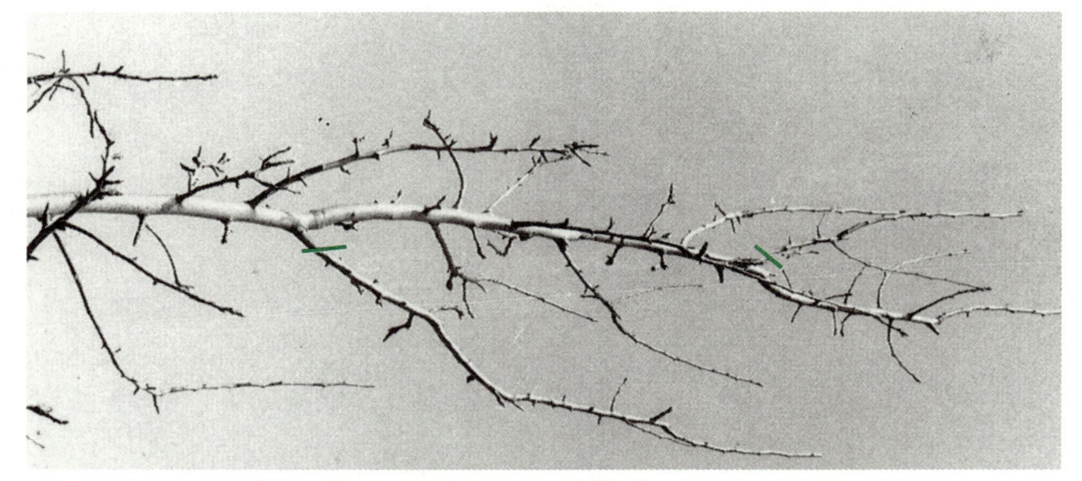

长势适中的树　侧枝上产生密集的结果枝、能着生优良果实，在保持树势稳定的基础上对大枝进行适当的疏剪

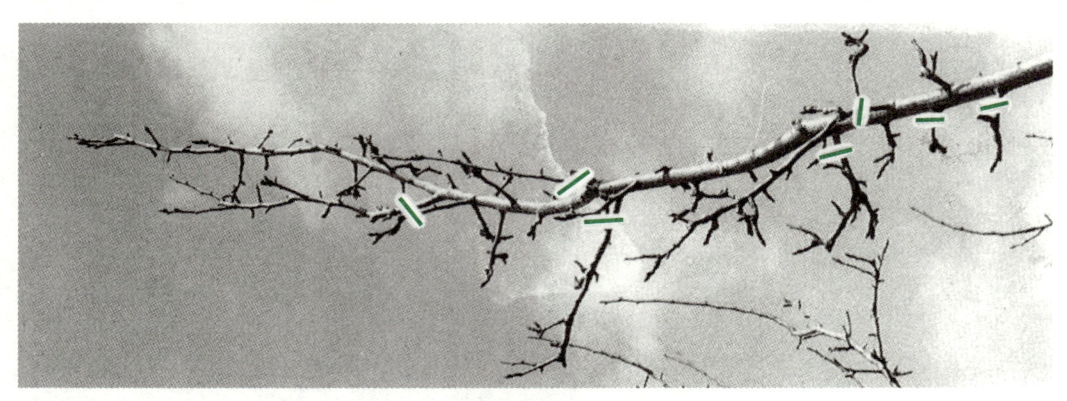

长势弱的树　侧枝上发育枝少，结果枝非常多。要限制结果枝数量，使树势逐步增强

图 6-9　侧枝的强弱和修剪（主干形、法国西洋梨）

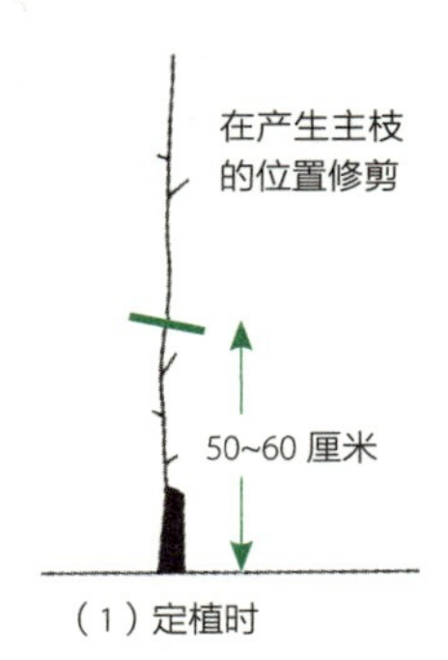

（1）定植时

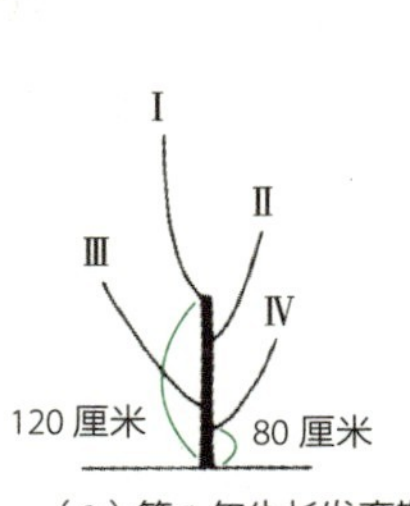

（2）第 1 年生长发育期

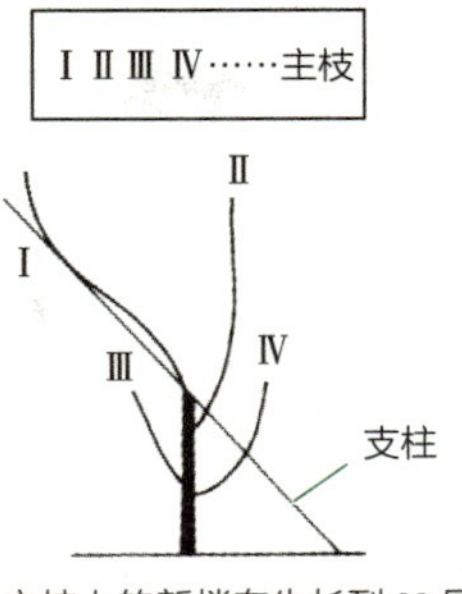

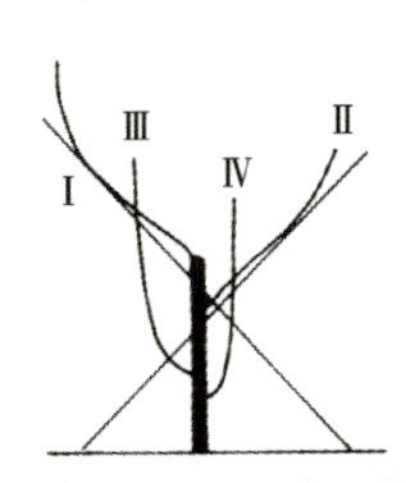

主枝上的新梢在生长到 20 厘米时，设立斜向支柱进行诱引，使直立枝展开

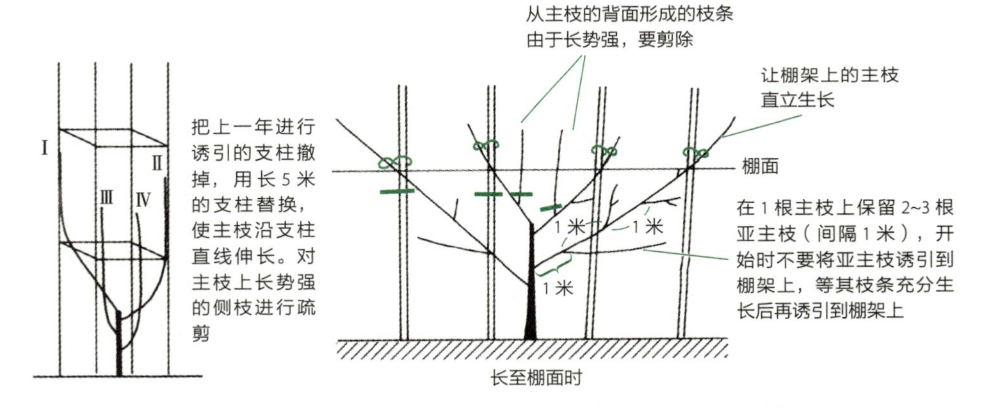

（3）第 2 年春季 ~ 第 3 年

（4）第 4 年（在树液流动活跃的 6 月上、中旬枝条长至棚面）

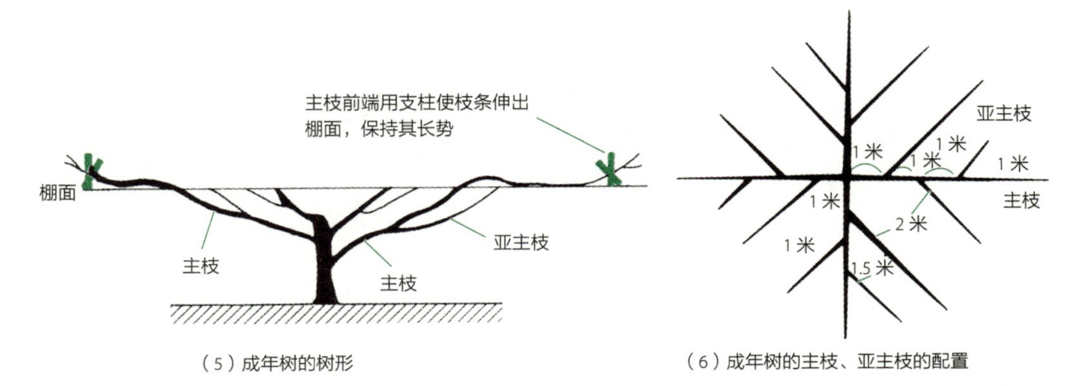

（5）成年树的树形

（6）成年树的主枝、亚主枝的配置

亚主枝是从离开主枝的分枝点 1 米左右的不同侧面发出的枝条，相互间隔 1 米保留 2~3 根亚主枝
侧枝在亚主枝上间隔 0.6 米左右着生，不要让其长大，每 3~4 年进行交替更新

图 6-10　棚架培育

7 桃

——远藤 久

■ 桃的结果习性

日本自古以来就有一句俗语“桃栗三年柿八年”，也就是说桃在嫁接后的第 3 年才结果，这是因为桃的花芽是着生在当年的枝条上，随着枝条的生长，花芽分化（从 7 月上旬开始），下一年结果。

而且，生长相当旺盛的枝条也会着生花芽，所以，有花粉的品种（白凤及白凤系列、夕空等品种）的结果年龄会提早。

与葡萄、柑橘不同，桃的花芽在上一年几乎完全分化，花粉粒则是在花蕾中膨大并进行减数分裂、分化，在花的器官中是分化最迟的。

也有没有花粉的桃品种（如白桃、砂子早生、仓方早生等），这些品种只有靠人工授粉才能顺利结果（图 7-1~ 图 7-3）。

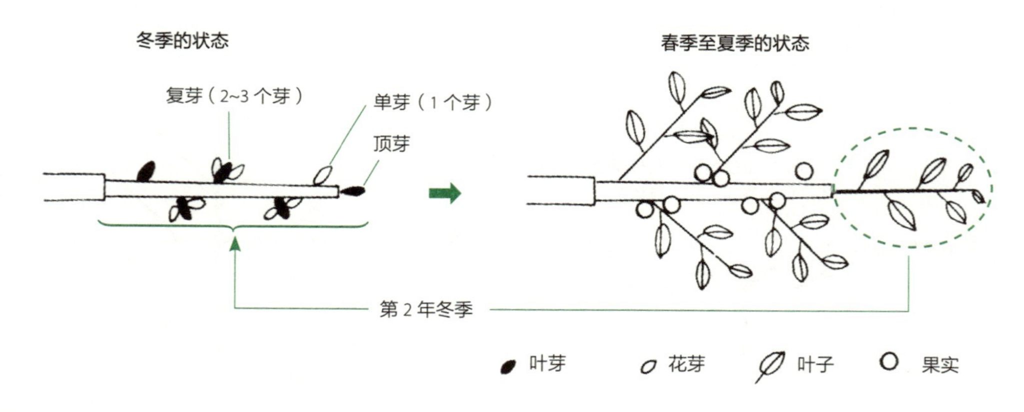

图 7-1 桃的结果习性

前一年的夏季，在新梢的叶腋中着生花芽，第 2 年开花结果

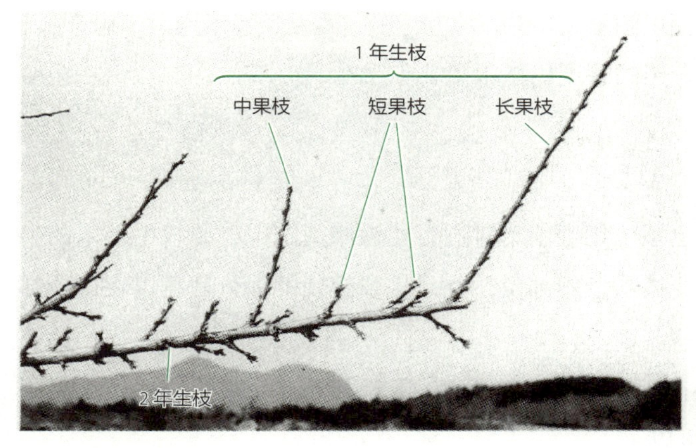

图 7-2 桃的 2 年生枝

在 2 年生枝上结果，在前端形成结果枝，其他都能形成中果枝

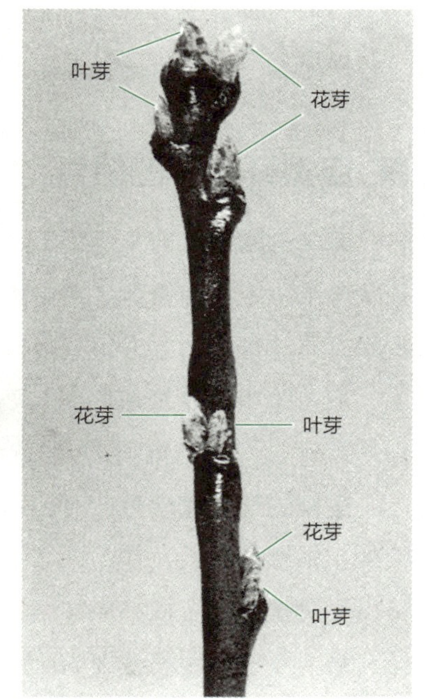

图 7-3 桃芽的着生方式

叶芽尖细、花芽大而饱满

■ 树形培育方法的思考

较为普及的是保留 2 根或是 3 根主枝的自然开心形的培育方法。

如果考虑主枝间的长势均衡，2 根主枝的培育方法比 3 根主枝的培育方法更加容易采用。

最近，正在研究早期成园技术和矮化栽培技术的培育方法。

在本部分内容中，前半部分介绍的是自然开心形培育方法，后半部分介绍的是矮化栽培技术培育方法。

■ 自然开心形的特征

① 由于是按照枝条的大小和产生顺序，对主枝、亚主枝、侧枝、结果枝等进行自然的配置，所以养分供给比较顺畅，容易维持树形。

② 粗枝条的数量少，容易进行作业管理。

③ 主枝、亚主枝朝向外侧倾斜伸长，扩大树冠，在树中心部位留出空间，使树冠内膛形成良好的光照条件，这样就容易形成并维持立体的结果层。

以上三点是形成自然开心形特点的基本要领。

桃成年之后，保持基本树形骨架的管理仍然很重要。

自然开心形的培育

苗木的回缩修剪（定干） 定植 1 年生苗木时进行回缩修剪定干，要根据苗木的生长状态来决定如何修剪。至苗木变成褐色的部位，都是生长健壮的部分，可以在这个部位附近有叶芽处的上方短截。

当苗木生长发育不好时，要回缩修剪至距地面 30 厘米以下有叶芽的位置，只保留 1 个芽生长，然后让副梢多发就可以了。

主枝的选择和培育 对苗木进行短截。在苗木生长期会长出强壮的新梢，所以让前端的新梢继续生长，作为第 2 主枝候补枝。对有可能会有妨碍主枝候补枝生长的枝条，可以通过扭枝或者摘心来抑制其生长。

第 2 年，在距离地面 30~50 厘米的位置，把和第 2 主枝向相反方向生长的枝条（新梢或者 2 年生的弱枝）作为第 1 主枝候补枝进行培育。

3 年后，剪除无用的枝条，在主枝候补枝上绑上竹竿等支柱使其生长，确定主枝。因为主枝候补枝是要作为骨架枝的枝条培养，所以需要进行稍重的回缩修剪，培育成粗壮结实的枝条。

亚主枝的选定和培育 从第 2 主枝开始，首先要考虑第 1 亚主枝的构成、操作和作业的便利性，从距离地面约 1 米的高度开始，相对于主枝，对侧枝进行横向或斜横向配置，尽量扩大主枝的内膛。

从第 1 主枝产生的亚主枝，比第 2 主枝产生的第 1 亚主枝晚 1 年形成，并在与第 2 主枝的第 1 亚主枝生长方向相反，在距离地面 1 米左右的高度进行配置（从主枝内侧看，第 1 主枝的第 1 亚主枝和第 2 主枝的第 2 亚主枝是同一方向的）。

第 2 亚主枝要在距离第 1 亚主枝 1 米以上的相反方向进行配置。

完整的亚主枝构架配置要在定植后 5~6 年的时间才能完成（图 7-4~ 图 7-6）。

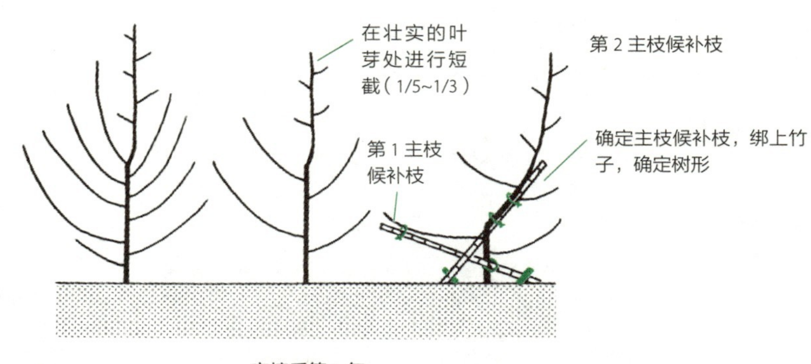

定植后第 1 年

各枝条前端回缩修剪掉 1/3 左右，对第 1 主枝候补枝进行稍重的短截

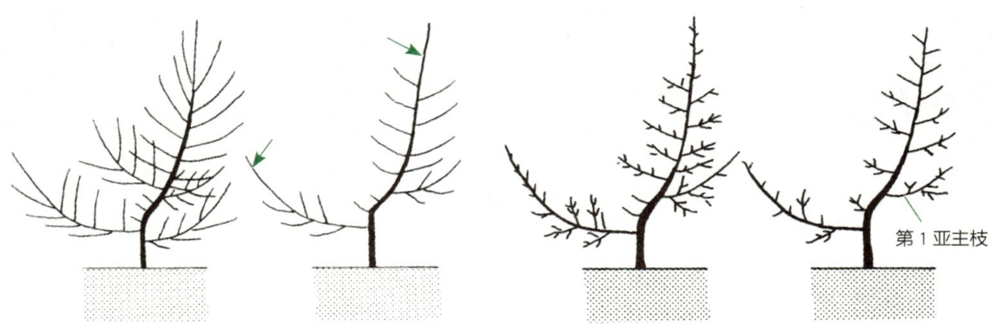

定植后第 2 年

对主枝、亚主枝有影响的粗枝和前端的竞争枝要进行疏剪。枝条混杂的地方要进行疏剪，留下的枝条要在前端短截 1/3

定植后第 3 年

与第 2 年同样即可，确定第 2 主枝的第 1 亚主枝，从第 3 年开始使其结果

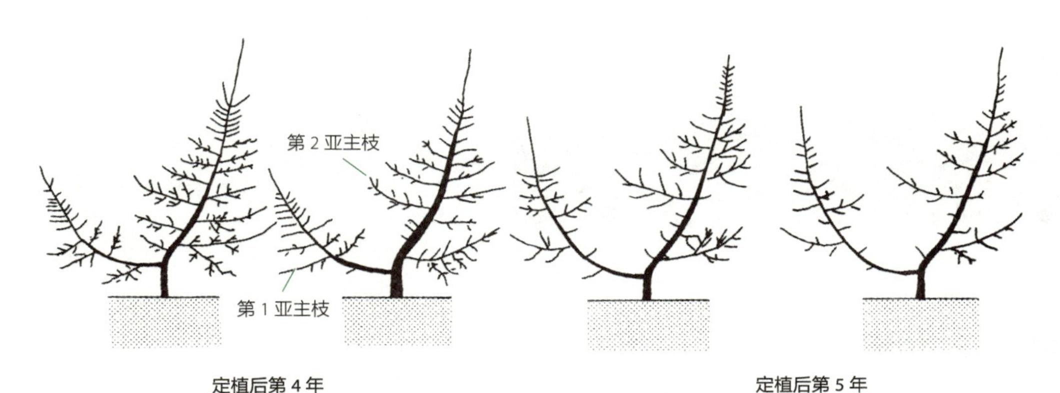

定植后第 4 年

确定第 2 主枝的第 1 亚主枝、第 1 主枝的第 2 亚主枝，其他与上一年一样。

定植后第 5 年

图 7-4　从定植第 1 年开始的培育方法

注：所有的图都是左边是修剪前，右边是修剪后。

图 7-5　3 年生桃（主枝形成期）的修剪

确定第 1 主枝（A），疏剪竞争枝。对第 2 主枝（B）的竞争枝在夏季进行扭枝，就不会变粗壮，与上一年的枝条差别也会变得更小。将主枝前端短截约 1/3

图 7-6　自然开心形的培育方法（5 年生树）

形成了在 2 根主枝上亚主枝、侧枝生长较好的配置。由于摘心、扭枝等夏季管理得当，冬季修剪几乎就不需要了

⇨处是因为第 2 主枝长势强，为了限制树高进行的诱引

第 1 主枝展开过大，所以可以用支柱把前端稍微支撑起来

■ 修剪强度的判定

密植是高品质果实生产的最大障碍，这是因为光线不能充分的进入树冠内膛，每根枝条无法接受充足的阳光照射。标准种植密度是能有 20% 的光线照射到树冠内部。

即使是单株树，如果长出很多徒长枝，光线就无法照射到结果枝上，果实的品质也

会下降，所以理想的修剪强度是使新梢不会形成太徒长的程度（图 7-7~ 图 7-14）。

在主枝、亚主枝、侧枝等骨架枝的形成期，因为要培育出健壮稳定的延长枝，可以进行重回缩修剪，随着结果量的增加，注意修剪程度要能保证发挥品种固有的特点。

比白凤品种收获早的早生品种，即使是长果枝也能生产出品质好的果实，在白桃系列的中、晚生品种中，只有把中果枝和短果枝作为结果的主体，才能保证稳定的产量，产出高品质果实。因此，修剪程度尽量轻一些，回缩修剪可以隔 1 年再进行。

具有自花授粉性质的品种，如果修剪程度轻，摘果工作就会比较费工，相反，如果修剪程度重，就会长出很多徒长枝，夏季的新梢管理会比较费工。因此，理想的修剪强度是使下一年生长的新梢的长度多为 5~10 厘米（占 60%~65%），其次是长 30~50 厘米的枝条数量适中（占 35%~40%），徒长枝较少（控制在 1% 以下）。修剪后达到这样的枝条比例是我们所期望的。

要达到上述目标，关键是要根据土壤的肥沃程度和施肥量，从每年的实践经验中找到适宜的修剪程度。另外，如主干形培育时所述，夏季修剪和秋季修剪也能有效控制树势。

在主枝、亚主枝、侧枝上配置结果枝时，要考虑到光照的利用率，为了让所有结果枝都有阳光照射，要使主枝、亚主枝和侧枝的枝条前端整体形成一个正三角形的配置。如果形成倒三角形配置，下部枝条的阳光就会被遮挡住，结果枝就会形成枝条基部光秃现象。因此，切忌不要在枝条的前端留下大的侧枝。

图 7-7　对 4~5 年生树，要把支柱绑在主枝上，笔直地诱引主枝

图 7-8 亚主枝和侧枝的配置（10 年生树） 原则上要让主枝（A）、亚主枝（B）和侧枝形成三角形配置，各枝条的配置也要保持平衡，不要修剪大枝，对枝条混杂、过密处要适当进行疏剪

图 7-9 树势稳定的成年树形

图 7-10 主枝前端的修剪　对主枝前端进行约 1/3 的短截，对竞争枝进行疏剪。如果 A 位置有枝条，就要对 B 处进行疏剪，形成理想的前端部分

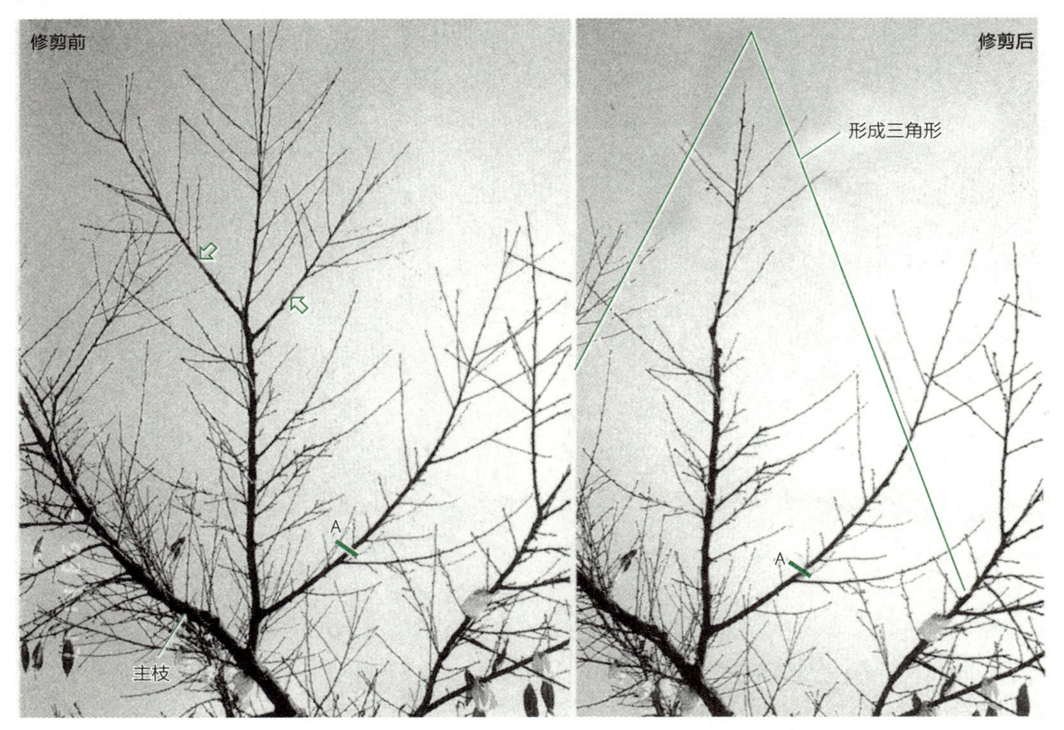

图 7-11 侧枝的修剪　疏剪前端强势的枝条（⇨ 处）。A 枝条过大，无法与主枝保持长势均衡，尽可能回缩修剪到下面的细枝条处。即使当年不修剪，下一年也一定要进行修剪

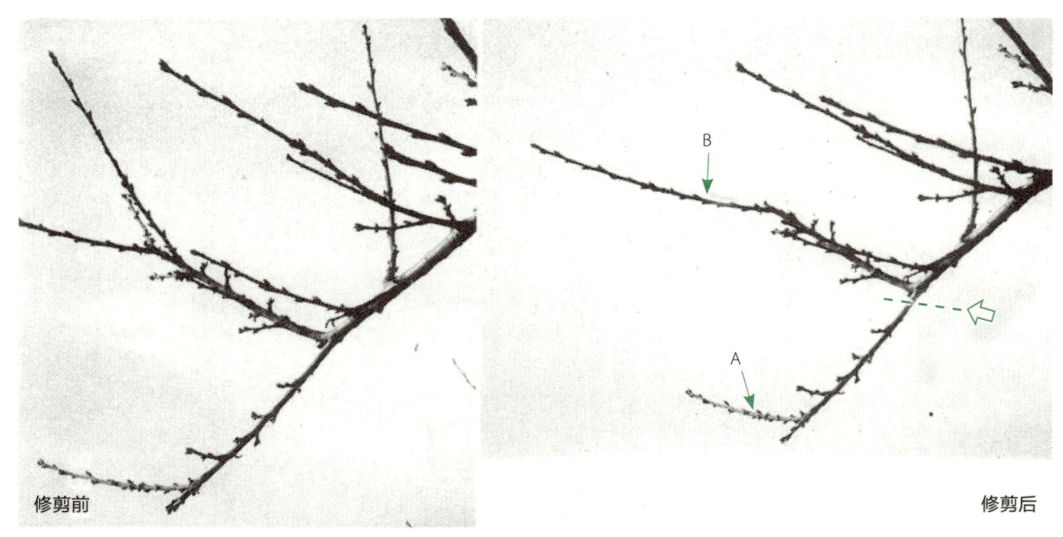

图 7-12　下垂枝的修剪

由于和 B 枝条有间隔，A 枝条可以再使用 1 年。下一年在⇦处修剪，用 B 枝条进行替换，B 枝条保留 1 根

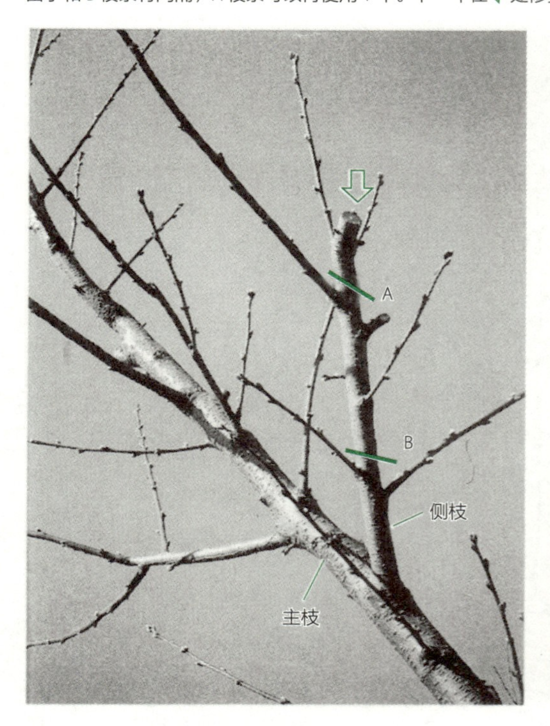

图 7-13　夏（秋）季修剪后的侧枝

这样修剪时，侧枝会长成和主枝差不多的粗细程度，在⇨处已进行了夏季修剪，使枝条长势回落。当年或者下一年在 A 处修剪，下一次再在 B 处修剪，防止结果部位外移

图 7-14　用支柱防止枝条展开

用自然开心形的培育方法培育成年树时，主枝、亚主枝都是向四周展开的，所以需要用支柱支撑。因为支柱太多时会影响病虫害防治等作业的工作效率，所以可以采用单支柱吊牵引绳的方式

■ Y 形树形的培育

Y 形树形　Y 形树形是指控制树高在 3.5 米以下进行矮化栽培，以使果树尽早成园为目的的一种培育方法（图 7-15~ 图 7-22）。

用铁管做成 Y 形，横向每隔 50 厘米绑上铁丝，将 2 根主枝呈 45~60 度仰角，在主枝上配置侧枝，在侧枝上配置结果枝。

在仰角 45 度的状态下，会生长出较多的内向枝；但在仰角 60 度的状态下，很少长

图 7-15　如果主枝、亚主枝均衡性不好，会成为失败枝

第 1 主枝（A）比第 2 主枝（B）长得粗后，第 2 主枝的第 1 亚主枝（C）也会长得太粗，第 2 主枝会逐步衰弱

图 7-16　亚主枝（B）成为轮生枝的案例

主枝延长枝（A）变弱，破坏了树的整体均衡性

图 7-17　侧枝（B）生长过大，主枝（A）的前端成失败枝

由于完全破坏了树势的平衡，剪除主枝延长枝（B）进行替换

图 7-18　内向枝的牵引

内向枝是从防止主枝受太阳灼伤的角度来说的，也可以在修剪时对内向枝进行诱引。从 5 年生的桃开始进行

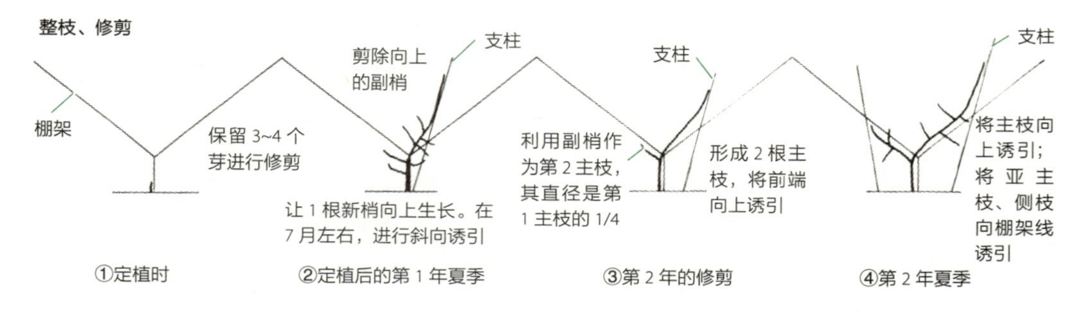

图 7-19　幼树期的树形培育方法（仓桥供图）

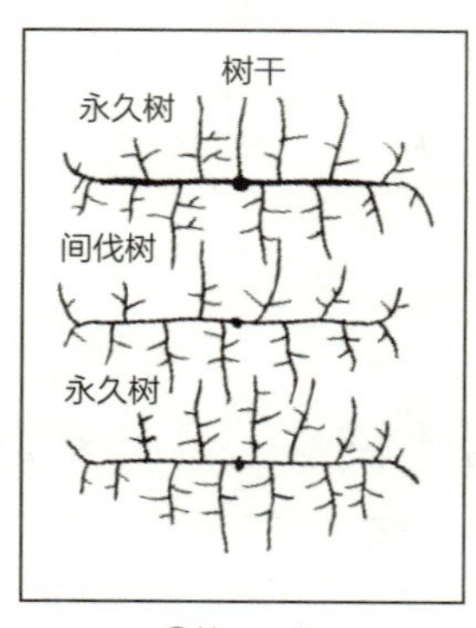

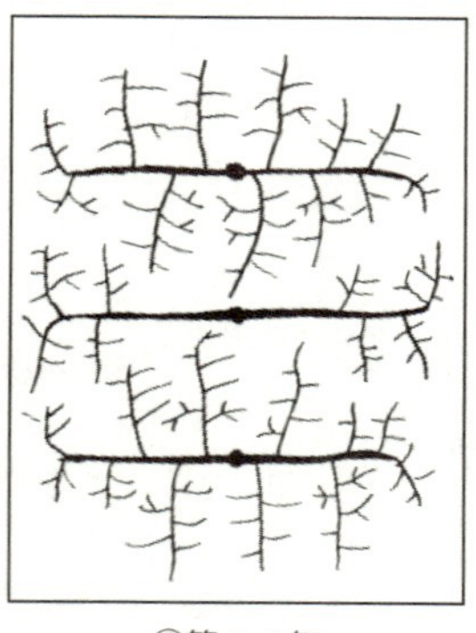

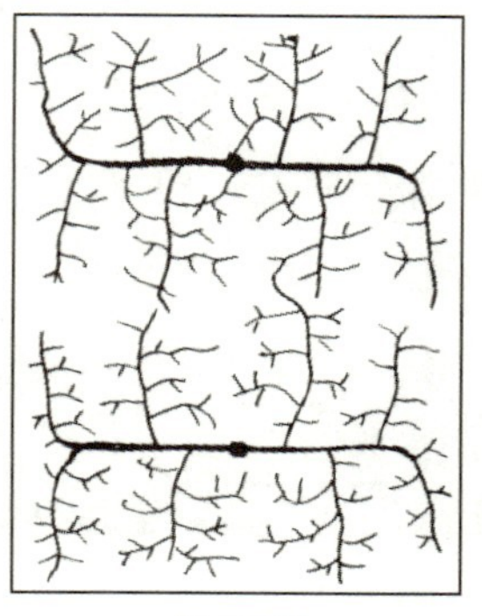

图 7-20　从壮年期到成年期的树形培育方法（仓桥供图）

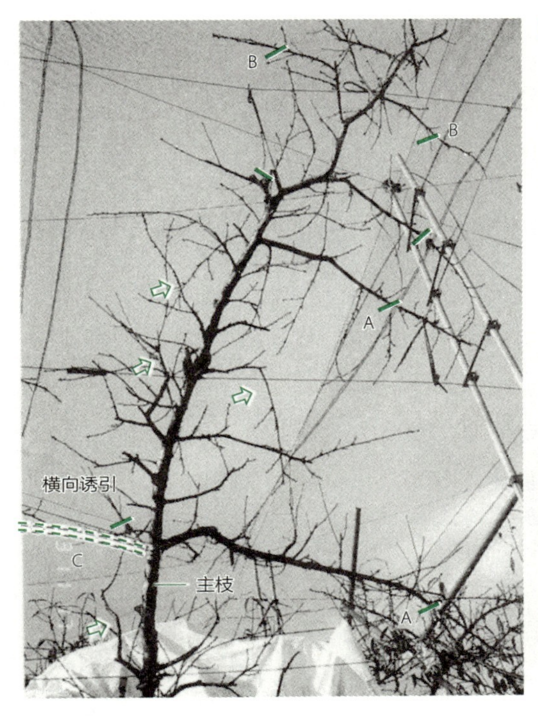

图 7-21 Y 形侧枝的配置和修剪

均衡配置侧枝直至主枝前端。秋季（到 9 月中旬为止）剪去徒长枝，使结果枝能受到光照、形成的花芽充实饱满，因此冬季只要很少的修剪即可。对下垂枝（A）和前端的稍大枝条（B）进行适度的回缩修剪，⇨处的直立枝通过诱引可以使用。若 C 处有枝条是理想的状态。由于要控制主枝的高度，留下轮生枝也可以

图 7-22 桃的 Y 形树形培育

出内向枝。但是，仰角 45 度时，树高会变低。

Y 形树形的培育方法 定植间距和土壤肥沃程度有很大的关系，一般果园以行距为 7~8 米、株距为 3~4 米为宜。

在定植的初期，为了确保早期结果量，要定植数量在 2 倍以上的苗木（按行间距为 4 米、株间距为 2 米进行定植）。

从定植的第 2 年开始，对保留的 2 根主枝进行诱引。通过摘心、夏季修剪等新梢管理，以及通过改变主枝上的叶子数量等，来保持主枝之间长势均衡。枝条长势强时，进行强摘心和夏季修剪，以减少叶子；树势弱时，要采取相反的措施。

从第 3 年开始，在横向展开的铁丝上按横向间隔为 30~50 厘米配置侧枝。管理时，要确保结果数量多，不要让侧枝长的太粗，使侧枝与主枝之间的长势保持均衡。

在这之后，要在关注主枝的延长和侧枝的配置的同时，进行树形的整理，当树高达到目标高度时，用生长抑制剂多效唑（PP-333，Paclobutrazol）1000 倍液抑制生长，保持树形。在开花后的 4~12 周喷洒 2~3 次，下一年观察树势情况，喷洒 1~2 次。

在树高达到规定高度之前，通过夏季修剪使侧枝、结果枝等长势均衡，直至达到标

准树高为止。从果实着色管理开始到 9 月中旬左右，在观察枝条的生长情况的同时，进行夏季修剪。对妨碍主枝和侧枝生长、妨碍结果枝充实生长的枝条进行修剪。

■ 棚架培育

棚架培育是一种把树高培育至 2 米左右，对树形进行矮化的培育方法（图 7-23~图 7-26）。

在日本山梨县，有利用葡萄棚架直接进行桃栽培的例子，这是继李之后，再次引入的桃棚架栽培技术。

尤其在斜坡地，棚架培育作为一种作业效率高的培育方法而备受人们的期待。

棚架培育的树形，是以保留 2 根主枝为原则。如果从太低的位置选留主枝，树冠内

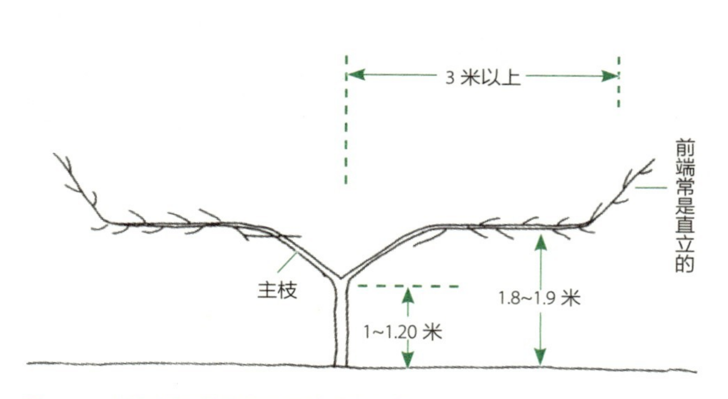

图 7-23 棚架培育的纵断面图（成年树）

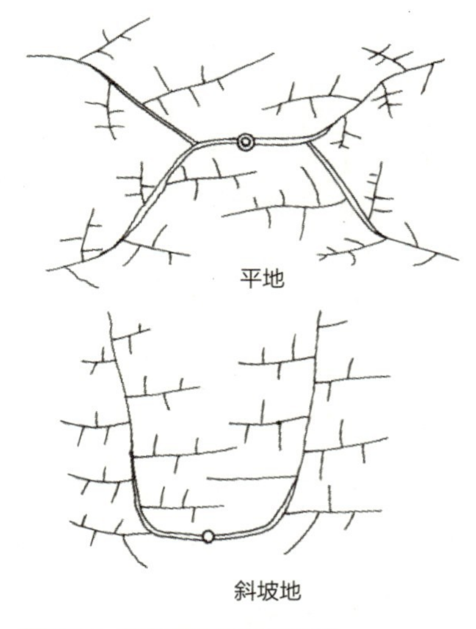

图 7-24 棚架培育的横断面图

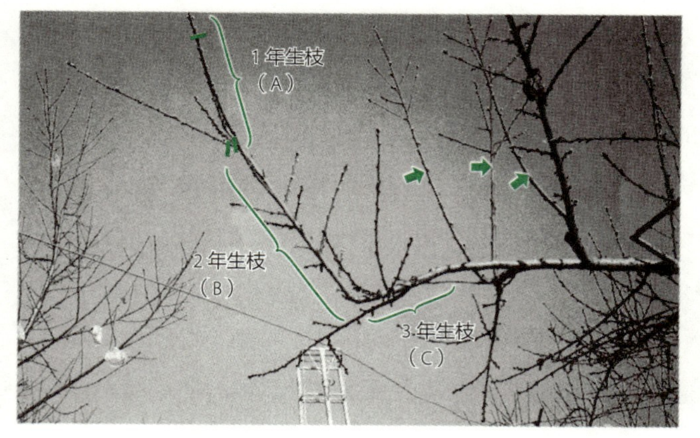

图 7-25 棚架培育的主枝的诱引

图为对前年的 3 年生枝进行轻诱引（C），2 年生枝（B）没有进行诱引的状态。这是为了保持枝条前端的生长势。当年把 2 年生枝（B）稍向斜向诱引，1 年生枝（A）不诱引。只要有足够的空间，就诱引强直立枝（➡ 处）进行使用

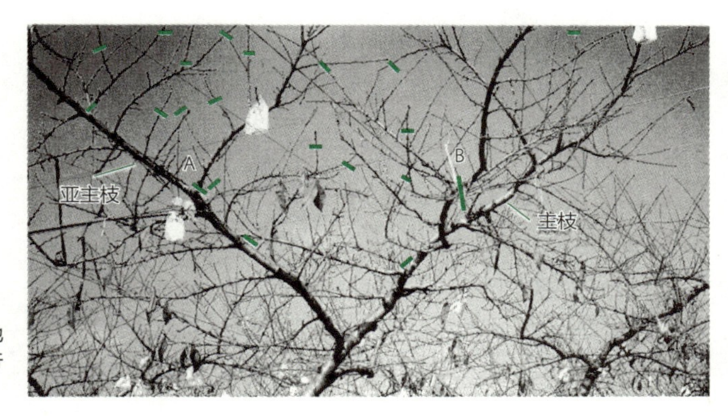

图 7-26 棚架培育的枝条配置和修剪

对与主枝及亚主枝竞争的枝条要进行疏剪。在 A 处或者是弱枝进行回缩修剪（B）。其他的枝条，如果有空间，即使是强枝也可进行诱引使用。结果枝的前端要轻短截

膛会变得狭窄，生产作业效率就会降低，所以要在距离地面1米处分枝，开张角度为45度，绑上竹子诱引至棚架。

如果在棚架下配置亚主枝、侧枝，会妨碍主枝延长，削弱主枝生长，所以要在棚架上进行亚主枝和侧枝配置。但是，为了增加初期产量，可以从棚架下配置部分侧枝，使其结果 2~3 年，在侧枝变粗之前，将其从基部剪掉。

结果枝数量配置最理想的是，在新梢长出时，有 20% 左右的阳光可以照射到地面。

■ 主干形的培育

这种培育方法作为早期成园技术而备受关注。通过砧木和接穗组合的嫁接方式，是可以进行推广普及的技术。

现在正在尝试利用山樱桃梅、庭梅，以及日本农林水产省果树实验基地培育的筑波 3~5 号等矮化砧木进行试验。

用山樱桃梅作为砧木，通过与接穗品种的结合，会生长出有涩味的果实，还有些地方由于土壤的关系，也会发生桃枯死的现象。

用筑波系列作为砧木，和中、晚生接穗品种结合，结果时间很长，可以抑制新梢的生长，所以成功率高。但是因为早生品种成熟早，不会有结果实的负担，果实收获后枝条生长旺盛，所以有必要认真地进行夏季修剪。

通过主干形培育方法成功培育的关键主要是夏季修剪和秋季修剪，这种说法一点也不为过。尤其是秋季修剪很受重视，被认为是冬季修剪的辅助修剪。主要修剪遮挡光线的徒长枝和粗枝，修剪枝条后也不会长出徒长枝，不仅能抑制枝条生长过粗，还能提高结果枝质量和花芽品质。这样做，冬季修剪只需轻修剪就可以了，这样强势枝条就少，

树势也容易稳定。

但是，如果对树势稳定的果树进行夏季重修剪和冬季修剪，树势会衰弱，这一点要引起注意。另外，如果秋季修剪在 10 月中旬以后进行，就会跟冬季修剪的时间重合，所以必须要在这之前完成秋季修剪（图 7-27~ 图 7-31）。

图 7-27　主干形在定植 1 年后的修剪

由于小树苗比较弱，在较低部位进行回缩修剪，使其像芽接苗一样长出了强势新梢，也让其长出了很多副梢。疏剪主枝竞争枝（➡处），整理副梢，不进行回缩修剪

图 7-28　主干形第 2 年的修剪

疏剪主干的竞争枝（⇨处）、对过密的侧枝进行疏剪，不进行回缩修剪。使其下一年能结出 10 个以上的果实。侧枝要尽量使其结果，让其保持较弱的长势

图 7-29　壮年树的枝条产生方式（4 年生树）

在夏季通过扭枝和摘心，能使主枝延长枝快速生长

➡：准备摘心或者扭枝的枝条

╲：在夏季修剪时准备疏剪的枝条对这些枝条在冬季修剪时进行疏剪

图 7-30　主干形培育（8 年生树）

由于是并排密植栽种，初期产量多。要注意如果树上部的侧枝过大，下部的枝条会枯死。若要疏剪前端的竞争枝，就要回缩修剪大的侧枝。形成上部枝条小，下部枝条大的树形。9 月中旬的修剪是关键，尽量少进行冬季修剪

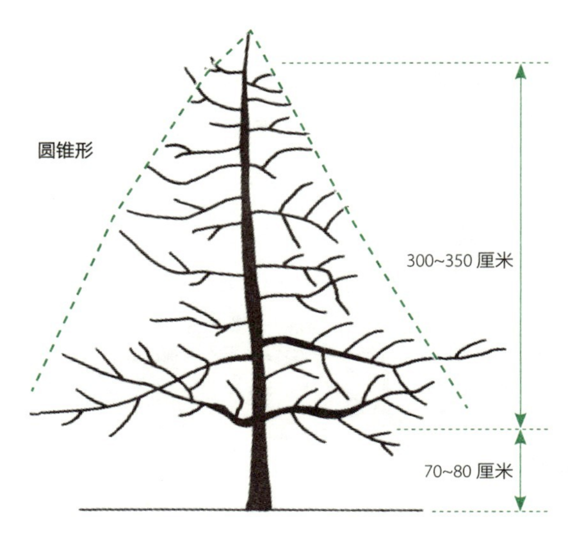

图 7-31　主干形的标准树形（小林供图）

8 梅（果梅）

——原野博实

■ 结果枝

梅的花芽着生在新梢(结果枝)的叶腋上。花芽只有1个的称为单芽；既有花芽也有叶芽，或者有2个以上花芽的称为复芽。另外，在新梢上也有只产生叶芽的发育枝。

8月左右进行花芽分化，12月可以从外观上区分花芽和叶芽。花芽圆鼓，叶芽细小。长30厘米以上的结果枝(长果枝)的花芽多数是不完全花芽，它的结果率低。长15厘米以下、节间短的结果枝(短果枝)的花芽充实且结果性好。因此要想提高产量，就必须多着生这种短果枝（图8-1~图8-4）。

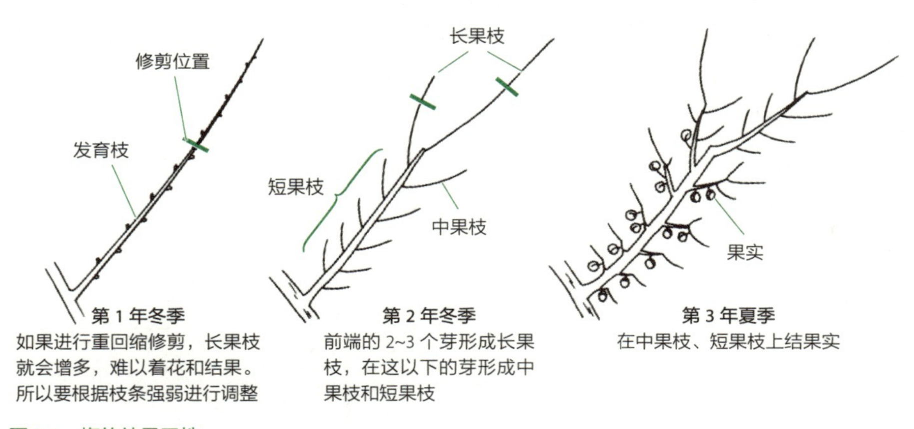

图8-1　梅的结果习性

图8-2　第2年的发育枝

第3年开花期的状态。由于顶端优势强，前端部位着生长果枝，中下部位着生短果枝。如果在弱的发育枝的前端位置进行回缩修剪，下部会长出壮实的短果枝

图 8-4　1 年后短果枝

在短果枝上容易着生花芽并结果。但是，全部着生花芽而不着生叶芽，会出现不产生新梢的现象。这样的枝条就会逐渐枯死（皆川供图）

图 8-3　对发育枝进行重回缩修剪

会长出强壮的发育枝。这些枝条不用于结果，利用这样的枝条对主枝、亚主枝下垂的前端部分进行更新（皆川供图）

■ 枝条的修剪方法及时间

修剪方法有将枝条从中间段剪断的回缩修剪，还有从枝条的分枝部位开始全部剪除的疏剪。和疏剪相比，回缩修剪产生的新梢长势更强，回缩修剪的程度越大，这种倾向就越强烈。对于树势弱的树，多采取回缩修剪；而对于希望早日开花结果的壮年树，则多采用疏剪的方法。

整枝、修剪的时间在 11~12 月植物的休眠期，一般来说，提起修剪主要就是指这个时期的冬季修剪。

由于结果少等的原因是徒长枝较多，树冠内部没有充足的日光照射，所以从果实收获后至 9 月左右要对其进行夏季修剪，即进行疏剪。另外，枝条特别密集时，有时也要对侧枝进行夏季修剪，但这个时期的修剪会导致落叶，使树势减弱，因此，必须注意修剪强度。此外，利用其造成长势减弱的特点，也可以用于使树形紧凑均衡化。

■ 考虑树形和修剪的关系

梅的整枝、修剪容易被忽视，但为了早期结果、方便进行收获等管理工作和保持适

当的树势等，整枝和修剪还是非常必要的。

树形　梅的树形，从其枝条容易展开的特性来看，用自然开心形比较好。

定植　梅通常是采用1~2年生的苗木，在12月进行定植(用2年生的苗木定植，结果会更早)。通常来说，采用株行距为7米 ×7米的正方形定植方式，每1000米^{2}定植20株；在耕土层较浅的园地，用株行距为5米 ×5米的正方形定植方式种40株，这是常用的标准方法。

主枝和亚主枝　在平坦地区保留3根主枝，梯田则根据坡的宽幅保留2根枝也可以。每根主枝上保留2~3根亚主枝，将这些枝条作为树的骨架，在其上分别着生配置侧枝。

保证结果枝　与同样是核果类的桃等相比，梅的果实较小，为了提高产量则需要更多数量的果实。例如，要想每株树获得100千克的产量，每个梅子的果粒重25克，就必须要结出4000个果实。根据品种的不同，结果枝的产生数量也不同，日本南高地区梅的结果枝较多，而白加贺地区梅的结果枝较少。修剪工作在保证结果枝数量中起着非常重要的作用。

早期结果　为了达到尽量早结果的目的，首先要将主枝、亚主枝和侧枝的等级和作用划分清楚，如果侧枝过密，则需通过轻度的疏剪来稳定树势。在这种情况下，如果不留意，侧枝生长会变得过大，使得树冠内部的光照变差。

另外，因为梅的大部分品种都不能自花授粉，所以必须选择开花期相吻合且花粉多的其他品种作为授粉树，数量为梅的20%~30%，进行混植。

■ 幼树期的培育

根据1年生树苗的回缩修剪位置来决定主干的高度。在距嫁接部位40~50厘米的高度，在壮实芽的位置之上进行回缩修剪。主干部分越短，树高越低，具有减少枝干重量的效果。

在2年生树时，从若干产生的发育枝中，选出不产生轮生枝的枝条2~3根作为主枝候补枝，在其前端回缩修剪1/2左右，对竞争枝进行疏剪。另外，即使在轮生枝上产生主枝，问题也不是很大（图8-5~图8-7）。

从第4年开始确定亚主枝，在它的前端位置和主枝一样进行回缩修剪。到第5年时，树形基本成形并开始结果，到第6~7年时开始正式进入果实收获阶段。

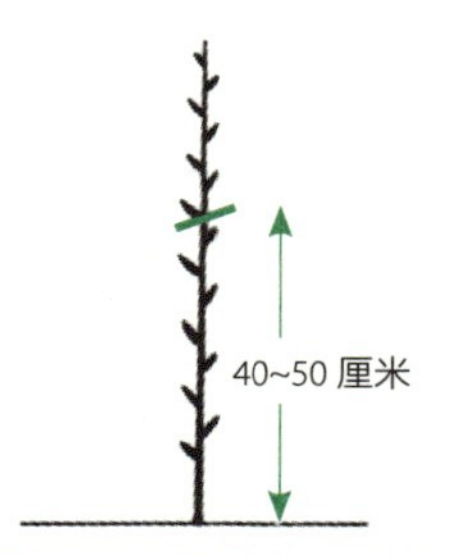

定植时（嫁接后第 1 年冬季）
在高 40~50 厘米处的饱满芽的位置进行回缩修剪

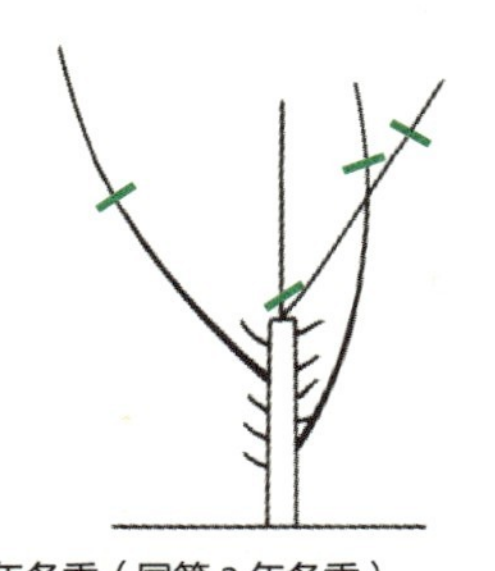

第 1 年冬季（同第 2 年冬季）
选择往 3 个方向生长的发育枝作为主枝。在其前端大约回缩修剪 1/2，对竞争枝进行疏剪，保留弱小的枝条

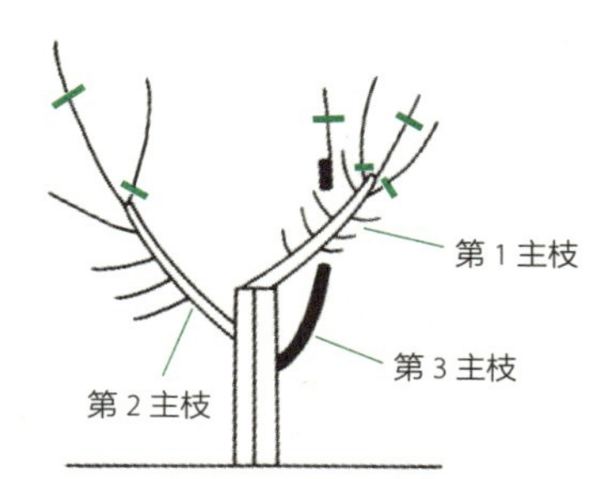

第 2 年冬季（同第 3 年冬季）
主枝有点直立，多保留一些侧枝容易使树变粗壮

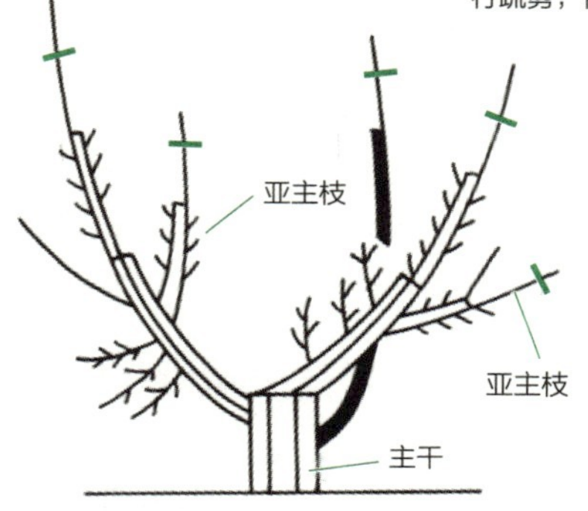

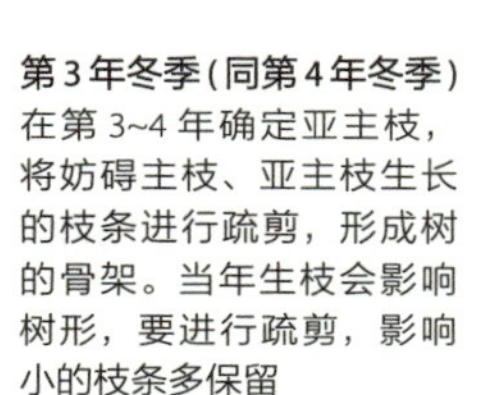

第 3 年冬季（同第 4 年冬季）
在第 3~4 年确定亚主枝，将妨碍主枝、亚主枝生长的枝条进行疏剪，形成树的骨架。当年生枝会影响树形，要进行疏剪，影响小的枝条多保留

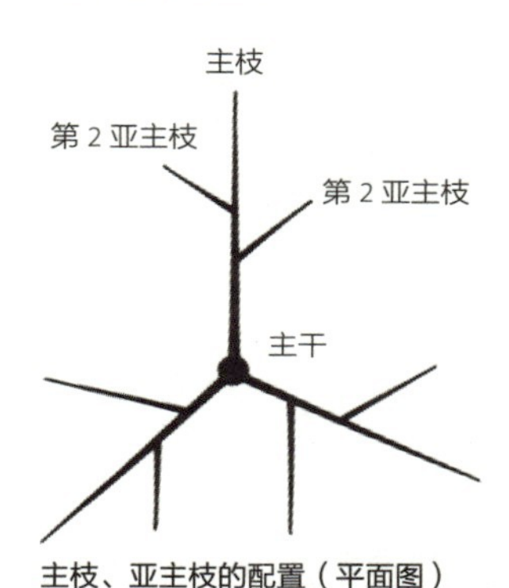

主枝、亚主枝的配置（平面图）

图 8-5　幼树的培育模式图

图 8-6　3 年生的幼树（南高地区）

整枝后的状态　对主枝前端进行 1/2 回缩修剪Ⓐ，对竞争枝进行疏剪Ⓑ。下部的枝条要保留，这是为了保证叶子的数量

图 8-7　从壮年树主枝中长出的各种侧枝（南高地区）

A：第 2 年的发育枝　从前端 1~2 个芽形成发育枝并开始伸展，其他以下的芽成为短果枝或中短枝。A、E 等枝条可以作为亚主枝使用

B：第 2 年的短果枝　前端 1~2 个芽形成中果枝，其他下部的芽形成短果枝

C：长果枝　D：发育枝　E：从主枝上长出的发育枝

■ 主枝、亚主枝和侧枝的培育

主枝 树木成年后，主枝就会伸展开，在壮年期，主枝带有直立生长性，徒长枝比较少，主枝容易长大，并且无需用诱引等方式使主枝展开。

梅的顶端优势明显，如果将其回缩修剪，顶端会产生若干根壮实的发育枝。其中，选择笔直生长的发育枝（一般是最上部）进行40厘米左右的回缩修剪作为主枝的顶端，对其他的竞争枝从枝条基部进行疏剪。如果把所有的枝条都进行疏剪，主枝就会变弱，所以尽量保留竞争力不强的弱小新梢。如此每年重复这样的操作，就能培育出粗壮的主枝。

到成年期后，从主枝的前端位置就不会产生强的发育枝，但要对该主枝部分的侧枝进行回缩修剪，以促进新梢产生。另外，如果主枝的前端下垂，在其旁边一般多有壮实发育枝产生，利用它进行前端部位的更新。老主枝的前端枝则可以作为亚主枝使用（图8-8）。

亚主枝 对于第1亚主枝的选择，是从主枝的分枝处40厘米左右开始，选择1~2

修剪前
如果在上一年的主枝前端部位进行1/2的回缩修剪，会长出强的发育枝

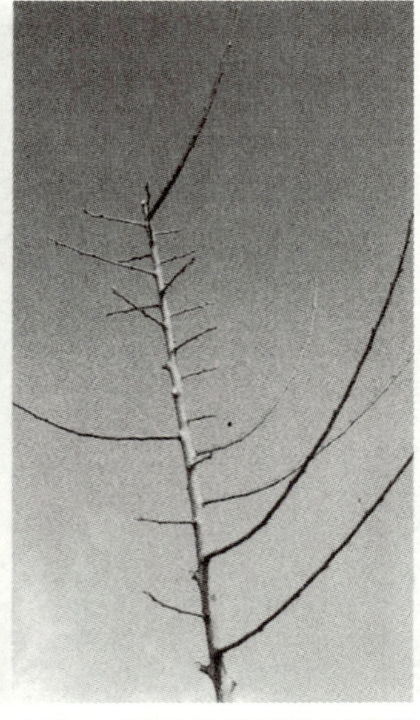

如果上一年的主枝前端部位进行回缩修剪较少，则不会长出强的发育枝，会长出弱结果枝（修剪后）

修剪后
在最上部的发育枝40厘米处进行回缩修剪，对竞争枝进行疏剪，保留弱枝。对下部保留的主枝前端和同年生的枝条在2~3年后进行疏剪

图8-8 壮年树主枝前端部位的修剪

年生、伸展的角度较小的年幼枝条，同时也还要综合考虑其他亚主枝的伸展方向等多方面。如果伸展的角度是锐角，枝条长势就会变得太强，容易造成枝裂。第 2 亚主枝也要用同样方法进行选择。对亚主枝的前端按照主枝修剪的基准进行修剪，培育成仅次于主枝的强枝（图 8-9）。

第 1、第 2 亚主枝的生长要充满整个种植冠幅，在侧枝上的产果量要达到总产量的 80% 左右。这些枝条结出的果实，人们站在地面就可以进行采果作业。

侧枝的配置　梅产生的新梢多，而且长势强。利用新梢易发生这个特点，在主枝、亚主枝上着生 1~4 年生的侧枝。从主枝、亚主枝的前端到枝条基部，成三角形配置侧枝，这样光照容易进入树冠内部。注意配置时不要头重脚轻。

梅不耐阴，短果枝容易枯死。为了使结果层变厚，甚至连主干部位也需要透光照射。对过大的内向枝要进行疏剪，用新梢更新。看不到新梢产生时，可以到枝条基部的结果枝为止进行回缩修剪。

通常情况下，发育枝在第 2 年会成为着生很多结果枝的侧枝，若对较弱的发育枝进行轻回缩修剪，从枝条基部都会着生短果枝。但是，如果回缩修剪较重，则会生长出长果枝。所以就保持原样，或是进行轻回缩修剪。

修剪前
①对前端部位进行回缩修剪，竞争枝进行疏剪
②从亚主枝的背面出来的枝条会变壮实，要进行疏剪

修剪后
③对繁茂交叉的侧枝进行疏剪
④重新审视修正树形。Ⓐ处枝条由于长势过强，要进行疏剪，Ⓑ留下

图 8-9　壮年树亚主枝的修剪

■ 树势的判断和修剪程度

树成年后，树的长势变得稳定，产生的强的发育枝变少。特别是结果较多的树，新梢变短，叶子变小，甚至出现枯枝现象。

修剪强度越小，树越往结果的方向发展。结果过多，树势就会变弱。如果这种现象继续发展，根部就会发生白纹羽病而枯死。如果发现新梢变短、树木变弱的迹象，就要加强对侧枝的回缩修剪，促进新梢产生，减少枝条的结果数量（图 8-10~ 图 8-13）。

图 8-10　8 年生的壮年树的修剪（南高地区）

A：主枝
B：亚主枝
C：第 2 亚主枝
（在⬆处，和主枝同年生的枝条作为第 1 亚主枝）

修剪顺序：
①观察时绕树冠 1 圈，确定修剪方案
②用锯子锯断粗树枝
③对徒长枝进行疏剪
④主枝、亚主枝前端部位的修剪
⑤侧枝的修剪
⑥绕树冠 1 圈，重新审视复剪修正

图 8-11　11 年生成年树的树姿（南高地区）

预计有 100 千克左右的产量。当主枝（B）的顶端下垂时，用事先准备的强侧枝（A）进行更新。老旧主枝（B）作为亚主枝使用

图 8-12　成年树主枝前端的修剪（南高地区）

强发育枝不再产生，多次回缩修剪顶端及周边侧枝，可以促进新梢的产生，形成三角形的侧枝配置

图 8-13　成年树亚主枝的修剪（南高地区）

为了更容易接受日光照射，多次进行回缩修剪，基部附近就会着生长侧枝。为了保持枝条的长势，将顶端部位稍稍向上提。最好再把侧枝疏剪一下

■ 间伐和树形改造

间伐 为了在第 1 亚主枝着生更多的果实，提高产量，必须保持其有足够的生长活动空间。如果定植间隔窄，随着树的生长，树冠变大，与相邻树的亚主枝接触的结果部位的枝条就会枯死。

最好也是最有效的方法就是趁这个机会，将树木进行疏化，也就是间伐处理。首先确定要间伐的树，对此树的亚主枝进行疏剪，留出足够的空间，使保留树的亚主枝能够伸展开来。这项工作需要花 3~4 年来计划完成，这是很重要的一项工作。

树形改造 由于树的老化等原因，下部的侧枝会枯萎，变成只有上层部位结果。如果出现这种情况，下部的透光度就会变差，而且这种倾向会越来越严重。

根据老化程度的不同，将主枝、亚主枝的上层部位进行 1/3 左右的回缩修剪，使主干部位也能有足够的日光照射。虽然一时产量会变少，不过能促进下层部位新梢的产生。利用其新梢 (发育枝、结果枝) 培育侧枝，形成下层部位的结果层（图 8-14、图 8-15）。

但是，重修剪会造成根腐烂等不良影响。可以对其他枝条的部分轻修剪，把极端的逆向枝、重叠枝等进行回缩修剪来调整树形。同时，要加强土壤水肥的管理，促进新梢的产生，这项工作也非常重要。

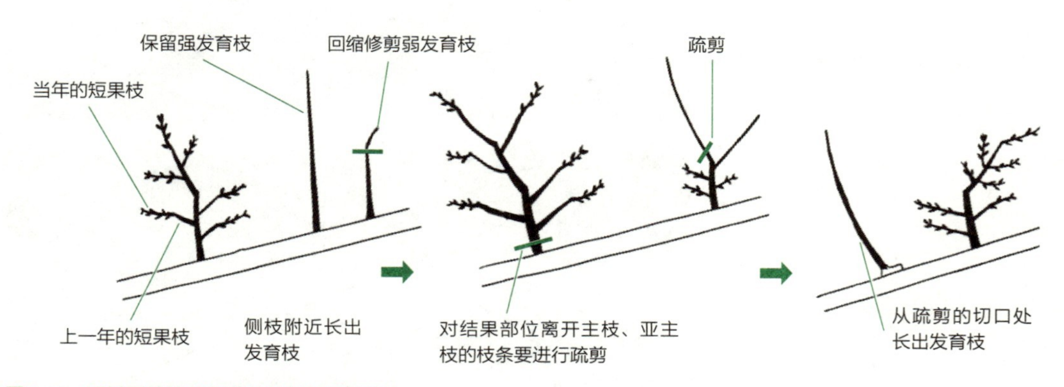

图 8-14 通过回缩修剪和疏剪使侧枝保持活力

图 8-15　对没有修剪过的主枝前端的修剪

①没有进行修剪的第 3 年开花期
如果不进行主枝前端部位的回缩修剪和竞争枝的疏剪，在留下的发育枝上就会着生短果枝，结果后主枝的长势就会变弱。即使从现在开始对主枝进行重回缩修剪（A），从枝条的背面长出来的侧枝也会变强，所以也要进行疏剪（B）

②没有进行修剪的第 4 年开花期
结果部位变多，主枝前端消失，导致树势衰弱。同①一样，需要进行对主枝的重回缩修剪（A）和对大侧枝（B）的疏剪

9 李

——远藤 久

■ 李的结果习性

李和桃一样，在新梢生长的 6~7 月开始花芽分化，落叶前花芽变得充实，第 2 年春天开花（图 9-1、图 9-2）。

结果的结果枝则根据其主要品种不同略有差异。

心叶李（小黄李） 着生的短果枝较多，着生的花芽也很多，因为开花时看起来像花束一样，所以术语称其为花束状短果枝。结果的主体就是花束状短果枝，和其他品种相比，着生的花芽也较多。

大石早生李 中果枝和短果枝较多，并且这些果枝上着生很多花芽。短果枝与心叶李不同，不形成花束状短果枝。

结果的主体是中果枝和短果枝，如果新梢生长不能达到 20~30 厘米的长度，结出的

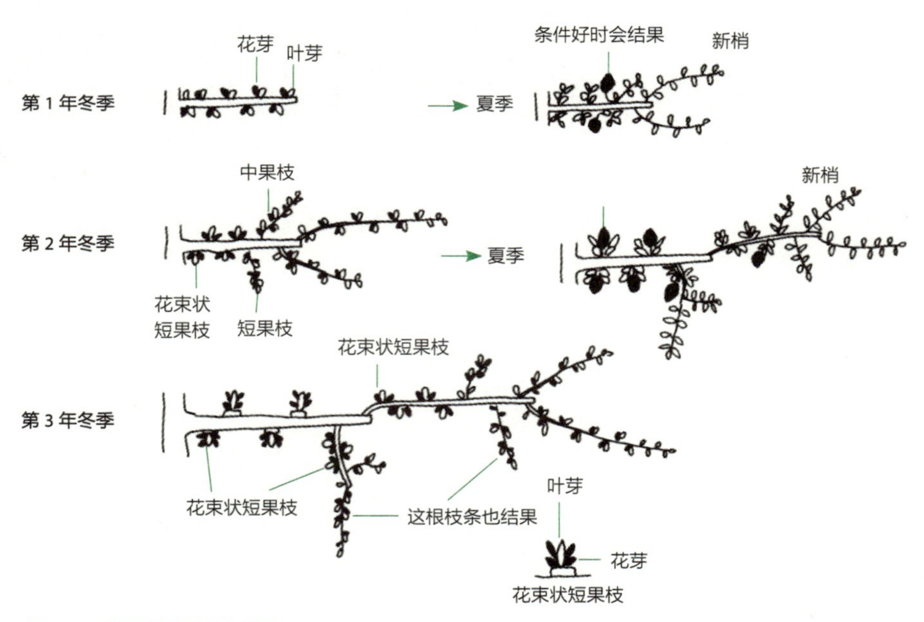

图 9-1 李的花芽形成与结果

①心叶李
前端 3~4 个芽强势生长，而下面的芽变为花束状短果枝。前端 2/3 处进行重回缩修剪，对竞争枝进行疏剪

②大石早生李
前端 2~3 个芽强势生长，而下面的芽变为中果枝。若不进行回缩修剪，几乎都会变成中果枝和短果枝。对前端的竞争枝要疏剪，对中果枝和短果枝前端则进行轻回缩修剪。前端 1/3 处进行回缩修剪

③圣塔罗萨李
若回缩修剪，则前端 2~3 个芽强劲生长，而下面的芽变为长果枝、中果枝。若不回缩修剪，则枝条中间部位会生长出强壮的枝条。比心叶李、大石早生李发枝更多。对前端的竞争枝和强枝进行疏剪，长果枝和中果枝进行轻回缩修剪。前端部位不进行回缩修剪

图 9-2　不同品种枝条的生长和结果枝的着生方式

果实就不够大。

圣塔罗萨李（Santa Rosa plum）　产生的枝条较多，但以中果枝为主，短果枝较少。中果枝和短果枝上着生很多花芽，成为结果的主体。短果枝不会形成花束状短果枝。

该品种是自花授粉型品种，生理性落果现象比较严重。

太阳李　着生中果枝、短果枝，并且这些果枝上产生很多花芽。短果枝中的一部分形成花束状短果枝。结果实的主体是中果枝和短果枝。

在这些主要的品种中，可以自花授粉的只有圣塔罗萨李，但是圣塔罗萨李的果实产量每年变动很大，会出现大小年现象，仅靠自花授粉果实产量也不稳定。

另外，像这样因品种不同，枝条的生长方式和结果枝的构成，而有差异，所以必须结合品种的生长特性进行修剪。

■ 品种授粉的亲和性和定植方法

主要品种几乎都没有自花授粉的特性，所以必须由异花授粉才能结果。

即便是异花授粉也有花粉亲和性的好坏差异，需要引起注意的是，由于授粉组合不同，会产生几乎不结果的现象。注意参考表 9-1，使用花粉亲和性较好的组合进行混植，这样更容易授粉。

例如，早生品种的大石早生李和心叶李相互间具有较强的花粉亲和性，容易授粉，收获期也不重叠，可以合理分配劳动力。

圣塔罗萨李与大石早生和心叶李都具有授粉交配亲和性。所以也可以采用这种组合，但是其中圣塔罗萨李和心叶李的收获期是重合的。

太阳李和大石早生李、圣塔罗萨李、心叶李的花粉都不亲和。所以要植入好莱坞李、福莫沙李等花粉有亲和性的授粉树。

不使用采集花粉，而以人工杂交进行授粉的情况下，给大石早生李、心叶李授粉时，可以将它们按照 1∶1 的比例定植。

但是，无论用哪一个品种作为主体品种，与授粉树的比例可以为（4~6）∶1。

表 9-1　授粉的亲和性

雄性	雌性			
	心叶李	圣塔罗萨李	大石早生李	太阳李
心叶李	×	○	◎	×
圣塔罗萨李	◎	×	◎	×
大石早生李	◎	○	×	×
太阳李	◎	◎	◎	×
小松李	◎	○	◎	○
白李	◎	◎	◎	○
维基解密李	◎	◎	◎	○
美丽李	◎	○	◎	○
好莱坞李	◎	◎	◎	○
白凤（桃）	○	—	○	×

注：◎为较好，○为一般，× 为较差。

■ 自然开心形的培育

主枝、亚主枝等构成几乎和桃一样，以培养 2 根主枝的树形作为标准来考虑。

从定植开始的培育方法如图 9-3~ 图 9-10 中所示，具体要点如下。

定植时　定植时如果采用轻回缩修剪，第 1 主枝的分支点位置则会过高，从而产生的新梢较弱，树冠的扩大会变缓慢，所以要在 30~40 厘米处进行重回缩修剪。

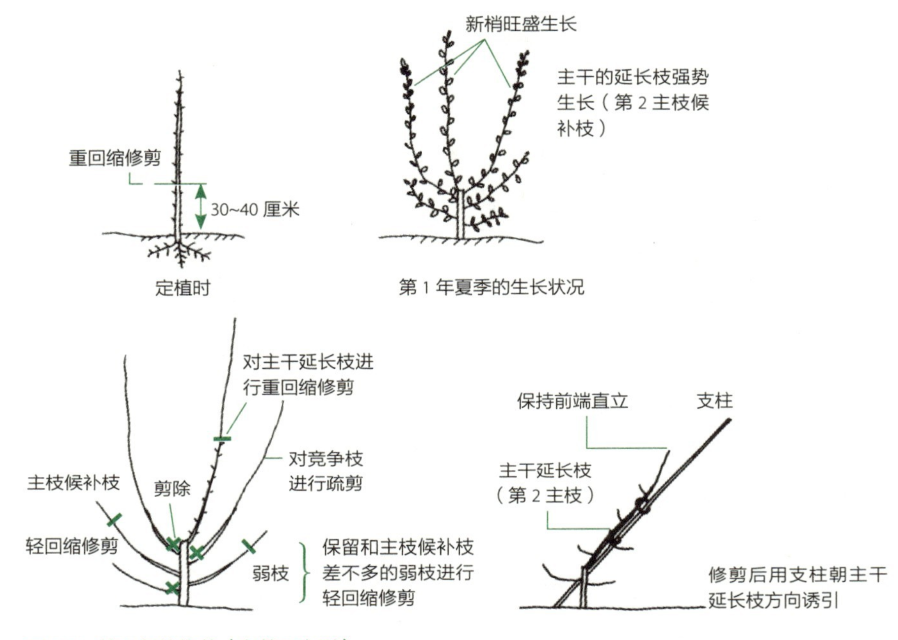

图 9-3　第 1 年的修剪（自然开心形）

图 9-4　心叶李幼树主枝前端的生长方式和修剪

前端 4~5 个芽强势生长，其他的芽成为短果枝。修剪与主枝延长枝有竞争的枝条，对主枝延长枝进行重回缩修剪，对其他枝条要在确保结果枝的情况下进行轻回缩修剪

图 9-5　圣塔罗萨李壮年树枝条的生长方式和修剪（第 2 年）

前端 3~4 个芽强势生长，其他稍弱的枝条多多发生。在此之前，则需要在夏季修剪时，采用修剪或者摘心等方式来抑制无用枝条生长。把较强的竞争枝疏剪至 1 根

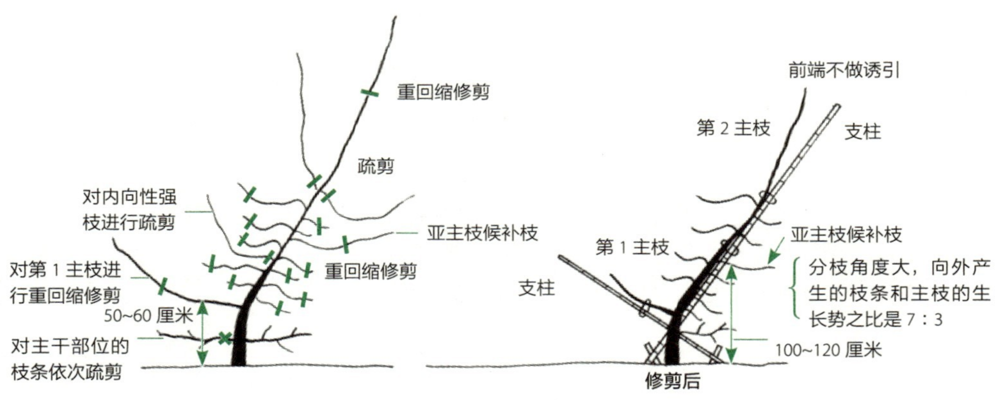

图 9-6　第 2 年的修剪（自然开心形）

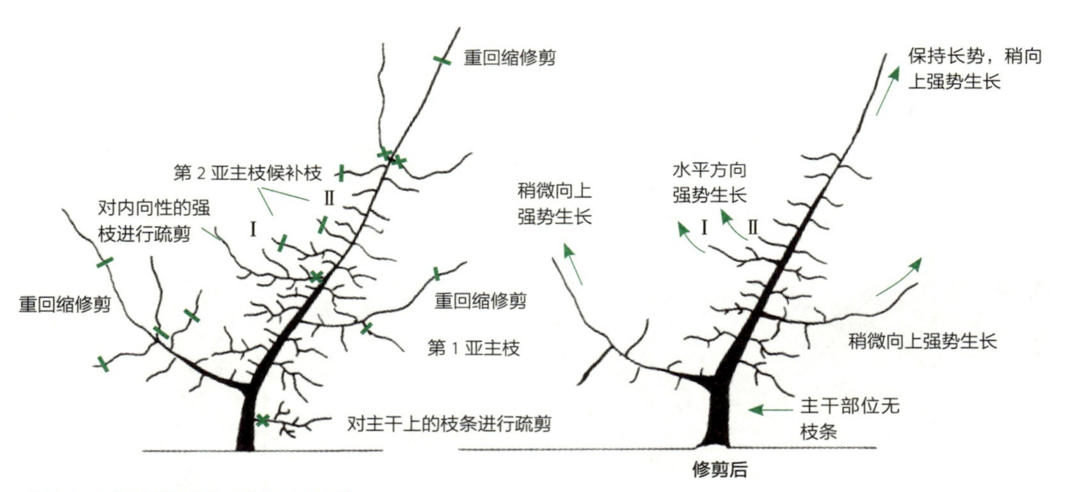

图 9-7　第 3 年的修剪（自然开心形）

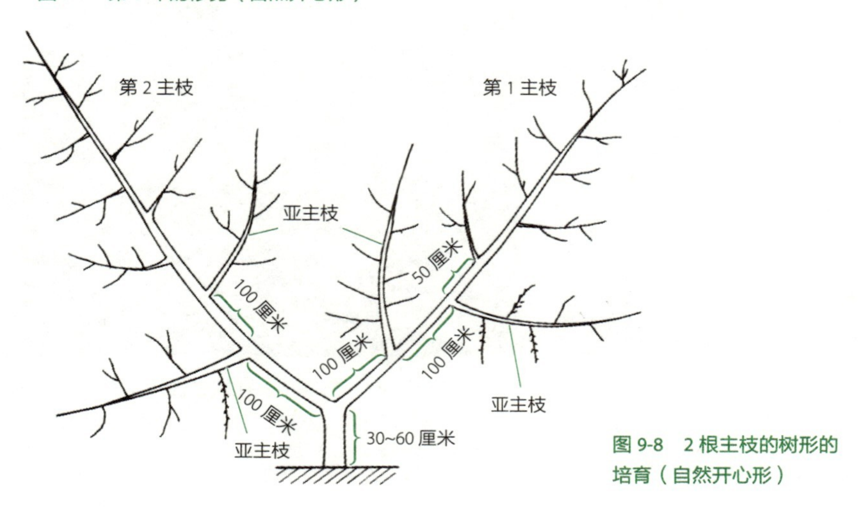

图 9-8　2 根主枝的树形的培育（自然开心形）

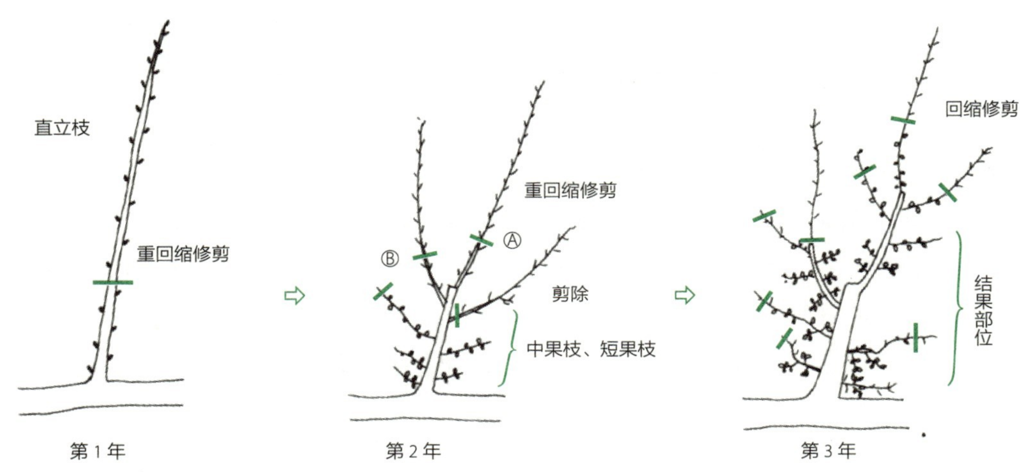

图 9-9　利用直立的强枝来培育结果部位

防止主枝、亚主枝基部光秃的有效方法

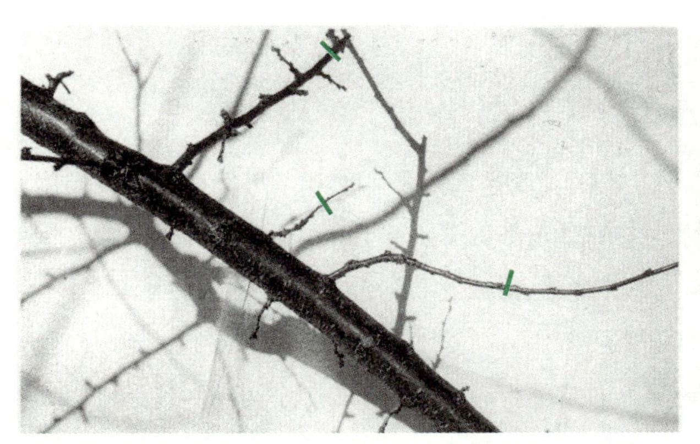

①**短果枝**　结果好的新梢生长不长，将稍长的新梢进行轻回缩修剪即可

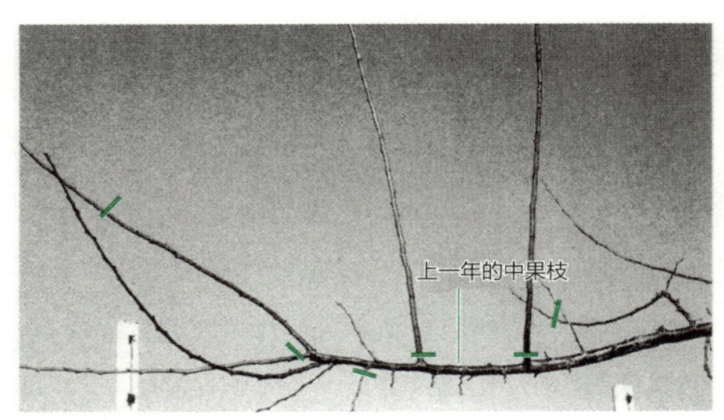

②**中果枝**　从前端生长出 3 根强势新梢，从中间又长出了 2 根徒长枝。花脱落痕迹处会形成短果枝。此时应将前端保留 1 根枝条，对中间长出的 2 根徒长枝进行疏剪

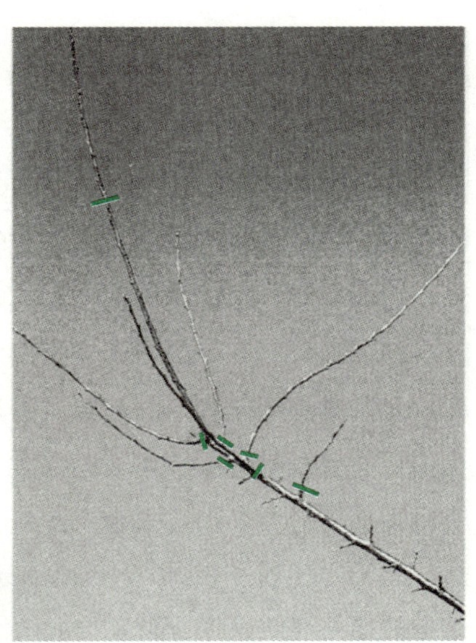

③**长果枝**　从前端产生的多根新梢强势生长。保留前端 1 根枝条，其他的进行疏剪。保留 1 根弱枝作为侧枝培育。对两边的枝条都在前端进行回缩修剪

图 9-10　心叶李结果枝的修剪（皆川供图）

第 1 年　前端的 3~4 个芽会强势生长，所以，和主干延长枝（第 2 主枝候补枝）有竞争的枝条，在夏季修剪时，进行扭枝和摘心，延长枝会生长更好。

在冬季修剪时，不管是否进行过夏季修剪，对在主干延长枝上有竞争的枝条都要进行疏剪，保留弱枝，轻回缩修剪促进短果枝的产生。

第 2 年　夏季修剪方法和第 1 年相同。将从离地面 50~60 厘米处产生的侧枝作为第 1 主枝，主干延长枝作为第 2 主枝。在冬季修剪中，对主枝进行回缩修剪，对竞争枝的疏剪和第 1 年的修剪相同。

第 3 年及以后　到第 3 年时短果枝增多、结果量也增大。在保证主枝生长的同时，确定第 1 亚主枝。对主枝、亚主枝进行重回缩修剪，对其他枝条在保证相互之间不产生竞争的前提下，尽可能地进行轻回缩修剪，从而形成短果枝，通过这样的措施，在增加结果量的同时，也能形成完整的树形。

第 3 年以后也采取同样的修剪方式，形成完整的树形。

■ 不同品种类型的修剪方法

从生长发育特性上来分类，可以分为心叶李型、大石早生型和圣塔罗萨型 3 种类型，有必要根据这 3 种类型的生长发育特性进行整枝修剪（图 9-11）。

心叶李型　从前端位置产生 3~4 根长势强且粗壮的新梢，在此处下部的芽容易产生花束状的短果枝，早期就着生很多的花芽。

到了结果的年龄后，树冠容易展开，如果进行轻回缩修剪，会产生很多短果枝，就会形成有间断性的柔弱树姿。因此，作为形成骨架的主枝、亚主枝，从壮年树开始就要进行重回缩修剪来促进发枝，形成结实牢固的主枝和亚主枝。

对于不生长的枝条，不一定要进行回缩修剪，任其生长可以形成短果枝，也可以在结果的第 2 年进行回缩修剪。

大石早生型　和心叶李型一样，从前端部位产生 3~4 根长势强且粗壮的新梢，在此处下部的芽产生的新梢与心叶李型就不同了，它会产生中果枝，成为结果的主要部位。

大石早生型的树势比心叶李型的树势要强，易徒长。过分徒长的枝条如果在冬季进行过多修剪，会引起树的枯死、缩短树的生长年限。所以，夏季对徒长枝要进行强摘心，或是从基部进行剪除，这样可以防止树及枝条的枯死现象。

另外，达到一定树龄后，修剪粗枝也会引起枯死，所以，对除了成为骨架的主枝、亚主枝以外的枝条，都要在形成粗枝之前进行剪除。

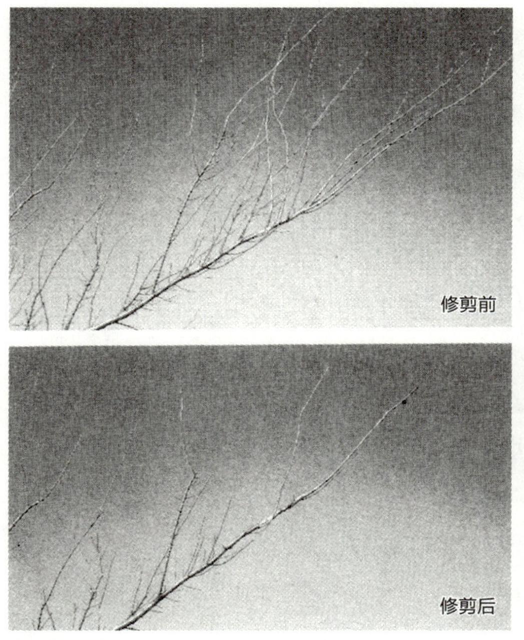

①圣塔罗萨型

产生的新梢多、枝条较细，如果进行重修剪会产生生理落果现象。特别是长果枝和短果枝前端产生很多花芽，如果进行回缩修剪，结果状况就变差，所以要进行以疏剪为主的修剪

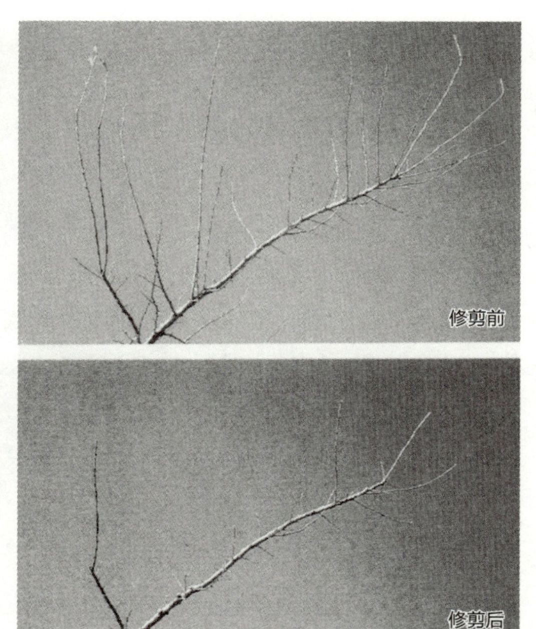

②大石早生型

考虑树形进行的重修剪，会使花芽分化变差、容易出现生理性落果现象。壮年期以疏剪为主。树势稳定后再进行回缩修剪

③心叶李型

产生枝条少、粗壮且长势强，容易形成短果枝。要根据枝条的长度进行1/3~1/2的稍重回缩修剪，形成结果枝。进行轻回缩修剪会使结果位置出现在枝条的前端

图 9-11　不同品种类型的修剪方法（皆川供图）

圣塔罗萨型 它和心叶李型、大石早生型不同，从前端的部位产生多根新梢，特别是前端的 5~6 个芽强势生长。与心叶李型、大石早生型容易形成较多的短果枝、中果枝相比，圣塔罗萨型易产生较多的长果枝、中果枝。结果的主体是中果枝和短果枝，但长果枝的前端部位也会形成花芽并会结果。

另外，它不仅前端部位产生强势的新梢，从上一年生长的枝条中间部位也会发出强势的新梢。

因此，对组成骨架的主枝、亚主枝和侧枝的前端要进行回缩修剪，对成为结果枝的中果枝和短果枝从壮年期就不要进行回缩修剪，以疏剪为主就可以了。

圣塔罗萨型的树势和大石早生型一样，都较强，树也容易长高，所以，从壮年期开始要对主枝、亚主枝、侧枝进行诱引，在尽早形成稳定树势的同时，争取早日结果。

其他的品种类型 除了大石早生型、心叶李型、圣塔罗萨型 3 种主要类型外，还有介于或是近似于这 3 个类型的中间类型，要按照各个品种自身的生长发育特点采取相应的修剪方法。例如，托普拉姆品种的生长发育特性介于心叶李型和大石早生型之间，太阳李品种的生长发育特性近似于圣塔罗萨型。

■ 棚架培育

为了减少强风造成的落果和果实损伤等，最近采用比较多的是矮化树形、作业方便的棚架培育方法（图 9-12、图 9-13）。

主要的操作方法是：在棚架下 50~70 厘米分枝处确定 2 根主枝，在棚上进行亚主枝、侧枝的配置。向棚上诱引的主枝不要用 1 年生枝，而是要向上方生长 2~3 年再进行诱引。另外，主枝在向棚架诱引的上一年，要把枝条朝斜上方进行诱引。

要尽量多配置结果枝，尽可能进行诱引，但是，如果强行进行诱引，有可能会损伤枝条，所以要确认结果位置后再进行诱引。

大石早生李、太阳李等品种由于枝条比较硬，诱引相对比较困难，可以用支柱进行诱引，这样就能很好地完成诱引工作了。

和葡萄的 X 形自然整枝方法一样，最重要的是一定不要产生失败枝，如果在棚下培育亚主枝，亚主枝的生长有时会超过主枝，这一点要引起注意。

在坡地上，如果主枝向坡地的上方生长，就会表现强势生长，如果向下方生长，就容易表现弱生长，所以，主枝最好朝向上方并呈 U 形生长。

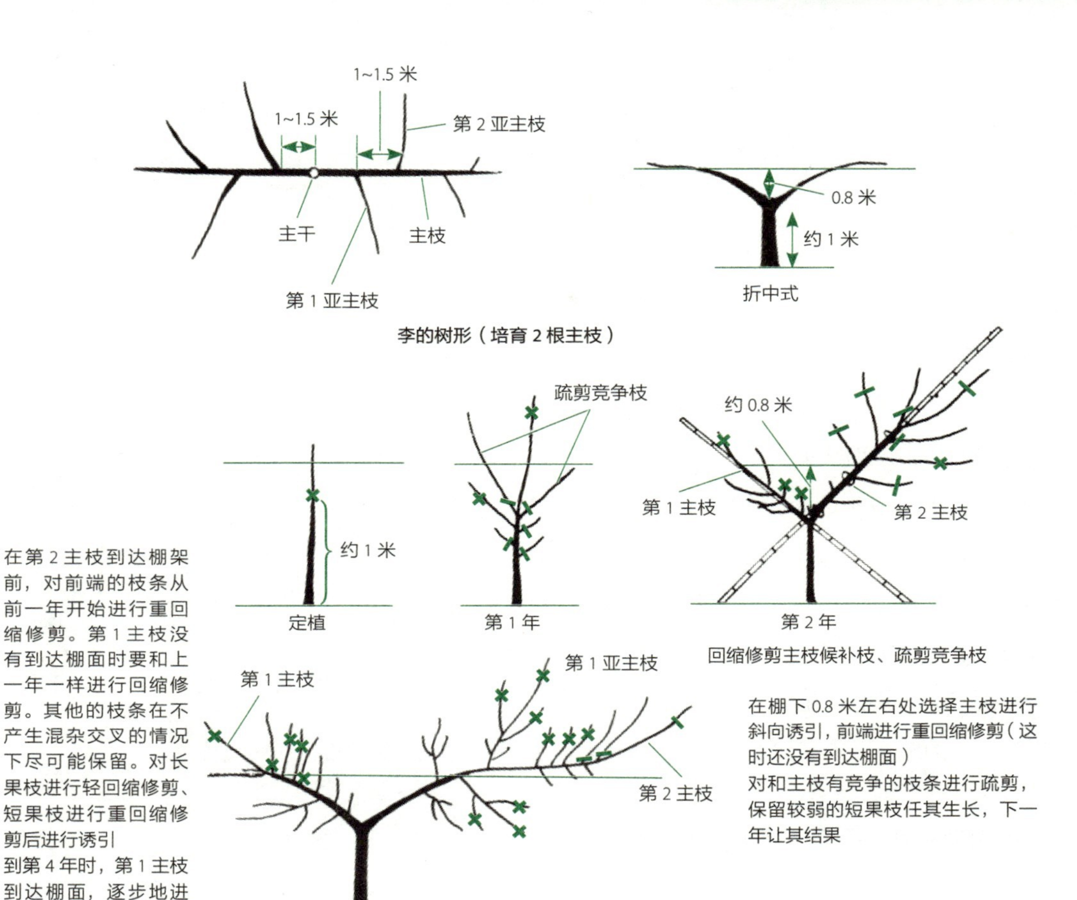

图 9-12　棚架培育的树形和培育方法

图 9-13　李的棚架培育（心叶李）

尽可能诱引并使用大枝。对小枝要截头。夏季修剪时要对大的新梢进行疏剪，还需要扭枝

10 樱　桃

——奥山仁六

樱桃的结果习性

樱桃是在当年生长的枝条上腋芽分化形成花芽，第 2 年开花结果。2 年生枝上的叶芽长成的枝条，如果长到 2~3 厘米就停止生长，腋芽就会全部形成花芽，只有上面的顶芽会形成叶芽。一般把这种上面着生花芽的短果枝称作花束状短果枝，这种枝条会成为樱桃产生果实的主力枝条。因此，确保尽可能多地长出花束状短果枝，是在早期获得更多产量的一种重要途径（图 10-1）。

图 10-1　结果枝（成果枝）的构成

树形和整枝、修剪的要点

主干形　要让樱桃长成直立性的树形，可以采用不让其生长主枝、亚主枝，直接在主干上形成侧枝，同时维持一定树高的方法。如此一来，由于没有主枝和亚主枝的生长，就可以尽早地保证结果的侧枝的产生，另外，还可以缩小果树之间的距离，通过密植来提高产量。栽植的株数一般是每 1000 米^2 种植 50 株，行距为 5 米、株距为 4 米（图 10-2~ 图 10-7）。

基本的培育方法如图 10-2 所示，保持主干部位强势生长，对主干的延长枝进行重回缩修剪，让主干上长出更多的侧枝，这一要点很重要。

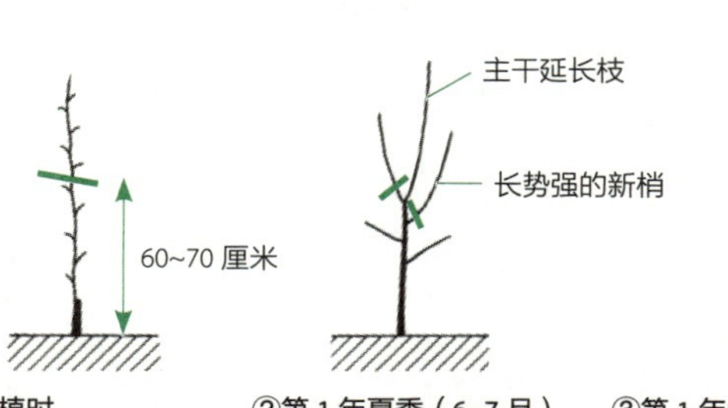

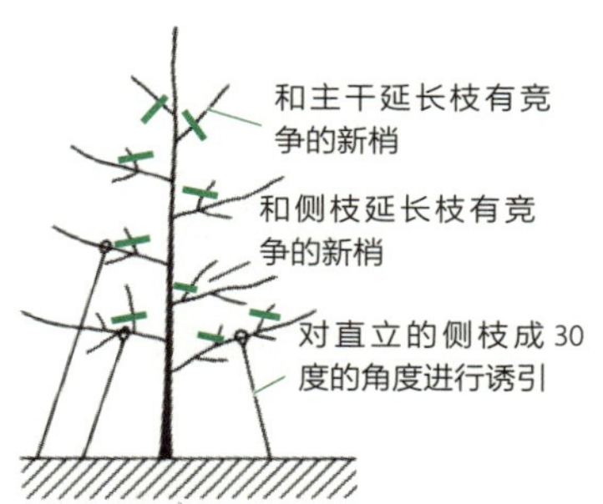

①定植时
在地面以上 60~70 厘米处修剪，让其发出侧枝

②第 1 年夏季（6~7 月）
把和主干延长枝有竞争的新梢保留 1~2 厘米进行夏季修剪

③第 1 年冬季
要对主干延长枝进行一半以下的重修剪，如果修剪较轻话，就会影响侧枝的产生

④第 2 年夏季（6~7 月）
把与主干、侧枝延长枝有竞争的新梢保留 1~2 厘米进行修剪

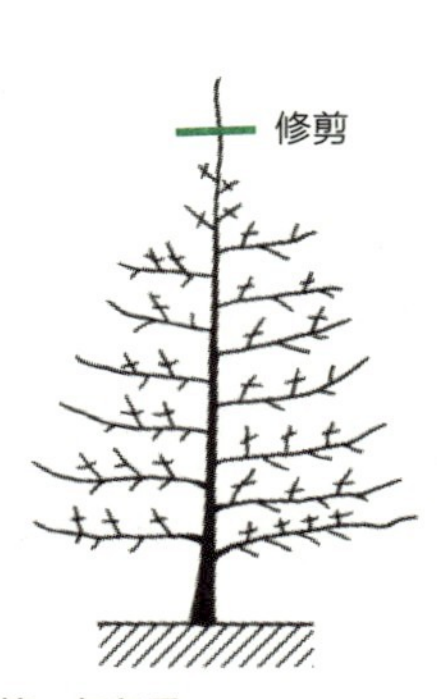

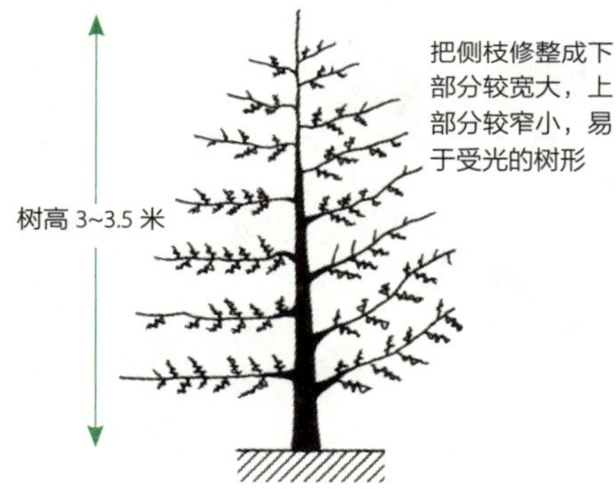

⑤第 2 年冬季
和第 1 年冬季一样，对主干延长枝进行重回缩修剪。侧枝不修剪，尽可能保留多一些

⑥第 3 年冬季
第 3 年也和第 2 年冬季一样，对主干延长枝进行重回缩修剪，侧枝不要修剪

⑦完成树形（第 5~7 年）
大致进入果实盛产期，对混杂交叉的侧枝依次进行疏剪，整株树上有侧枝 20 根左右

图 10-2　主干形的培育方法

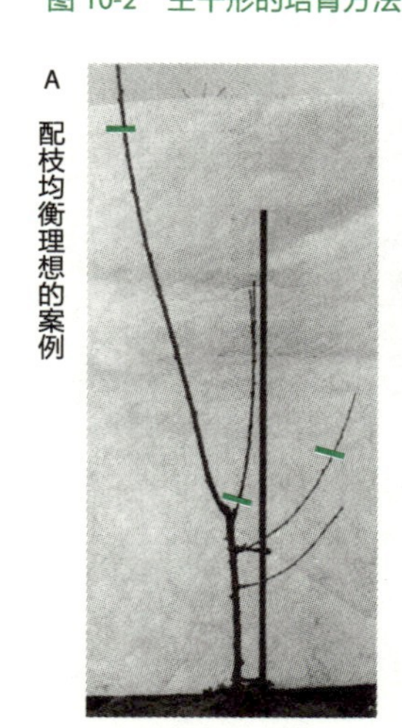

B
配枝均衡不理想的案例

←回缩修剪过重，和主干延长枝有竞争的新梢从下部产生

修剪主干延长枝以外的枝条，扩大枝条角度，促使粗壮均匀、发育良好枝条的产生

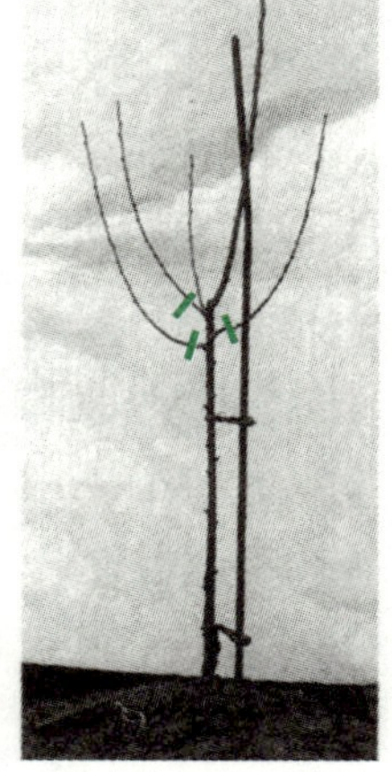

回缩修剪过轻。仅使其前端产生新梢，下端不产生新梢

图 10-3　主干形第 1 年冬天的修剪案例

①在主干延长枝前端部位进行夏季修剪

对和主干延长枝Ⓐ有竞争的枝条Ⓑ，要从其基部保留 5 厘米左右进行夏季修剪。长势强的新梢需要在 6 月上旬保留 2 厘米后修剪；长势弱的新梢进入 7 月保留 10 厘米或是更长后进行修剪

②侧枝的夏季修剪

对与侧枝的延长枝Ⓐ有竞争的新梢，在基部保留 2~3 厘米后进行夏季修剪

图 10-4　夏季修剪的方法

图 10-5 主干形壮年树的修剪规范（5 年生树，佐藤锦品种）

这一时期树的长势逐渐稳定，花芽的着生也会变多，只需要将与主干延长枝有竞争的枝条和徒长枝稍微修剪一下就可以了

图 10-6 主干形树的主枝顶端的修剪

< **修剪后** > 对顶端的竞争枝和侧枝混杂交叉处，要进行疏剪

图 10-7 侧枝的配置和整理程度

< **修剪后** > 对同位置的同龄枝条进行整理①，形成枝条粗细差别的配置②

修剪主要是以夏季修剪为主，在6~7月进行1~2次，主要是对侧枝进行诱引，诱引时与水平面的角度保持在0~30度进行。通过诱引结合夏季修剪，能够形成稳定的侧枝，提早分化出饱满的花芽，形成早期丰产。

迟延开心形 对于直立性较强的樱桃，与苹果和西洋梨一样，有计划地进行摘心，使枝条剪短，以主干形为主形成迟延开心形，这是樱桃常见的树形（图10-8）。

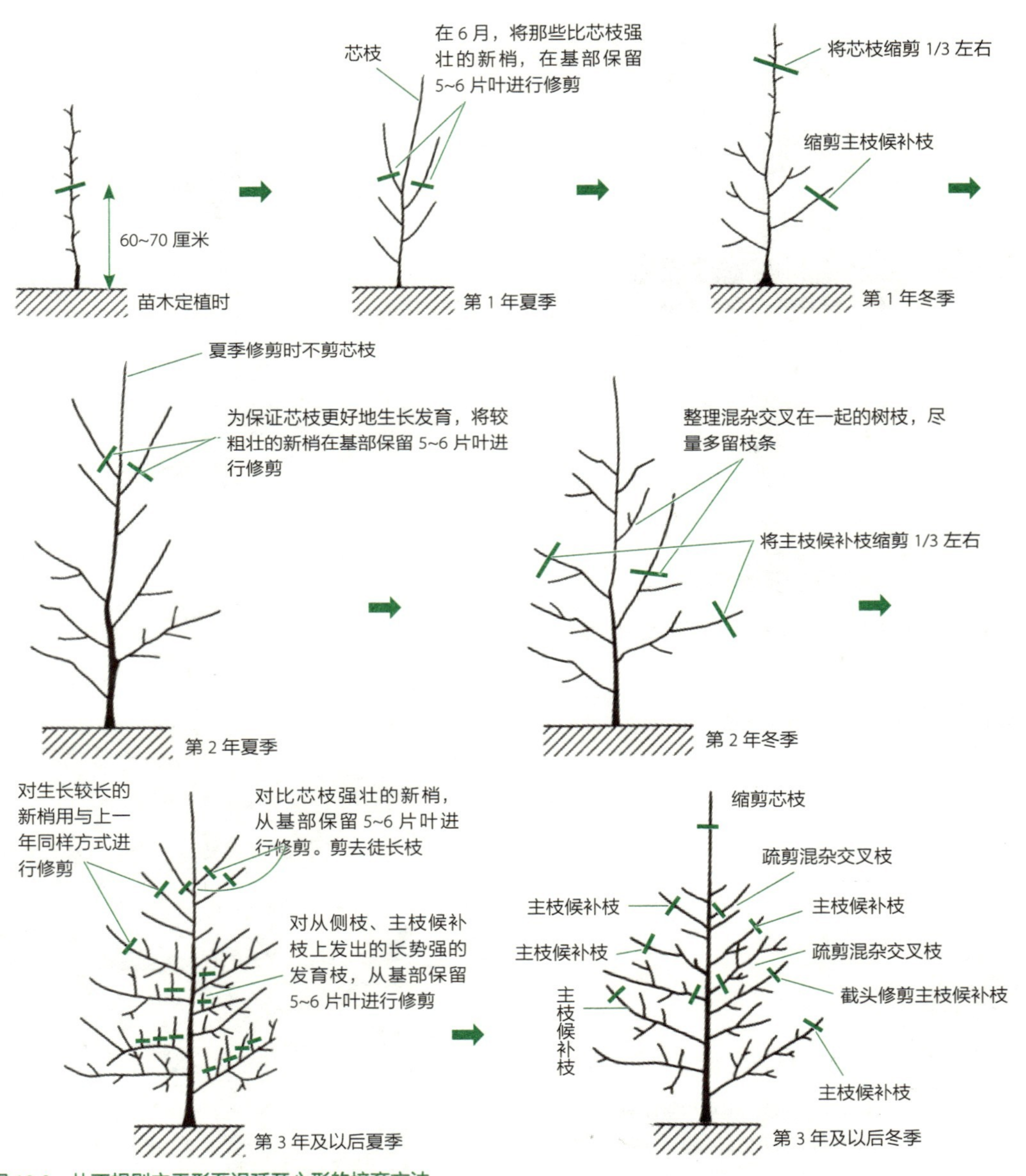

图10-8 从不规则主干形至迟延开心形的培育方法

■ 迟延开心形的培育

幼树期（到第 6 年左右形成主干形） 这个时期，要确保有希望成为主枝候补枝的必要位置，在扩大树冠的同时，要在不影响树形形成的前提下让果树尽早结果。这个时期的修剪，主要是要对妨碍主枝候补枝生长的枝条进行疏剪，还需要将那些与主干形成角度比较小、长势比较强的枝条尽早进行剪除或是进行诱引。

壮年期（第 7~14 年形成不规则主干形） 通过整枝修剪，在留下 5~6 根主枝候补枝的同时，开始计划摘心，使树形由主干形变成不规则主干形。

果树长到 3~4 米高时就要开始准备摘心，经过 2~3 年的时间将树高回缩修剪下降至树高 2~3 米。摘心的关键是要掌握时机，过早或是过迟都不行，这一点要注意。

成年期（第 15 年以后形成迟延开心形或是开心形） 在这个时期，一般以果树最上端主枝的高度为基准对树干进行回缩下降修剪，将果树的树形修整成高度为 1~1.5 米的迟延开心形。主枝、亚主枝如图 10-8 那样配置，在亚主枝上着生侧枝并培育结果枝。按侧枝的长度一般为 1~2 米、侧枝的单侧相距 60 厘米左右进行交互配置。

更重要的是随着树龄的增加，会形成 2 根主枝的开心形。（图 10-9~ 图 10-11）

需要注意的是，如果急于形成树形，过早地对主枝候补枝进行整理，树势会增强，花芽分化就会延迟，初期果实的收获量就上不去
侧枝尽量简单化，保持侧枝稳定，使结果枝长大

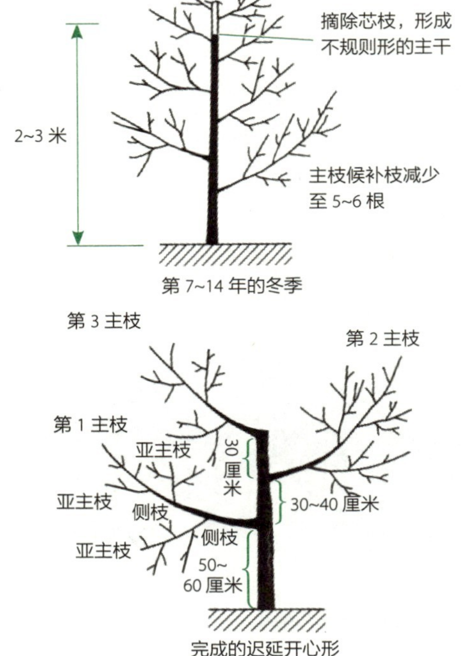

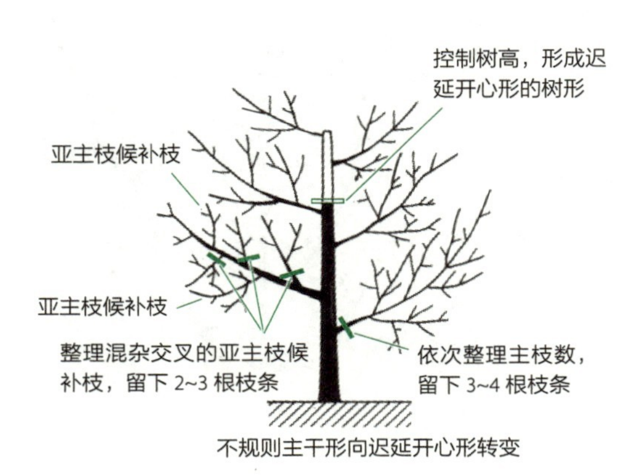

图 10-9 摘心时期的判断和准备

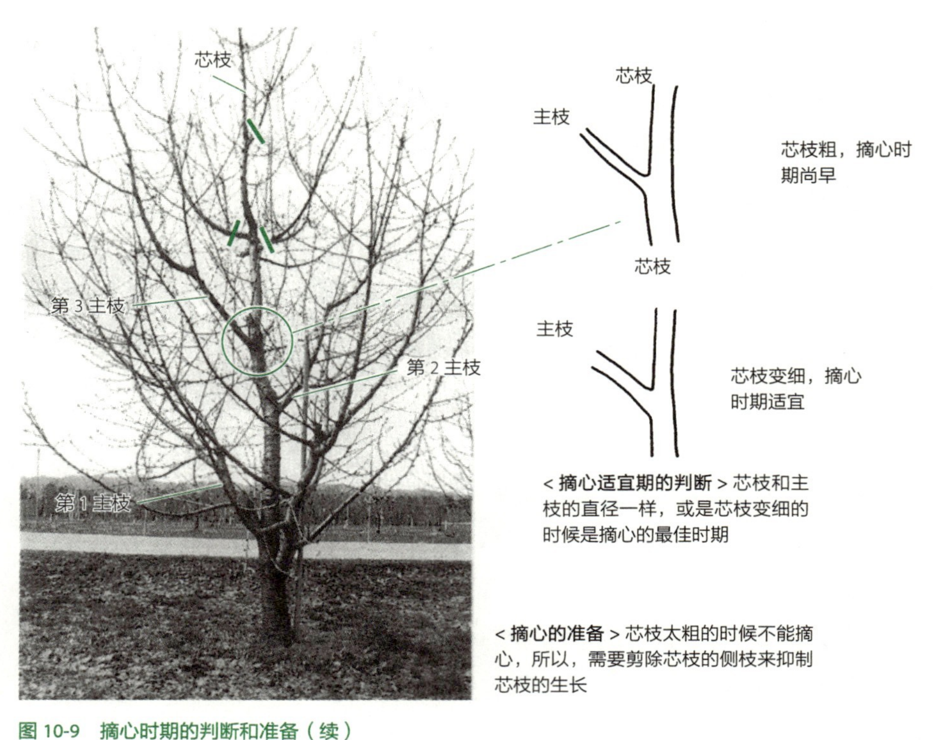

图 10-9　摘心时期的判断和准备（续）

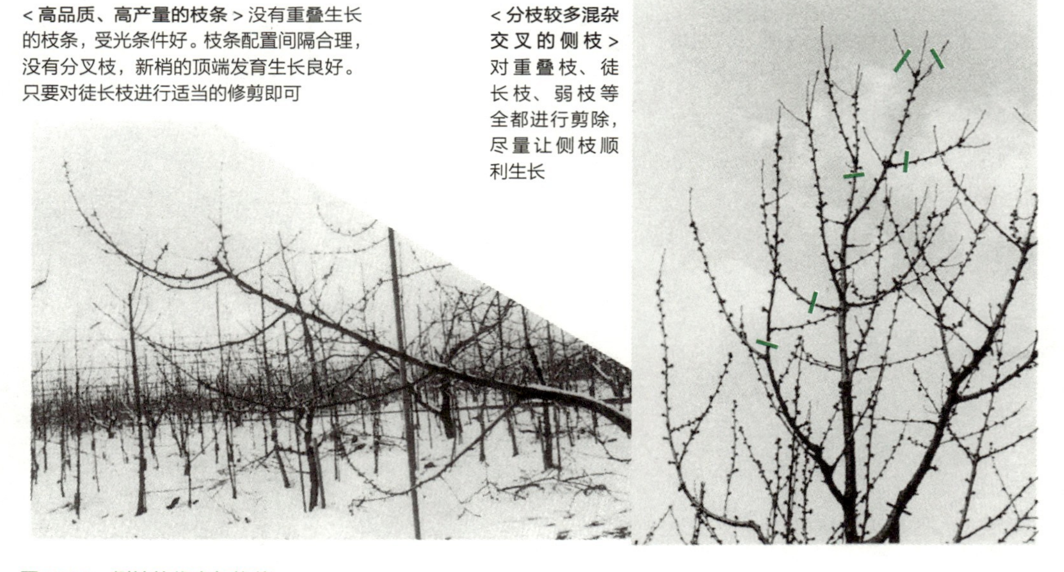

图 10-10　侧枝的优劣与修剪

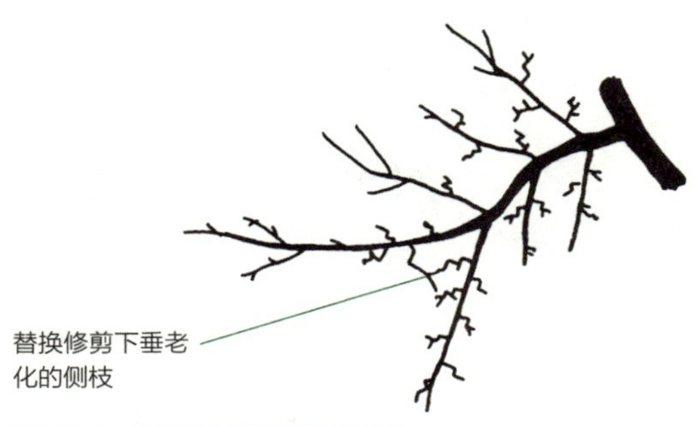

图 10-11 结果枝的再生修剪方法

■ 树形完成后的修剪

修剪时判断果树的长势标准，如图 10-12 所示。

新枝的长度比标准长时，需要在冬季进行轻修剪，通过夏季修剪稳定树的长势。相反，如果树的长势弱，夏季再修剪会使树势变得更弱，最好在冬季进行重修剪。另外，樱桃的花芽，如果营养条件好就能长时间保持并分化花芽。但是如果枝条老化，花芽变小、花芽质量就会下降，因此要提早用壮实的新枝进行结果枝的更新。

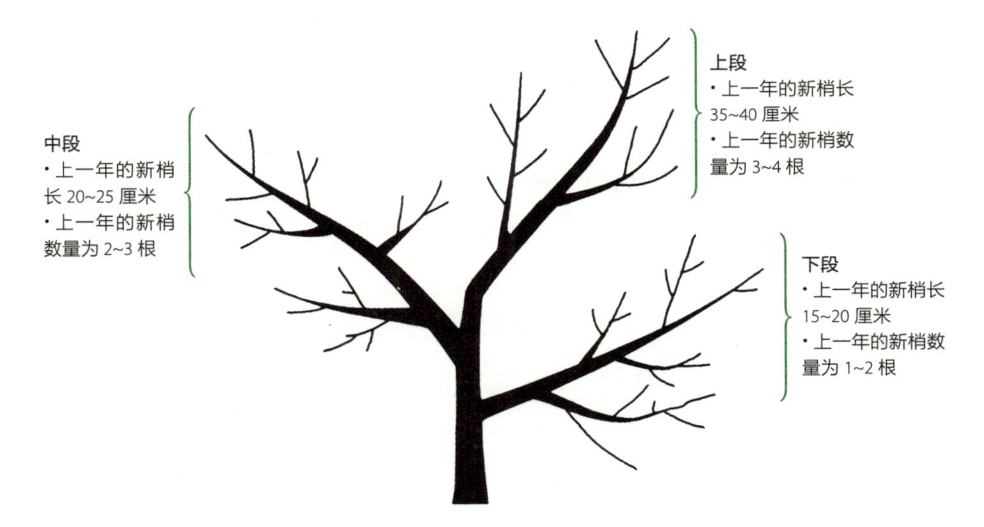

图 10-12 通过修剪长势比较好的树形、树相

11 杏

——小池洋男

杏自古以来就作为庭院观赏的树木，颇受人们的喜爱。古杏很多都是由实生苗培育出来的，因此很多都是没有经过修剪整形而自然长成的大树。但是，考虑到整形采果等作业的方便，一般将杏的高度控制在 4 米以内，将树整形修剪如图 11-3 那样的 3 根主枝的自然开心形。

杏的结果习性

杏和梅一样，都是在新梢的叶腋下形成花芽，第 2 年开花结果。一般来说，很多的叶芽都是复芽，2~3 个花芽和叶芽同时着生在一个节间上（图 11-1~ 图 11-3）。

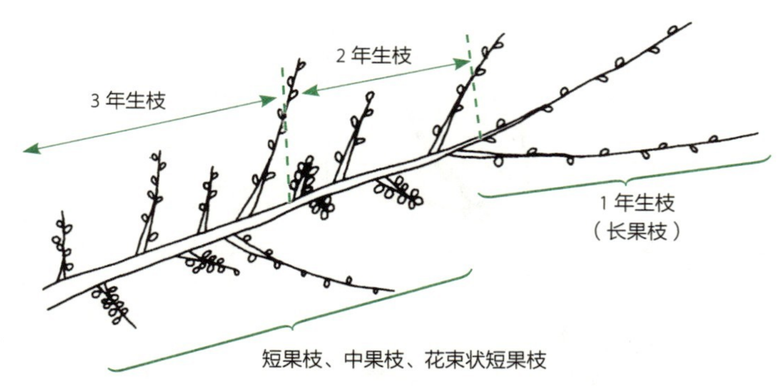

图 11-1　杏的结果习性

图 11-2　2 年生枝上结果枝的着生状况

①为长果枝，②为中果枝，③为短果枝，④为花束状短果枝

图 11-3 杏的 3 根主枝开心形

短果枝和花束状短果枝都是可以结果的枝条，这种结果枝一般 4~5 年的结果量都比较可观，如果时间再长点，由于树枝逐渐老化，需要进行回缩修剪更新。这种花束状短果枝上顶端的芽是叶芽，再伸长一点就又形成花芽，但如果没有叶芽，枝条就会枯死。

即使把杏的老枝剪掉，其隐芽也很容易长成新的枝条。

■ 幼树期的培育

定植时的回缩修剪 定植时回缩修剪的高度为离地面 60 厘米，如果位置太高，主枝发生的位置也会偏高，主干部位就会遭受太阳光的直射，难免会被灼伤，并易引发枝枯病。

定植后第 1 年冬季的修剪 从主干延长枝的顶端开始，在 1/3 左右的位置进行回缩修剪，其他新梢中产生的与主干角度很小的新梢和长势较好、较粗壮、与主干有竞争的枝条等应全部剪除。在高出地面 40 厘米的位置上选好第 1 主枝候补枝，并在距离其 20~30 厘米的位置上选择 1 根与主枝分枝角度较大的枝条为第 2 主枝候补枝。

新梢顶端的摘心 如果任杏自由生长，新梢能长至 2 米以上，大多数枝条不会向着理想的位置和方向生长，也就不能形成理想的树形。因此，在 6 月，新梢生长到 40 厘米左右时，要在较长的新梢前端进行摘心，来促进副梢的产生，这是促使其发出副梢的一个方法。采取这种处理方法，就能防止新梢徒长，在摘心的位置就能发出好几根副梢，以此来抑制整株树新梢的生长。

定植第 2 年冬季的修剪 保留生长方向比较好的主干延长枝，并对其顶端进行短截，对其他的竞争枝进行疏剪。

在主枝的顶端部位进行轻短截，将主枝上的逆向枝、密生枝等进行疏剪。要在对每根主枝的生长发育没有影响的空间配置侧枝，并保留这些侧枝一直到主枝长大，如果侧枝过于茂密而对主枝生长产生影响，要进行疏剪。

新梢的扭枝 在杏的幼树期，如果从主干的延长枝下方发出的新梢强势生长，在 6 月上旬进行新梢的扭枝，这也是一种抑制枝条生长的方法。扭枝一般是在新梢底部往上 5 厘米的位置将其扭转弯曲（图 11-4）。

①定植时的修剪
在高出地面 60 厘米的位置进行回缩修剪。这是确保第 1 主枝候补枝在距离地面 40 厘米处培育出来的关键

②定植第 1 年冬季
保留延长枝并对其进行轻短截，保留分枝角度较大的枝条。剪除直立枝条

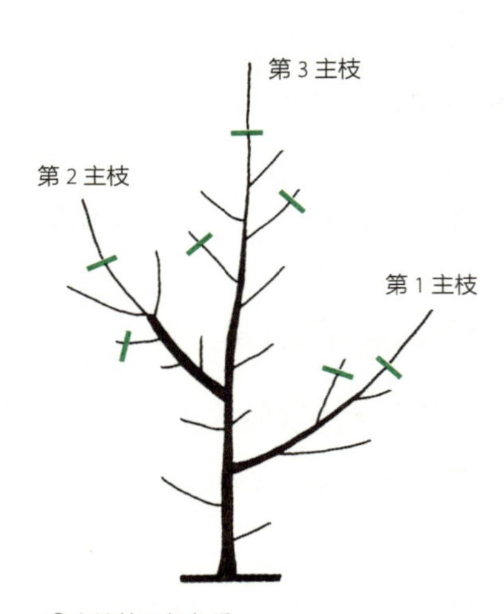

③定植第 2 年冬季
选定第 1 主枝、第 2 主枝、第 3 主枝。对于想使其生长的枝条，需要对前端部位进行轻短截，对生长方向不好的枝条要从基部剪除

图 11-4 幼树期的培育

成年期的修剪

主枝等骨架枝形成后，为了让树冠内部能够受光良好，就要对过多的粗枝和逆向枝进行疏剪（图 11-5、图 11-6）。

亚主枝需要配置在距离主枝基部 1 米以上的位置，第 2、第 3 亚主枝的配置需要间隔 1 米以内进行交互配置。

侧枝要在主枝和亚主枝上形成立体配置，主枝、亚主枝、侧枝都要从顶端向底部逐步的变大，使枝条形成立体配置。其结果就是各亚主枝等从顶端到基部达到左右均衡、整体呈三角形。

长果枝要将顶端位置进行轻修剪，中、短果枝的顶端不需要进行修剪。

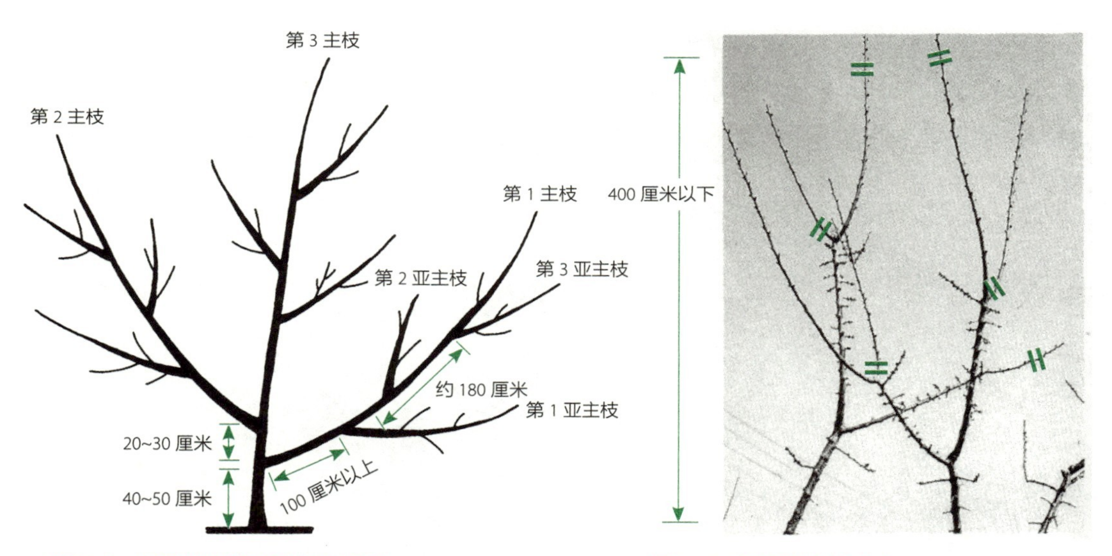

图 11-5　成年期的树形（自然开心形）

要注意主枝、亚主枝的位置和构成架构。另外，第 1 主枝要选择角度比较大的枝条，第 2、第 3 主枝可选择角度稍小、长势较强的枝条

图 11-6　杏的新梢生长方式

如果放任不管，1 年就能长得很长，分叉枝的前端只保留 1 根枝条，并要对其前端进行轻修剪（小林原图）

12 柿

——北野欣信

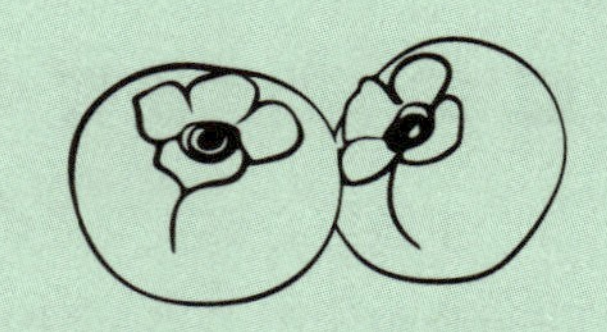

■ 柿的结果习性

柿在春季发芽时，从芽中萌发新梢，在新梢中间部位到基部的叶腋中着生花芽。这种着生花芽的新梢称为结果枝，产生结果枝的枝条称为结果母枝。品种及枝条长度不同，产生的结果母枝也不同，但产生结果枝的都是结果母枝前端的第 3~4 个芽。

在 1 根新梢上着生花的数量是由上一年 7 月中、下旬分化的花芽数量所决定的，花芽分化直接影响下一年开花的数量和果实的收获量，所以，在栽培管理上必须考虑如何促进花芽分化。果实不要结得太多、有健全完整的叶子数量、有充实的枝条等，是形成良好结果母枝的重要条件（图 12-1~ 图 12-3）。

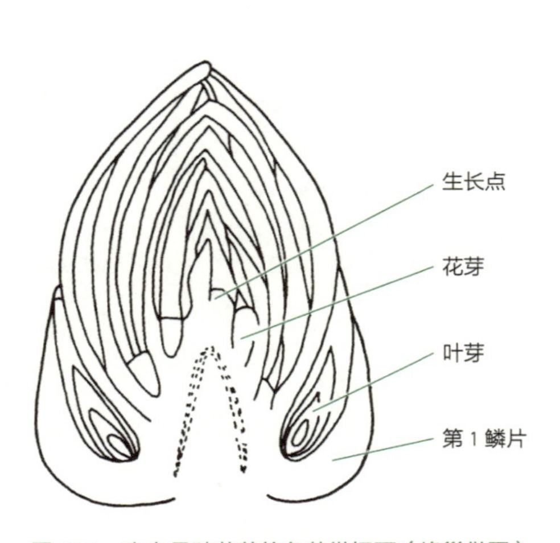

图 12-1　富有品种花芽的冬芽纵切面（峰巢供图）

图 12-2　优良的结果母枝（富有品种）

上面的 5 个芽是花芽，在这以下没有花芽仅生长枝条

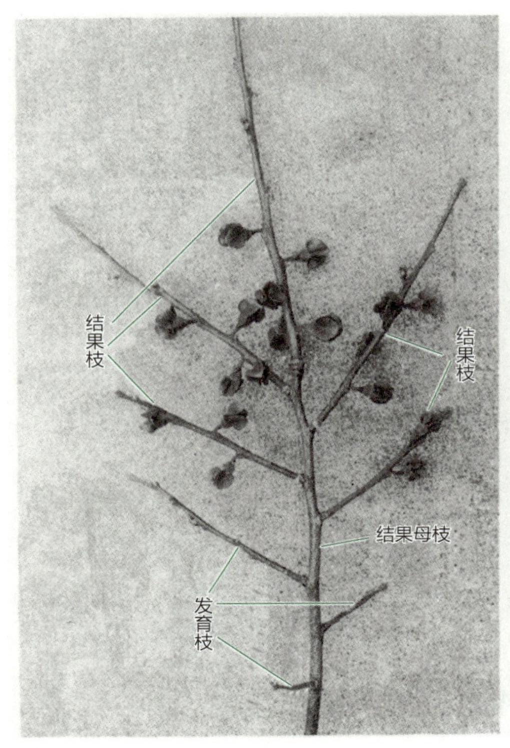

结果枝上着生花的位置（富有品种）
充实的结果枝、发育枝，成为下一年的结果母枝

从结果母枝上发出的 8 根新梢（富有品种）
结果枝、发育枝的状态

图 12-3　新梢的产生和着花

■ 枝条修剪的基本方法

柿在结果母枝的前端部位的几个芽中发出的新梢上产生花芽并开花，所以，要让其能够产生果实的枝条（结果枝）生长，结果母枝的前端是绝对不能修剪的。

相反，如果不想让其结果、想使其新梢强势生长，要在结果母枝的前端切除枝条的 1/4~1/3。修剪强度越大，从留下的芽产生的新梢的长势就越强。

像这样在枝条的中间部位进行修剪是回缩修剪。不仅是对 1 年生的枝条，对侧枝等多年生的枝条在中间部位修剪，也称为回缩修剪。它的目的是促进枝条生长、强化树势、缩短侧枝等。

另一方面，枝条基部的修剪称为疏剪，它的目的是为了减少枝条密度、保持树冠内有一定的空间（图 12-4~ 图 12-6）。

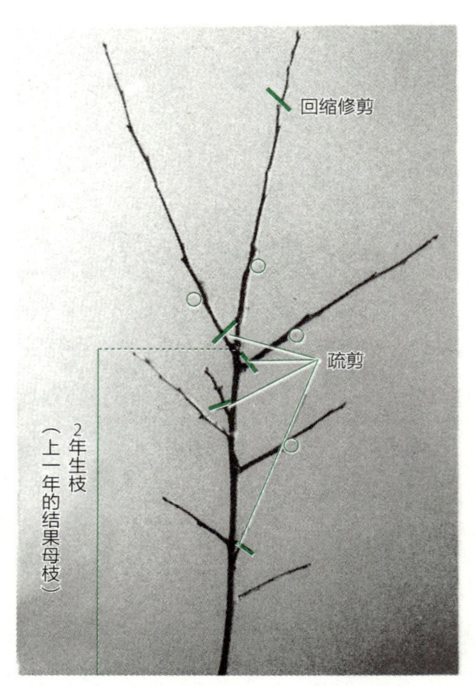

图 12-4　从结果母枝上产生的枝条（○处为结果部位）的生长方式和修剪方法（富有品种）

在主枝、亚主枝前端保留笔直生长的枝条，对有竞争的 2 根枝条进行疏剪。对下部短发育枝产生的新梢以不相互交叉为标准进行疏剪

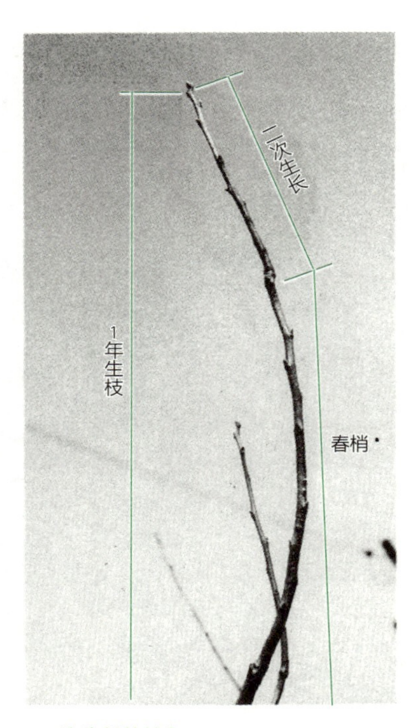

图 12-5　二次生长的枝条

刀根早生、西村早生品种有可能产生结果母枝，富有、平核无品种不易产生结果母枝

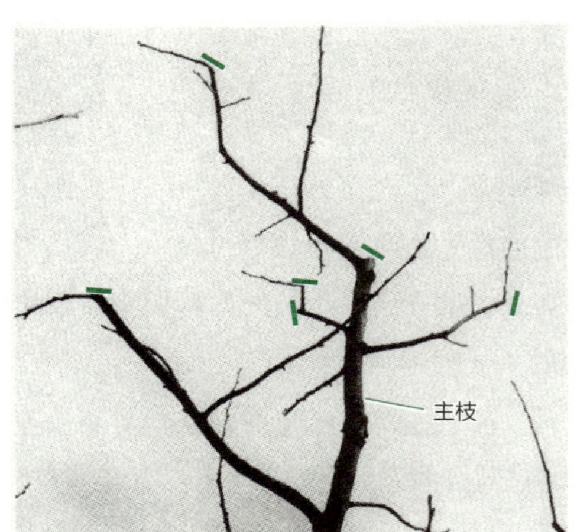

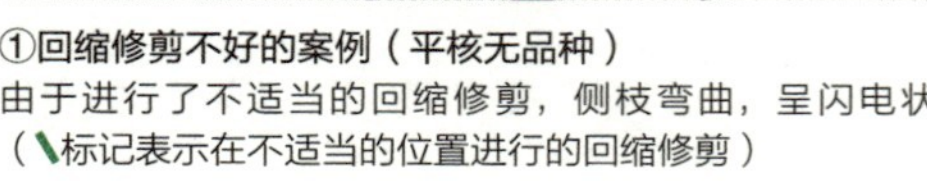

①回缩修剪不好的案例（平核无品种）

由于进行了不适当的回缩修剪，侧枝弯曲，呈闪电状（╲标记表示在不适当的位置进行的回缩修剪）

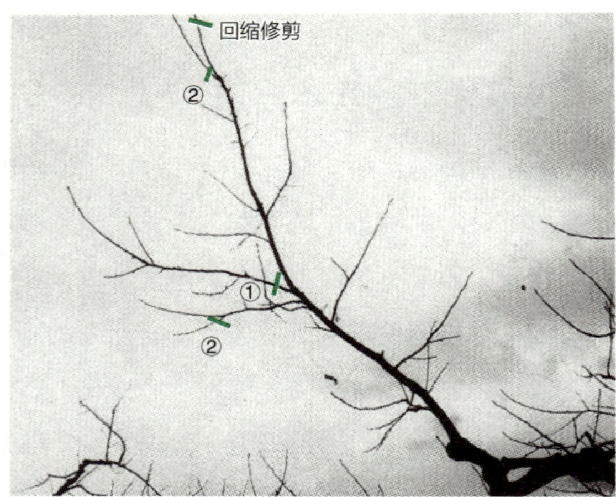

②亚主枝前端部位的疏剪和回缩修剪的案例（富有品种）

前端部位只要形成 1 根枝条，在对①处进行疏剪的同时，对亚主枝、侧枝前端部位的竞争枝②进行疏剪，对亚主枝的前端部位进行回缩修剪

图 12-6　疏剪和回缩修剪的案例

树形的种类和特点

由于柿的顶端优势强、对光照的要求高，所以自然状态的树形都是主干直立形。

但是，从果实的收获量、果实的品质和采摘作业时的可操作性等方面考虑，就需要各种整枝方法来完成。在这其中最基本的是自然开心形整枝法和不规则主干形整枝法，但是，最近篱笆形、主干形、2 根主枝形等整枝方法都在探索试验中。

自然开心形 是指 2~3 根主枝同时朝不同的方向斜向生长的树形。

采用这种整枝方法，可以快速形成主枝、亚主枝，树高比较低，栽培管理也相对比较容易。但是，主枝是直立向上的，容易造成树冠的内膛比较窄小，主枝的分枝点处形成锐角、枝条容易裂开，这是它的缺点，要引起注意。

不规则主干形 在主干生长的同时，留下多根主枝候补枝，在这其中根据枝条的生长方向、枝条产生的角度、枝条的长势强弱等进行考虑，保留 4~5 根枝作为主枝培育。主枝基本形成时，在最上层的主枝高度，对主干进行截干，通过整枝形成完整的树形。

采用这种整枝方法，主枝容易形成人们所期望的配置，壮年期很快就会扩大树冠、果实收获量也大。另一方面，由于要求各主枝发生的间隔大，所以主干要高，树也容易变高。同时，对主干的截干也容易推迟，这一点要引起注意。

从这两种整枝法的特点来看，自然树形呈展开形的品种适合采用自然开心形整枝法，呈直立形的品种适合采用不规则主干形整枝法。但是，根据种植园地势的倾斜度、栽培管理措施、品种个体的差异等，在种植管理当中可以适当变更整枝法，按照各个树体和个体的差异进行整枝（图 12-7~ 图 12-10）。

结果之前的培育

柿树苗在定植时容易形成移植伤，在移植后的 1~2 年内新梢长势弱，为了防止类似情况产生，苗木挖出之后最好立即进行定植，在日本西南的温暖地区，起苗要在年末之前进行，寒冷地区要等到雪融化时购入苗木并迅速定植。

自然开心形 从苗木移植后到新梢开始生长前，不需要进行任何修剪。

如果新梢生长到长 30 厘米以上、枝条强壮，选定主枝候补枝。对主枝候补枝进行回缩修剪，对其附近产生的枝条中的那些和主枝候补枝有竞争的枝条要进行剪除。

短枝、弱小枝可以适当保留。从主干上产生的主枝分枝点的位置如图 12-11 所示。

图 12-7　不摘心形成主干形的平核无品种

树下的光照和生产作业条件非常差

图 12-8　自然状态下柿树的样子（推测树龄为 200 年）

在自然状态下在树冠外部结果

图 12-9　不规则主干形的高树形（平核无品种）

把主干降到有 4 根主枝左右的位置

图 12-10　控制树高的自然开心形树（平核无品种）

树较矮，生产操作性好，是通过整枝形成的，但亚主枝较多，所以要从位置低的亚主枝慢慢地进行修剪整理

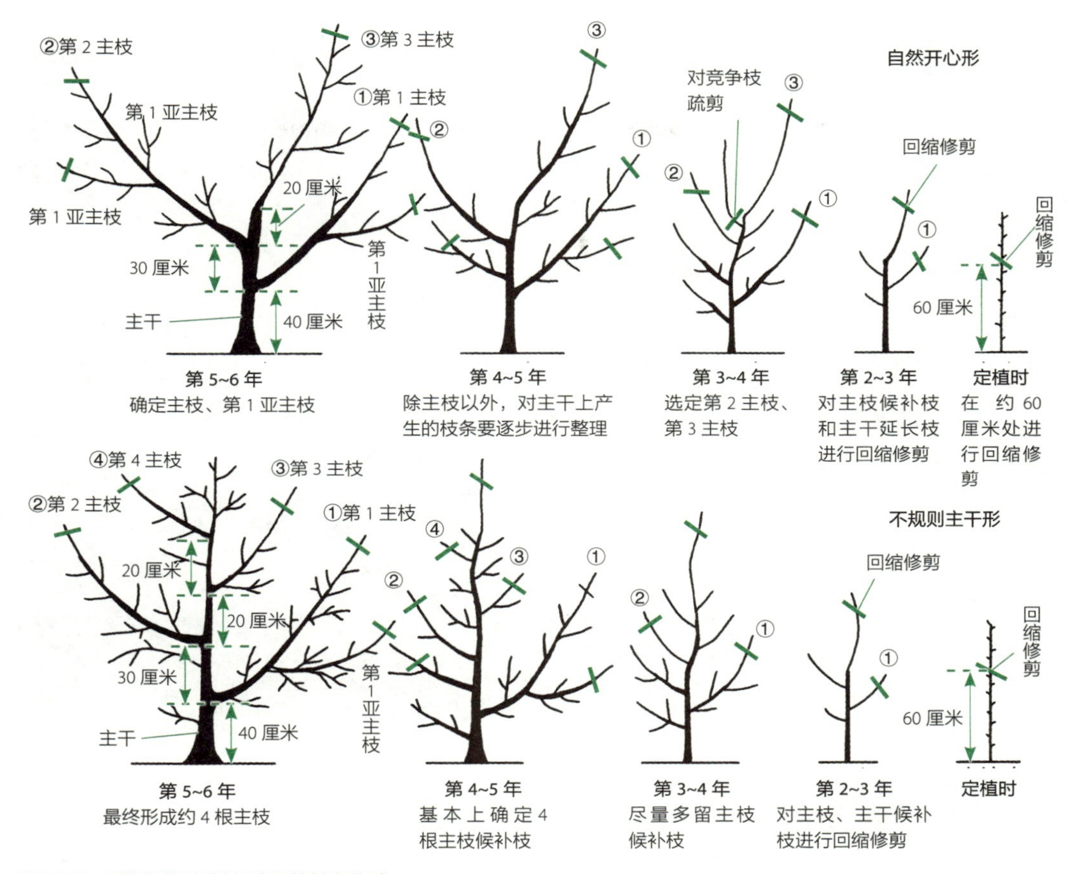

图 12-11　幼树到壮年树各阶段的枝条构成

如果间隔小，容易产生轮生枝，枝条容易开裂，对树液的流动会产生影响。

所以要使枝条的产生角度尽可能大一点。第 1 主枝要在 50 度以上、第 2 主枝要在 45 度以上、第 3 主枝要在 40 度以上，与上部的主枝相比，下部的主枝角度要更大一点。此外，为了不与相邻的树枝产生交叉，每株树的第 1 根主枝最好向同一个方向进行配置。

主枝前端的回缩修剪要在树生长到第 3 年之前进行 20%~30% 的修剪，到第 4 年及以后，主枝构成已经形成，只能进行轻回缩修剪，不要在结果时给枝条造成负担。

如果像过去一样，过分拘泥于树形、过度进行重修剪，就不能保证早期的收获量，容易长成大树。

因此，要在产生一定量果实的同时扩大树冠，通过这样的方式，早期能够结果、树的长势稳定、也容易使树矮小化。

不规则主干形 主枝的间隔和自然开心形是不一样的，呈一种自由扩展状。形成较多的主枝候补枝，在观察了解上层主枝候补枝的发生的情况下，依次对主枝候补枝进行疏剪，经过5~7年的时间培育完成树形。最终以保留4根主枝较适宜。为了使主枝不重叠、不形成平行枝，第1和第2主枝、第3和第4主枝相互之间成180度的角生长为好（图12-12~图12-14）。

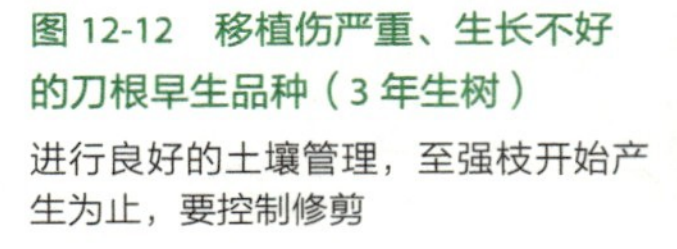

图12-12 移植伤严重、生长不好的刀根早生品种（3年生树）

进行良好的土壤管理，至强枝开始产生为止，要控制修剪

图12-13 不规则主干形的5年生树（富有品种疏剪后）

在对主枝候补枝进行疏剪的同时培育主枝，3~4年后对主干截头（疏剪结束时）

图12-14 自然开心形的5年生树（刀根早生品种修剪后）

为了尽量使刀根早生品种不徒长，在主枝的前端保留数个芽进行回缩修剪，保留较多短的结果母枝，在结果的同时扩大树冠

■ 亚主枝的培育

自然开心形的树形中，只要不是培育大树，在 1 根主枝上有 2 根亚主枝是最基本的。如果亚主枝数量过多，就会出现平行枝、重叠枝，侧枝的配置也会变得困难，枝条过于混杂（图 12-15~ 图 12-17）。

亚主枝长势变强时，主枝的长势也不能减弱，要用这样的配置方式。因此，第 1 亚主枝要从主枝分枝部位 50 厘米以上、第 2 亚主枝要从第 1 亚主枝 30 厘米以上距离的部位产生的枝条中选择。

更主要的是，从主枝上部产生的亚主枝长势强，所以要利用从下部或是侧面部位产生的枝条。

亚主枝之间一定不要重叠，从各主枝产生的第 1 亚主枝、第 2 亚主枝要各自分别朝同一方向生长。

这样就形成了笔直健壮的亚主枝。但是，为了和主枝区分，可以利用从主枝上迟 1~2 年产生的枝条。对亚主枝前端的 1 年生枝进行 20% 左右的回缩修剪，注意不要使

图 12-15　新梢强势生长的刀根早生品种（5 年生树）

以疏剪为主，为保证结果量并避免徒长枝的产生，对主枝候补枝进行轻回缩修剪（①②③）

图 12-16　主枝前端的处理（刀根早生品种）

对二次生长较强的 1 年生枝进行疏剪，主枝前端只保留 1 根枝条，轻剪（2~3 个芽）（Ⓐ）。对发育枝密度比较大的部分，即使产生新梢，也要疏剪到不混杂交叉的程度（Ⓑ）

图 12-17　主枝、亚主枝构成不好的例子

①主枝的分枝角度小，容易开裂（刀根早生、6 年生树）。亚主枝的位置过低

②主枝、亚主枝的构成不是很明确（刀根早生、5 年生树）对不适合的枝条进行疏剪。为避免徒长，对留下的枝条进行轻修剪

枝条下垂，而要使其健壮地延长生长。培养几根亚主枝候补枝，修剪整理需要 5~6 年的时间完成。

不规则主干形的亚主枝中，1 根主枝保留有 1~2 根亚主枝、1 株保留 7 根左右的亚主枝是比较合适的。培育方法与自然开心形是一样的。

■ 侧枝的培育

结果母枝的侧枝如何培育和配置，直接影响到果实的品质和收获量（图 12-18~图 12-20）。

侧枝的着生方法　侧枝着生在主枝、亚主枝上，但是侧枝的强弱是由很多因素决定的。从主枝、亚主枝下部产生的侧枝长势比较弱，容易因光照不足造成果实品质差，枝条也容易枯死。相反，从上部产生的侧枝长势强，容易形成徒长枝，造成结果状况不好，

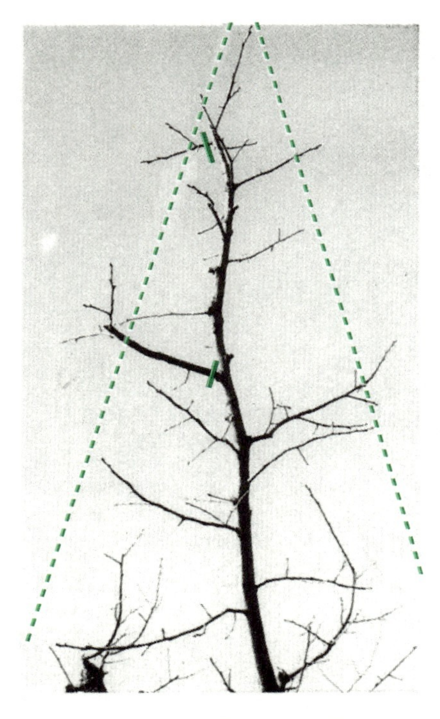

图 12-18　侧枝的配置（平核无品种）

根据主枝、亚主枝的直径调节侧枝的直径、长度，形成以主枝为中心的三角形结果层（▮处有必要进行疏剪）

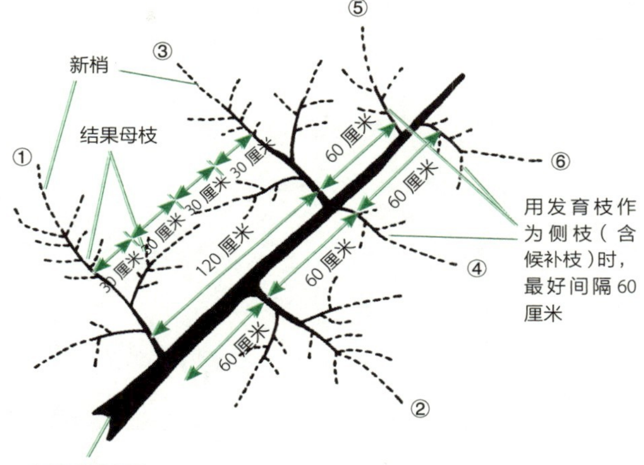

图 12-19　主枝、亚主枝的侧枝配置间隔

如①②③一样的 2 年生以上的侧枝，新梢到达一定的长度、单侧新梢间隔要达到 120 厘米左右

如④⑤⑥一样的 1 年生的侧枝间隔 60 厘米左右就可以了。但是，④⑤的枝条在下一年要进行疏剪

和主枝、亚主枝产生竞争，扰乱树形。

因此，利用从主枝、亚主枝侧面产生的枝条作为侧枝最好。

在不妨碍光照的前提下，作为侧枝的枝条越多就越能保证更多的结果数量。但是，在幼树期会抑制主枝、亚主枝的生长发育，引起树形混乱，所以要特别注意不要使侧枝长势太强。

侧枝的修剪　在侧枝上着生的结果母枝，由于每年都会向侧枝前方移动，所以要交替进行回缩修剪，使侧枝缩短。但是，由于回缩修剪会形成大幅度弯曲，要注意的是最好不要使侧枝形成闪电形枝条、不要在分枝角度大的部位进行回缩修剪。

侧枝的更新　原则上使用 4 年的侧枝就需要进行更新了。经过 5 年使用后，侧枝基部大多不会产生结果母枝，所以要果断地从基部剪除。即使有 2~3 年生的侧枝，如果有从基部产生的作为侧枝候补枝的新梢，也可以利用其进行更新。

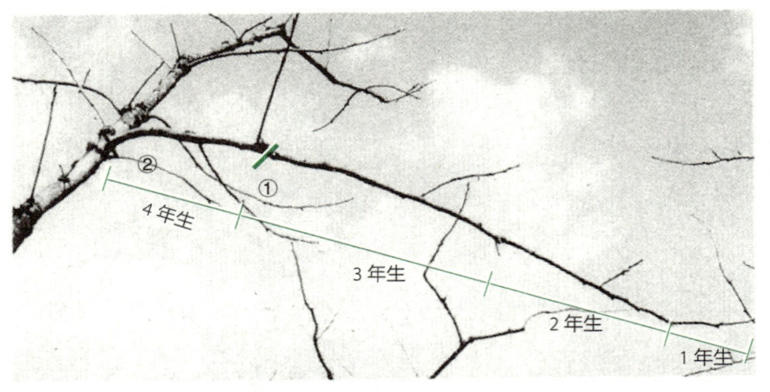

①长且下垂的侧枝（富有品种）

修剪 1 次就可以了，进行短缩或是疏剪。如果侧枝的基部没有新的侧枝候补枝，对①处进行回缩修剪，这里的情况是有候补枝，所以对②处进行疏剪

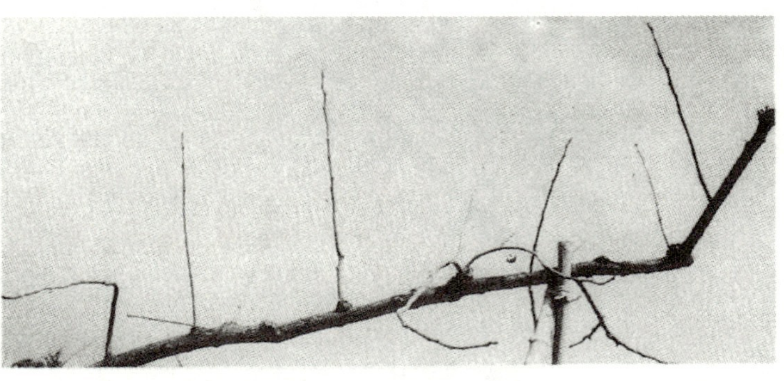

②在亚主枝上产生的发育枝（富有品种修剪后）

将充实饱满的春梢作为结果母枝，对二次生长的强枝进行回缩修剪，并将其作为侧枝使用

③ 2~3 年生的侧枝配置较好的亚主枝（平核无品种修剪后）

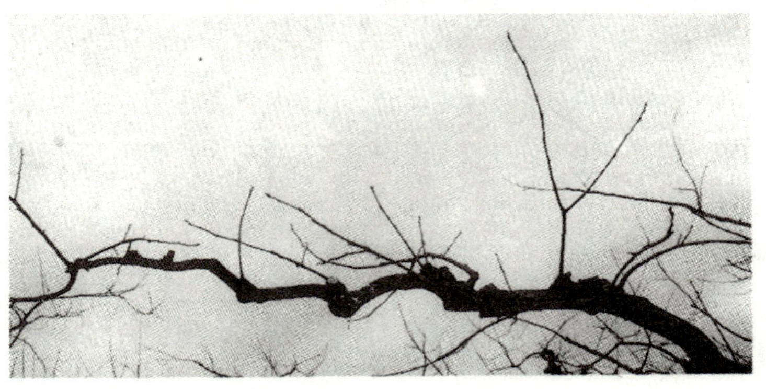

④亚主枝弯曲不是太好，但年轻的侧枝配置得很好（修剪后）

图 12-20　侧枝的配置和修剪

另外，最好是每年对全体侧枝进行 20%~30% 的修剪，从老侧枝开始，依次逐步进行更新。

保留结果母枝

从结果母枝 30 厘米以上产生新梢，产生的新梢彼此之间要达到不交叉的程度，保证结果母枝的密度。

也就是说，因为结果枝是着生在侧枝上的，所以，结果母枝的长度如果有 30 厘米，从枝条基部开始要有 60 厘米的空间，并且相邻的侧枝间隔要达到 120 厘米，以保持必要的间隔距离。即主枝、亚主枝上的同侧的侧枝的间隔要达到 120 厘米，两侧相对应要达到 60 厘米间隔的侧枝配置，这是最基本的要求。

就结果母枝的密度而言，以富有品种每 1000 米^2 收获果实数量为 8000 个作为目标，每根结果母枝结 2 个果实，每 1000 米^2 结果母枝数要达 4000 根（相当于每平方米有 4 根枝条），达到这样的水平就可以了。

日本西南温暖地区的平核无品种、刀根早生品种，每 1000 米^2 结 15000 个果实，如果每根结果母枝结 2 个果实，需要达到 7500 根结果母枝（每平方米要有 7~8 根结果母枝）的标准。另外，在相对寒冷地区，比这个标准减少 30% 左右为好。

树势的判断和修剪程度

树势的判断标准　通常情况下树的长势强弱没有固定的判断标准，但是，新梢的生长程度、叶子的大小、徒长枝的发生状况等可以作为衡量标准。

如果树势强，新梢生长较长，二次生长的枝条多。另外，叶子比通常情况下的要大，更主要的是从主枝、亚主枝上发出的徒长枝多。

如果出现这种情况，在造成树形混乱的同时，花芽充实饱满度降低、着花数量减少，另外，即使着花，也会产生生理性的落花、落果现象，果实收获量下降。

施肥过多造成氮素过剩、过度重修剪等都是应该考虑的原因。对策是采用适当的肥水管理，更重要的是通过修剪来进行调节和控制树势。

树势和修剪的程度　修剪强度要根据修剪下的新梢（1 年生枝）比例、修剪的芽数比例、修剪的总新梢长度比例等进行综合考虑和判断。在此我们用新梢修剪比例来进行说明。

在树的长势稳定、没有必要进行对树冠扩大的情况下，如果从 1 根结果母枝上产生的新梢数平均是 4 根，把结果母枝数量减少到 1/4，又会回到从前的状态。也就是说，每次修剪时可以剪去 75% 的新梢。以此为标准，在树势强想进行轻修剪时，可以多保留 10%~20% 的枝条；在想进行重修剪时，多修剪 5%~10% 的枝条就可以了。

平核无品种，其结果母枝要比富有品种短，新梢的数量也较少，修剪掉 70% 左右的枝条被认为是最基本的标准。

另外，这个标准是平均标准，地区不同、水肥管理不同，标准是不一样的，因此各地要根据具体情况进行判断，这一点是很重要的。

■ 间伐和降低树高

间伐　为了提高早期的果实收获量，有计划进行密植栽培的案例很多。但是，如果不按计划进行及时间伐，密植的缺点就会显现出来，这样的果园案例也很多。

最早的间伐时间通常是在定植 7~8 年后，发现相邻树的枝条交叉后，就应该果断进行间伐。间伐的程度为间伐掉定植数量的一半。如果间伐过迟，树冠的下摆枝就没有了，主枝会直立向上伸展，通过间伐也难以恢复（图 12-21）。

间伐后对枝条直立向上、生长方向不好的主枝、亚主枝要进行诱引，使树冠展开。

在这之后，在定植十多年后再次间伐掉一半，将剩余的作为永久树保留下来。

降低树高的短截（缩剪矮化树高的修剪）　进入到成年期，如果树高达 4~5 米，随

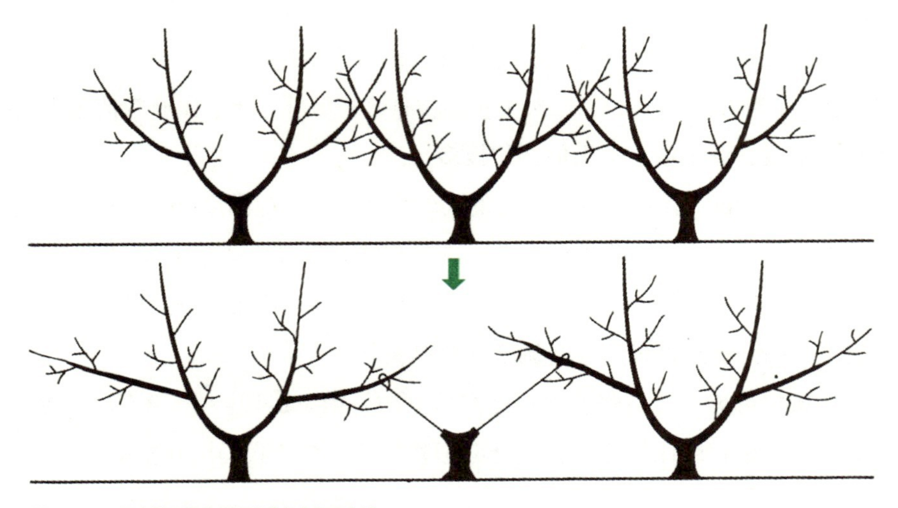

图 12-21　通过间伐和诱引进行树形改造

之而来的就是病虫害防治、摘蕾、疏果、果实收获等作业都不方便。另外，枝干的重量增加，叶材比（叶子重和枝干重的比率）变小，果实不易长大，容易形成小果。从果实品质上来看，树冠上部和树冠下部的果实品质相差很大。

因此，最近缩剪矮化树高的修剪，正朝着使树高矮小化的方向发展。

所谓缩剪矮化树高的修剪，是在第 1 亚主枝或是第 2 亚主枝的位置上，把主枝短截下来的一种方法。进行这项作业时最需要注意的是，要先进行彻底的间伐，使树冠横幅充分地展开才能进行，修剪强度也不能太大。

修剪强度以前面所述的普通修剪强度为标准。也就是说，对上部进行截取，对下部的修剪如果采用通常的修剪方法，就会出现修剪过度的情况，所以，要在考虑上部修剪程度的同时，对下部进行轻修剪，总体来看，1 年生枝（新梢）的修剪截取率控制在 70% 以内是比较适当的。如果一次性把所有的主枝都短截，容易变为重修剪，所以这个修剪过程需要经过 2~3 年才可以完成（图 12-22、图 12-23）。

图 12-22　对树高近 5 米自然开心形老树的改造（平核无品种）

树过高，枝干多，果实品质差，劳动作业不方便

Ⓐ：对老化的长侧枝进行疏剪，减少上部枝条的密度，保证树冠下部光照

Ⓑ：2~3 年后在此处进行短截修剪

Ⓒ：对中间高的主干部位进行疏剪

图 12-23　进行矮化修剪，树高矮化的老树（富有品种）

劳动作业性、果实品质都会变得良好

13 板 栗

——荒木 齐

■ 结果习性和结果母枝的好坏

板栗的花是在同一株树上开雌花和雄花的雌雄同株型，1 个花穗聚集有 90~150 朵雄花，在花穗的基部着生有 1~3 朵雌花。雌花着生在春季长出新梢上，这根新梢就是结果枝，预计会产生结果枝的枝条被称为结果母枝。但并不是所有的雌花都长在花穗上，多数情况下雌花是长在从新梢最顶端开始向下至约 4 个节间处的花穗上。充实的结果枝会在冬季形成结果母枝。

结果母枝越粗壮，产生的结果枝越多，每根结果母枝上开的雌花也越多。结果母枝基部径粗在 8 毫米以上的质量最佳，会产生 2~4 根结果枝，着生 3~6 朵雌花。结果母枝基部直径在 7~8 毫米为优良、6~7 毫米为一般、5~6 毫米为较差，结果枝和雌花也依次减少，基部直径在 5 毫米以下很难成为结果母枝。

■ 结果母枝和侧枝的修剪

结果母枝的回缩修剪 板栗雄花的分化在上一年的夏季形成，而雌花芽则在当年发芽期的前后分化，结果母枝顶端芽中营养条件好的 3~4 个芽分化形成花芽。因此，如果在冬季对结果母枝进行重回缩修剪，长不出雌花也就不能形成结果枝了。但是，从结果母枝上一年修剪痕迹处开始到生长出枝条的前端为止，如果对枝条进行 1/5~1/3 的轻回缩修剪，不仅不会减少雌花分化的数量，还能减少板栗的生理落果数量，能结出不少较大的板栗。

但是，这种修剪要在幼树期进行，此时板栗的树冠较小、易修剪，树冠长大后则费力费工，一般不进行这种方式的修剪（图 13-1）。

在 2 年生侧枝上的结果母枝的疏剪 具有结果枝、结果母枝特性，生长超过 2 年的枝条称为侧枝，在冬季对每根结果母枝或者侧枝的疏剪都是很重要的（图 13-2、图 13-3）。

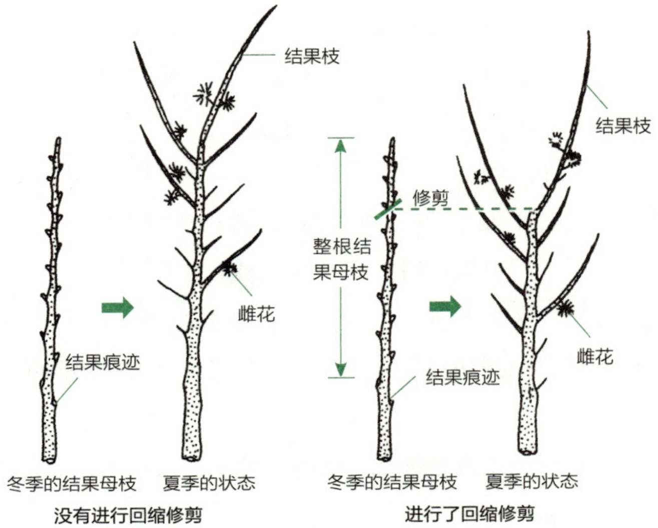

图 13-1　结果母枝有无回缩修剪和结果枝的生长状况

从结果痕迹开始到顶端位置为止，如果从顶端开始修剪 1/5~1/3，结果数量不会减少，并会生长出充实的结果枝

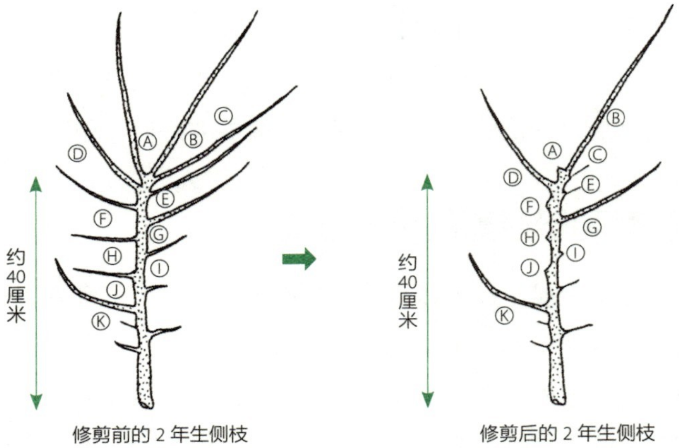

结果枝
雌花
结果痕迹
冬季的结果母枝　夏季的状态
没有进行回缩修剪

结果枝
修剪
整根结果母枝
雌花
结果痕迹
冬季的结果母枝　夏季的状态
进行了回缩修剪

图 13-2　在 2 年生侧枝上的结果母枝的疏剪

如图所示，如果能保留结果枝Ⓑ，则保留枝条Ⓖ、Ⓚ。相反，如果保留母枝Ⓐ，则要保留Ⓖ、Ⓚ或者是Ⓔ、Ⓚ

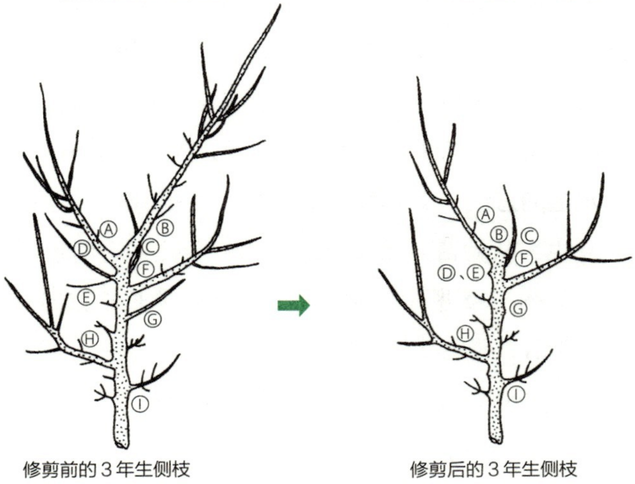

约40厘米
修剪前的 2 年生侧枝

约40厘米
修剪后的 2 年生侧枝

图 13-3　在 3 年生侧枝上的疏剪

如图所示，如果保留枝条Ⓐ，就要留下Ⓒ、Ⓕ、Ⓗ、Ⓘ。相反，如果保留枝条Ⓑ，则留下Ⓓ、Ⓗ、Ⓘ或者Ⓐ、Ⓗ、Ⓘ

修剪前的 3 年生侧枝

修剪后的 3 年生侧枝

如果不进行修剪而是任由其生长，不仅光照条件变差，而且吸收养分的枝条也多，从而抑制了新枝的生长，形成较弱的结果枝，雌花的着花数也随之减少，这样到第 2 年几乎就生长不出结果枝了。

在 2 年生的侧枝上，修剪后只保留 3~4 根结果母枝即可，对其他的枝条从基部进行疏剪。但是不能剪掉 5~10 厘米长的弱小枝条而要好好地保留下来，这些弱小枝条虽然不能结果，但对保持树势生长具有很重要的作用。

保留下来的枝条，要确保有良好的光照条件。光照条件的好坏，主要是从枝条的方向和间隔来判断。方向长得不好的结果母枝，即使长得粗壮饱满也要毫不犹豫地进行疏剪。

即使对结果母枝进行了疏剪，但下面枝条的光照条件仍然不好时，连侧枝一起从基部进行疏剪。

在 3 年生侧枝上的疏剪　如果对上一年结果母枝认真疏剪，春季则会长出健壮充实的新枝，侧枝也会长得粗壮充实。在 3 年生侧枝上进行疏剪时，以保留 2~3 根 2 年生侧枝为标准，其他的和 2 年生侧枝的疏剪方法操作相同。

■ 有利于修剪的定植方式

定植密度　过去都是采用不规范的主干形培育方法，成年果树的树形呈半圆头形。这里要介绍的是呈椭圆形的低矮树形定植法。如图 13-4 所示，定植方法与株行距也与以往有所不同。如果土壤条件一般，定植时呈 4 米 ×4 米的正方形，而以前所采用的株行距为疏伐后呈 8 米 ×8 米的正方形。低矮树形果树栽培法时株行距为 4 米 ×8 米，其特点是不用进行疏伐，成为可以长期使用的树。

按此方法定植的板栗树，从上面看呈细长的椭圆形，长轴为 8 米，短轴为 4 米。如果形成横向较长的树冠，从长轴来看，因为进深小所以便于修剪（图 13-4）。

定植的方法　当定植的果树作为永久树时，要注意芽的生长方向。板栗的叶序多为单叶互生，从幼苗开始长出的新梢就会往左右两边生长，利用这一特征，在定植永久树时，如图 13-5 所示，左右芽要与树冠的长轴方向一致，这样便于后期的整形修剪。定植 2 年后，确定 2 根主枝。

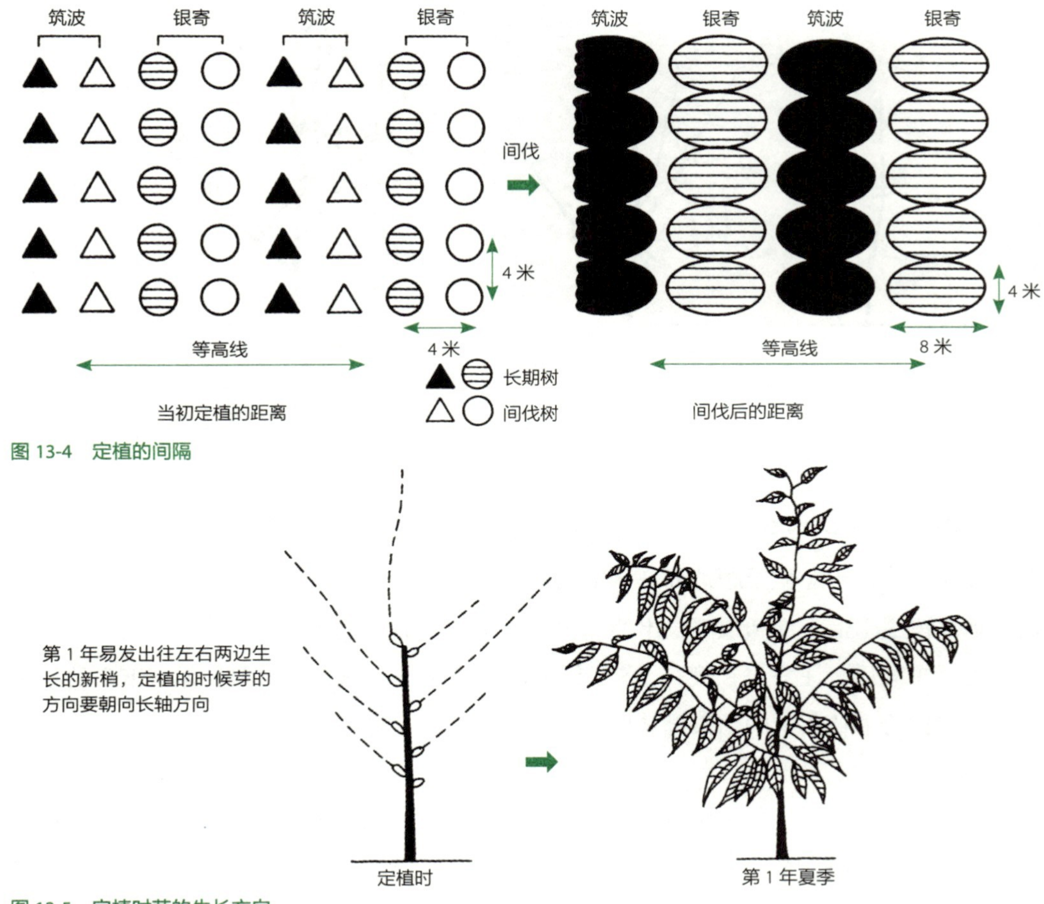

图 13-4　定植的间隔

图 13-5　定植时芽的生长方向

■ 定植后的培育

幼树期（第 1~4 年）　自定植的第 1 年起，将顶端长势良好的新梢作为主干的延长枝使其笔直向上生长。

第 1 年冬季修剪时，注意保留主干和顺着长轴侧横向长出的主枝，综合考虑角度、长势、位置等，对不需要保留的枝条进行疏剪。

第 2 年以后，除了保证笔直的主干和 2 根主枝向外伸展外，逆向枝和直立枝都应进行疏剪。此外，结果母枝的疏剪方法请按照前述的方法操作。注意保留弱小枝（绿枝群）（图 13-6）。

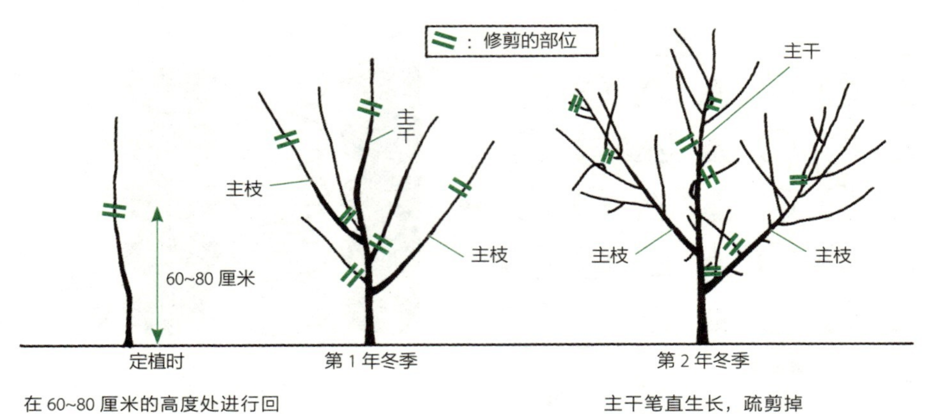

图 13-6　幼树期的修剪

壮年期（第 5~10 年）　主干短截时期是当树高长至 3.5~4 米时，将主干一次性或在 1~2 年内将树干短截至距地面 2 米的高度。此时，对主干上长出的粗枝要进行疏剪，适当地保留主干上半部和顶部长出的侧枝，主干的中部和下部由弱小枝构成。

主干短截后，注意对长度在 3.5 米以上的枝条必须全部进行疏剪。保留下来的结果母枝虽然比剪下枝条上的结果母枝要细，但如果光照充足将会产生优质的结果枝，所以不用担心。

修剪枝条时不论从长轴侧看还是从短轴侧看，其侧面都按梯形进行整枝。也就是说，下面枝条长、上面枝条短，呈梯形展开的树形（图 13-7）。

成年期（10 年以上）　一般来说，摘心之后主枝延长枝易直立生长，如果任其生

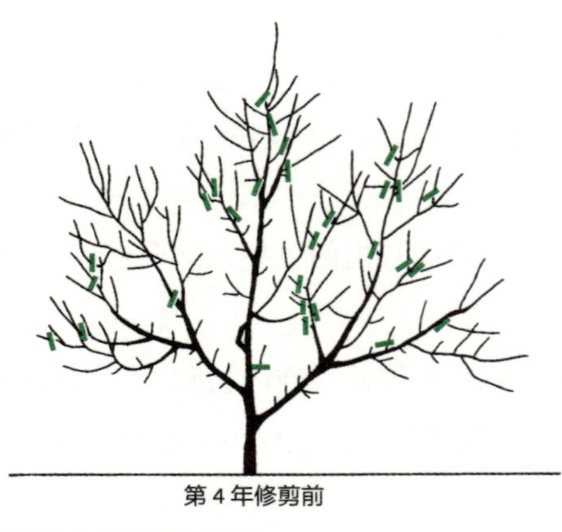

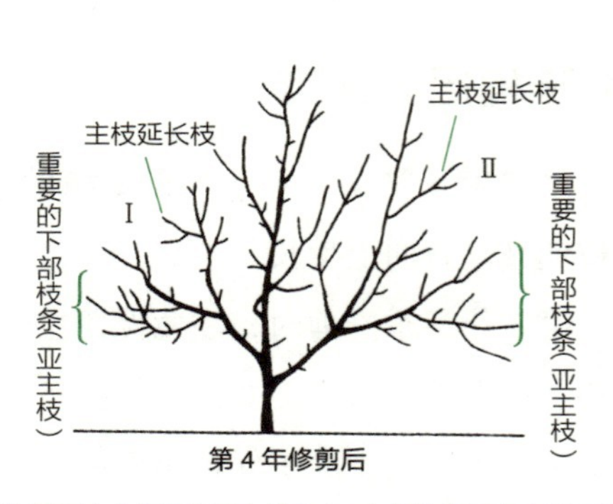

图 13-7　壮年树的修剪

长，果树将长得过高，最需要改变的是主枝的生长角度，也就是要让下面的枝条横向生长形成斜立枝（图 13-8 和图 13-9 的Ⅰ、Ⅱ）作为主枝的延长枝。因此自摘心前后，为了尽早使Ⅰ、Ⅱ枝条有充足的光照，要对上部枝条的侧枝进行修剪，完成树形的培育（图 13-8 和图 13-9）。

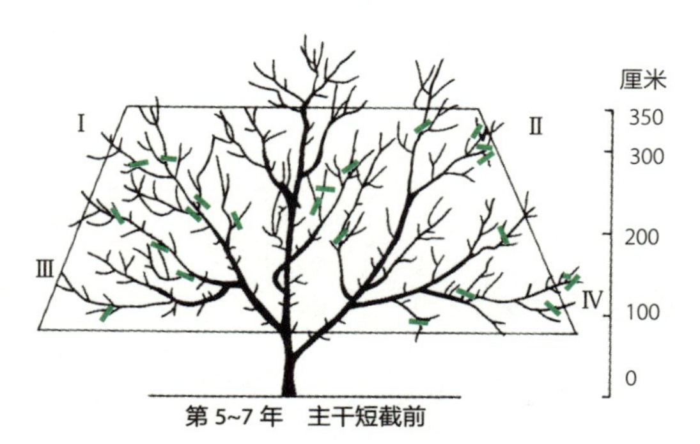

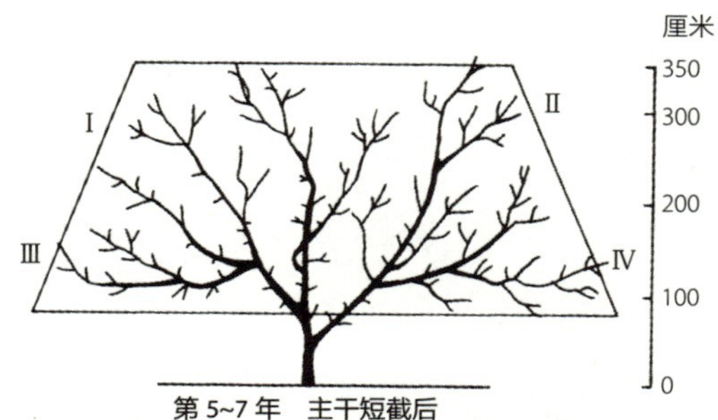

- 树高 3.5~4 米时，对主干用 1~2 年时间进行短截
- 为了保证枝条Ⅰ、Ⅱ、Ⅲ、Ⅳ的光照，上部枝条要进行疏剪
- 树形要呈梯形，下部枝条向外伸展
- 每平方米树冠的结果母枝数，在壮年期以后要达到 6~7 根

图 13-8　摘心的方法

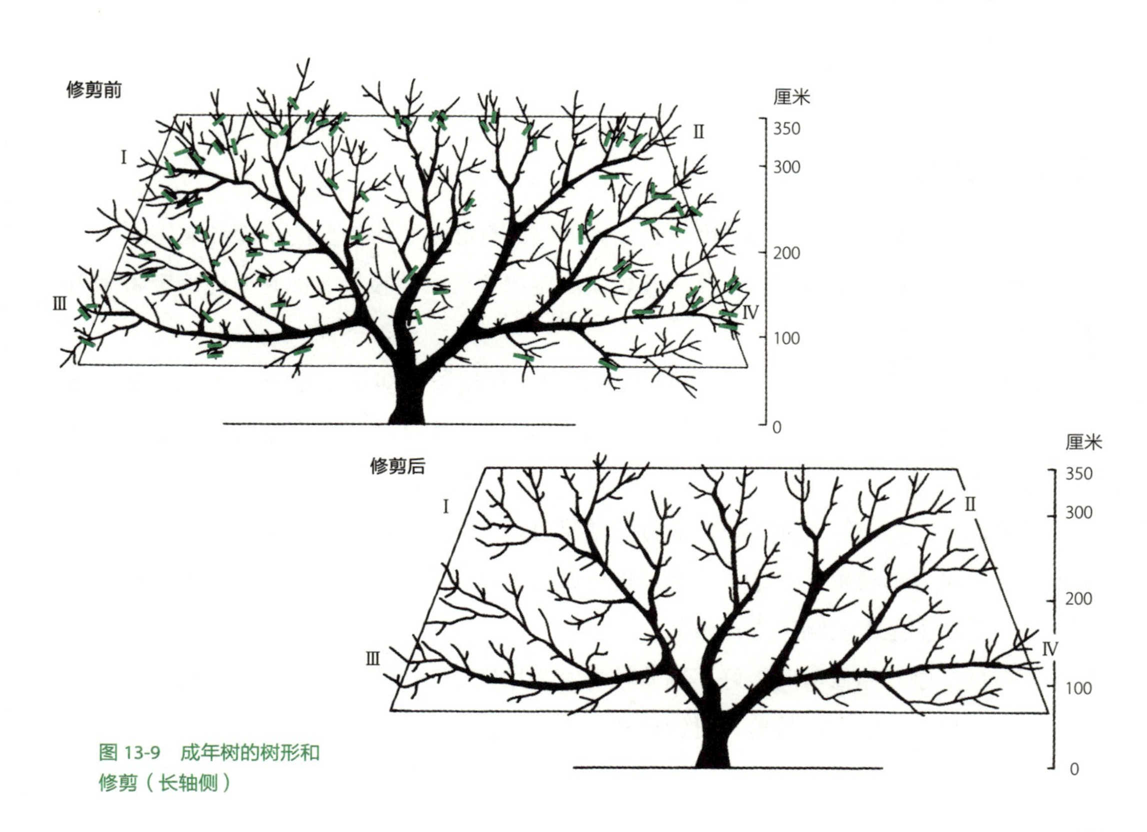

图 13-9　成年树的树形和修剪（长轴侧）

主枝角度改变后，主枝顶端的高度距地面 2.5~3 米即可。另外图 13-8、图 13-9 中的Ⅲ、Ⅳ是第 1 亚主枝，成为树冠的下部枝条，也是获得高产的重要枝条。

即使树木已成年，树冠内部的弱小枝对维持树势的生长发育也极为重要。关键是不要因为光照不足而造成枝条的枯死现象的发生，这一点很重要（图 13-10、图 13-11）。

修剪后结果母枝的数量，以树冠下每平方米有 6~7 根、枝条基部直径为 6 毫米以上为好，其他多余的枝条都要果断地进行疏剪。

图 13-10　正面所见短轴侧树冠，修剪后较好的树冠间隔

下部枝条比上部枝条向外侧伸展大

图 13-11　树冠内下部的弱小枝要细心保留

对维持树势的健全生长极其重要

■ 修剪的顺序

随着树冠的增大，修剪的难度也会加大，因此有必要了解修剪的步骤和顺序。

①首先，在进行修剪前，不要一开始就决定想要剪哪些枝条，而是要先确定将来需要保留下来的是哪些枝条。

具体来说，决定保留下来的枝条是树冠的下部枝条，即从主枝长出的第 1 亚主枝（图 13-8 的Ⅲ、Ⅳ）和第 1 亚主枝上生长出的侧枝、结果母枝，这些枝条都要事先做好保留工作。

②其次，对影响第 1 亚主枝、侧枝、结果母枝光照的上部枝条，即主枝上直接生长出的侧枝、结果母枝等也要毫不犹豫地进行疏剪，这一点极为重要。而且修剪从树冠下部开始，按由下至上的顺序进行修剪。

③最后，刚开始修剪时最好不用修枝剪。先用锯子锯掉侧枝和亚主枝等粗大枝条，之后用高枝剪和一般的修枝剪，对侧枝和结果母枝进行疏剪。

缩伐、间伐以保持适当的树冠间隔

无论是整枝还是修剪，如果树冠之间的间隔狭小，都达不到预期的效果。

对于缩伐、间伐，即使我们内心都会有所纠结，但也绝对不要迟疑，尽早进行此项工作是极其重要的。

在冬季缩剪后的树冠间隔如图 13-12 所示，长轴侧、短轴侧树冠上部间隔均为 210~230 厘米、下部间隔均为 100~110 厘米，此距离是必须达到的距离。这个距离是到树冠侧面的下部所需最小限度的间隔。树冠下部都能结果，是板栗高产、稳产的必要条件。

另外，短截的部位在亚主枝、侧枝的中间位置时，要从保留侧枝或结果母枝的分叉处开始进行缩剪，或是从基部开始进行疏剪，千万不要从枝条的中间部位进行回缩修剪。

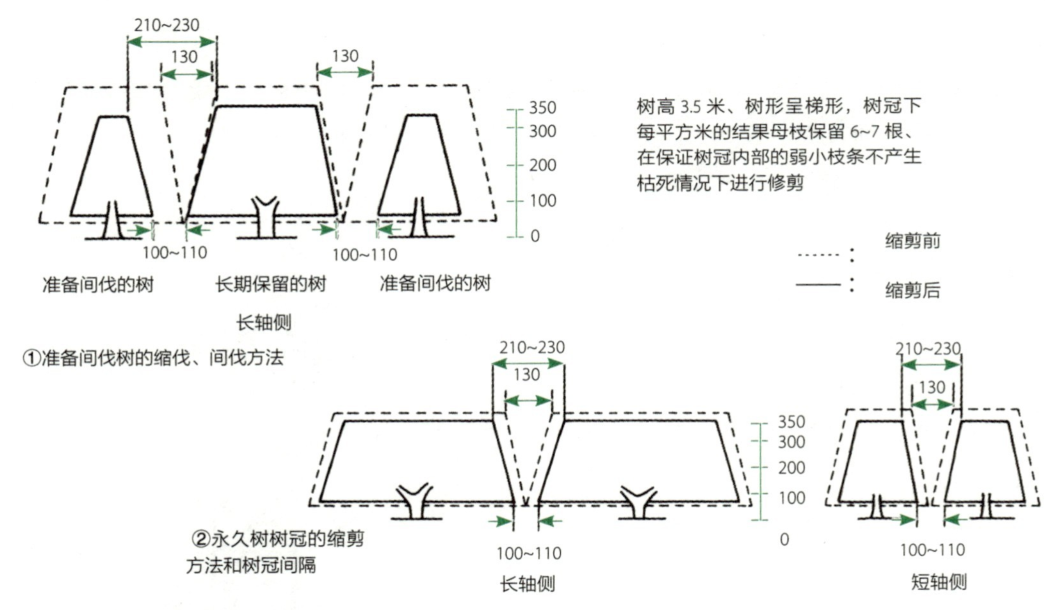

图 13-12 缩伐、间伐和永久树的树冠间隔（单位：厘米）

14 无花果

——松浦克彦

修剪的要点

防止结果部位的上升　由于无花果的顶端优势明显，所以即使在进行回缩修剪的情况下，枝条的基部也难长出新梢。在没有必要的位置最好不要产生枝条，因为产生枝条后，结果部位容易上升，所以回缩修剪时应注意修剪的部位和芽的生长方向。

依据品种的结果习性进行修剪　根据结果习性分 3 个类型：①秋季结果的秋果类型(秋果：随着新梢生长，从下节位开始依次向上，在叶柄的基部结果、成熟)。②夏季结果的夏果类型（夏果：在 1 年生枝顶端产生很小的果实，越冬后在第 2 年春天与新梢一同长大、成熟）。③夏秋果类型（夏秋果是指夏秋季都结果的类型）。夏果类型如啤酒陶芬、白圣比罗品种。秋果类型如蓬莱柿、赛雷斯特品种。夏秋季都能结果的类型如桝井陶芬、门田（意大利亚干果品种）等品种。

夏果在 2 年生枝上挂果，秋果在新梢上挂果，所以必须要按结果习性进行修剪（图 14-1）。

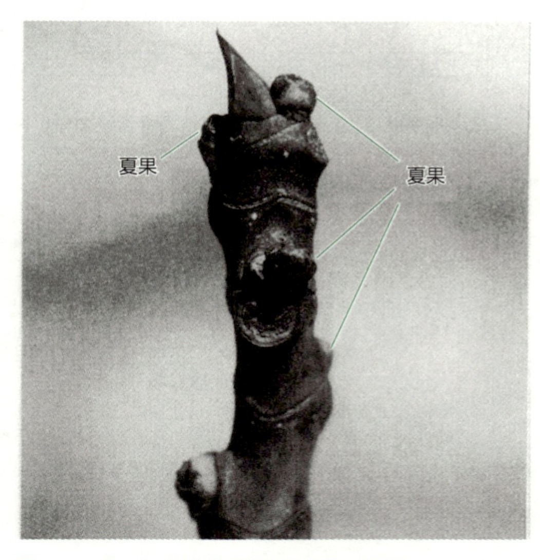

图 14-1　在 1 年生枝的顶端部位着生的夏果

因树冠内光照不足进行的夏季修剪　如果树冠内光照不足且通风条件差，果树易生病，且果实着色也差，所以在开始采收前的 10~15 天、在 15~18 节间处对新梢进行摘心、从基部疏剪混杂的枝条。

■ 自然开心形、杯状树形的培育

自然开心形适合夏果类型品种和树势强的品种（蓬莱柿、赛雷斯特）等，杯状树形适合树势中等程度的品种（秋果类品种）。

定植后的第 1 年 苗木修剪的高度在 40~50 厘米，将枝干捆绑在支柱上，选取 3 根生长方向良好的新梢，其余的剪除。将保留下的新梢诱引至支柱上，成为主枝。

定植后的第 2 年 在主枝充实的位置（距顶端 1/4~1/3 处）的外芽或横芽之上进行回缩修剪。

定植 3 年后 对于自然开心形，主枝延长枝的修剪与上一年相同进行回缩修剪，从主枝上产生的稍向下的枝条作为亚主枝，保留从亚主枝上单侧距离 50 厘米左右间隔的结果母枝进行整枝。

对于杯状树形，将由主枝上产生的 2~3 根枝条进行 20 厘米左右的回缩修剪，每根枝条再产生 2 根新梢使其伸展后，进行 20 厘米左右的修剪。在第 4~5 年完成树形，所以新梢要在基部的 1~2 节处进行修剪（图 14-2~ 图 14-4）。

修剪前

图 14-2 自然开心形的树形和修剪

修剪后

对主枝、亚主枝的前端进行 1/4~1/3 的回缩修剪。亚主枝以 50 厘米的间隔保留 3~4 根结果母枝

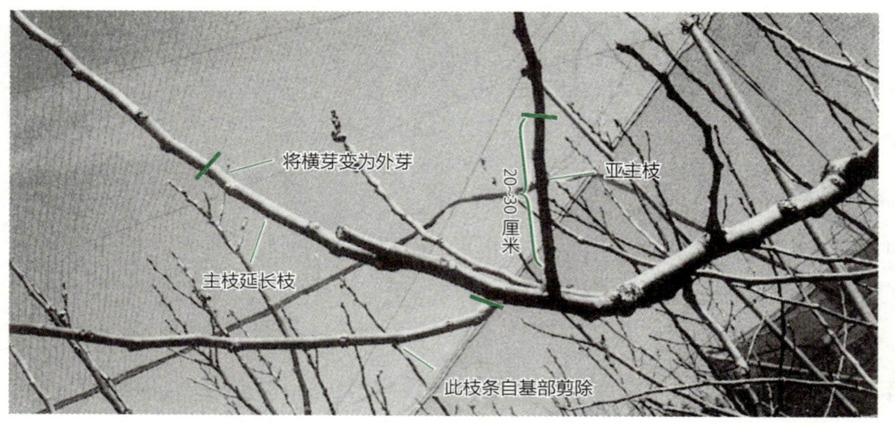

图 14-3　自然开心形树形的主枝、亚主枝的顶端的修剪

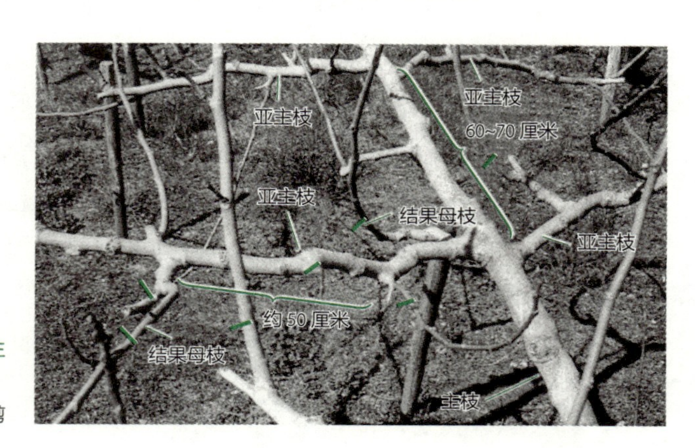

图 14-4　自然开心形主枝和亚主枝的配置

结果母枝保留 1~2 个芽后进行修剪

■ 一字形整枝的培育

一字形整枝适合树势中等或偏弱的品种（桝井、桝井松饼、门田等）。

定植后的第 1 年　将从顶端长出的 2 根枝条作为主枝候补枝，为防止枝条前端下垂，设立支柱且将枝条诱引至支柱上。

定植后的第 2 年　在主枝的充实部位进行回缩修剪，用水平的铁管或铁丝，把枝条向下压并将其固定捆扎，诱引固定最好在 4 月中旬枝条比较柔软时进行，为了防止诱引过程中枝条开裂和折断，在枝条弯曲部分的外侧，可以用锯子轻轻地锯几处。

对主枝两侧生长出的新梢，单侧相距 40 厘米的距离交错保留。使主枝的顶端沿着支柱向斜上方生长。顶端的结果枝依次作为主枝伸展，顺利的话 3 年后完成树形（图 14-5、图 14-6）。

修剪前

修剪后
在 1 年生枝的基部保留 1~2 个芽后进行修剪
单侧的新梢要间隔 40 厘米左右进行枝条配置

图 14-5 一字形整枝树形的修剪

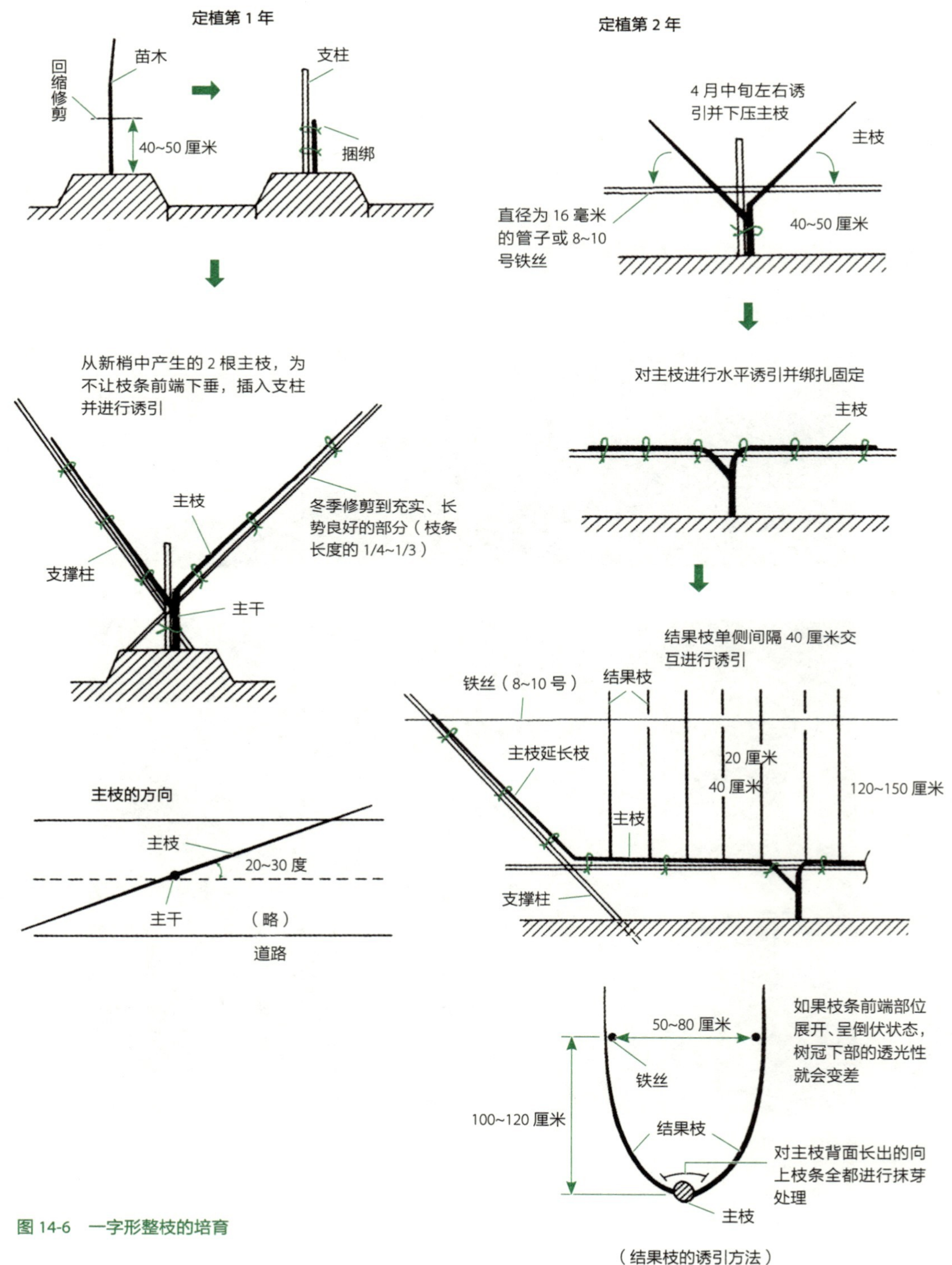

图 14-6 一字形整枝的培育

结果母枝的修剪

修剪时间为落叶后至第 2 年的 2 月。为了避免果树被冻伤，寒冷地区可以在严冬结束之后进行。

秋果类型的修剪 从 1 年生枝（上一年的结果枝）基部保留 1~2 个芽进行修剪，要从保留下芽的上部进行修剪，切口处涂木工胶，以防止因切口干燥、龟裂、枯死而造成芽的枯死和新梢（结果枝）的生长不良等现象产生。并且在 6~7 月，从留芽的部分产生的新梢（结果枝）位置以上进行修剪。

夏果类型的修剪 在夏果类型和夏秋果类型品种中，生产夏果的情况下（自然开心形），对健壮的短新梢要作为结果枝予以保留，不进行修剪。其他枝条自基部 1~2 个芽处进行回缩修剪，以培育下一年的结果枝。保留的枝条数达到 50%~60% 即可，不宜过多（图 14-7~ 图 14-9）。

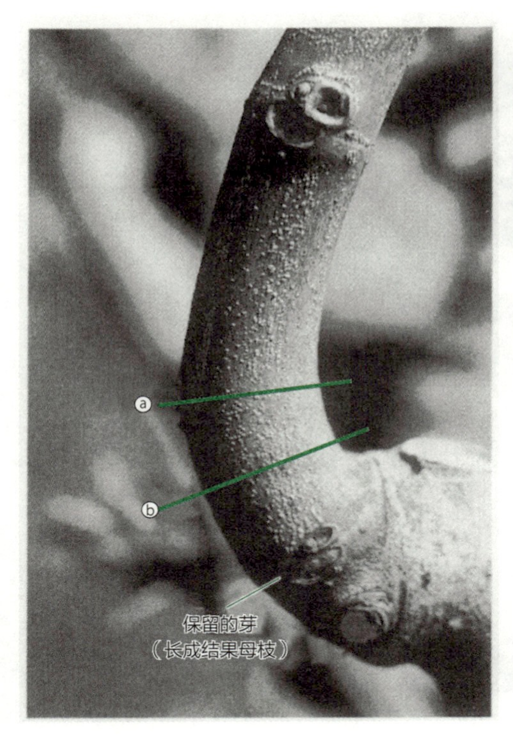

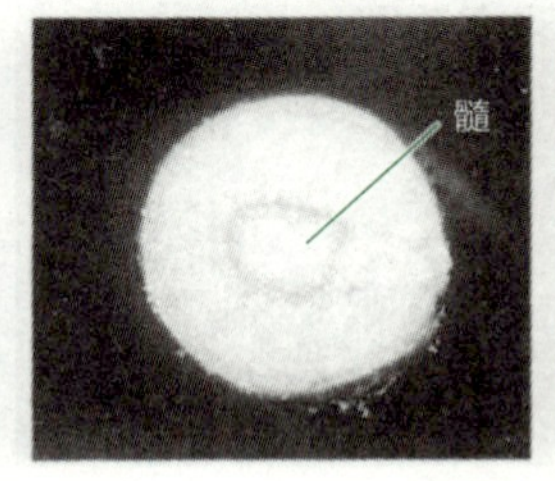

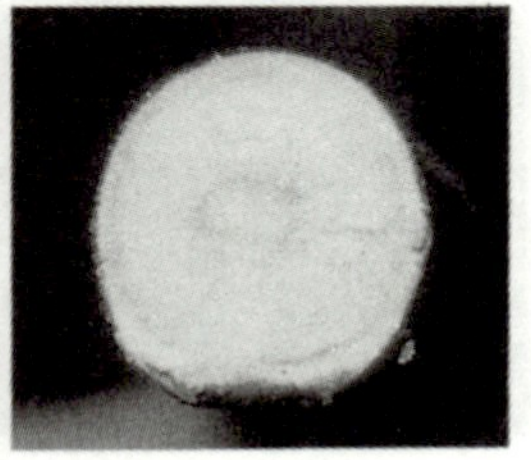

修剪的断面

ⓑ 处剪断可以看见髓（白色部分），如果在这个部位剪枝，易造成枝条枯死

ⓐ 处修剪见不到髓，如果在此处剪枝，枝条不易枯死

图 14-7 1 年生枝的修剪位置

在保留芽的上部ⓐ处修剪

图 14-8　长势旺盛的 2 年生枝

如果为了夏果生产留下长势强的枝条作为结果枝，这些强枝会造成树形的混乱，应从基部进行疏剪

图 14-9　生产夏果可以这样保留枝条

（修剪后的自然开心形树）

15 枇 杷

——浅田谦介

■ 枝条的种类和结果方式

枇杷枝条的种类 枇杷的枝条有从 2 月下旬 ~3 月上旬发芽形成的中心枝、收获果实前后发芽形成的副梢、收获果实后发芽形成的果梗枝，还有秋季形成的秋梢，但秋梢几乎是不被使用的。

中心枝是上一年的枝条顶端发芽形成的，它的特点是枝条粗、节间短。副梢是在中心枝的中间产生的，枝条细且节间长，在同一位置可以发芽形成 4~5 根弓状枝条。果梗枝是在收获果实后的枝条上产生的，在果实收获早的地区形成的枝条粗且充实，但在果实收获迟的地区形成的枝条短且弱（图 15-1、图 15-2）。

不同枝条种类的结果方式 中心枝易形成花芽，结出的果实也大。副梢不易着生花芽，结出的果实也小，但由于其开花期迟、耐寒能力强，所以在受到冻害时可以利用副梢。果梗枝在收获果实早的地区容易形成花芽，结出的果实也大，但是，果实收获迟的地区着生花芽少，结出的果实也小（图 15-3）。

图 15-1 中心枝和副梢

副梢进行抹芽，保留 2 根枝条

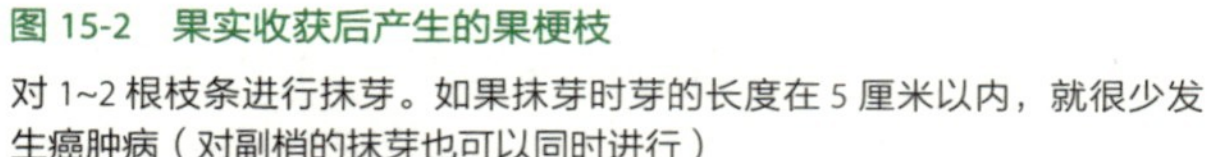
图 15-2　果实收获后产生的果梗枝

对 1~2 根枝条进行抹芽。如果抹芽时芽的长度在 5 厘米以内，就很少发生癌肿病（对副梢的抹芽也可以同时进行）

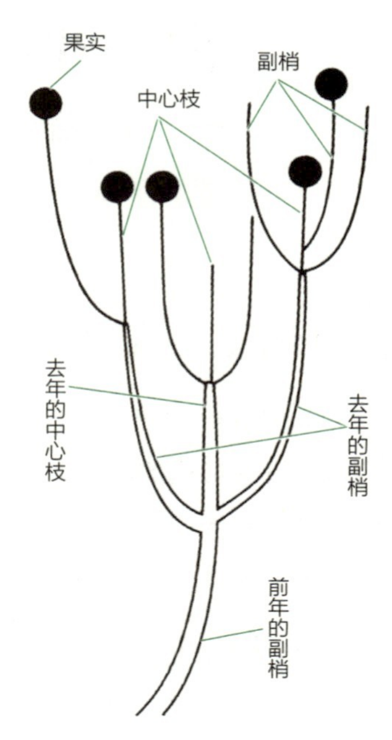

图 15-3　枝条的生长方式和结果方式

副梢的数量、是否结果，根据枝条和树的状态而有所不同

■ 从幼树到低矮树的培育

自然生长的枇杷树很高，摘果、套袋、收获等在树上的作业都很困难、工作效率也很低。另外，与地上部分相比，地下部分根系所占的比例少，遇强风容易产生倒伏现象。为了节省劳力、减少强风的危害，应尽可能进行矮化栽培，这样管理起来容易，遇强风时强势的树形也能够承受。

第 1~2 年　主枝的位置高，树就高，作业就困难，所以，对过高的苗木从嫁接位置向上 30 厘米左右进行回缩修剪之后再定植。第 1 年产生 4~5 根副梢，将其作为主枝候补枝保留，这样在幼树期可以增加收获量。第 2 年几乎不用进行修剪，仅进行抹芽就可以了。

到第 6 年为止都要进行副梢的抹芽，这是为了保证骨架枝中的主枝、亚主枝的适当配置，保留从主枝延长方向生长的副梢和横向的副梢这 2 根枝条。果梗枝的抹芽和壮年树、成年树的抹芽方法一样。抹芽的时期在果实收获后的 6 月下旬、7 月中旬或是 9 月上旬进行。在各个时期观察芽的生长情况进行 2~3 次抹芽。幼树期和成年期的操作也相同。

第 3~4 年 把主枝候补枝向水平方向或稍向上方进行诱引。如果进行抹芽，后期几乎不再需要进行修剪。长势好的树在第 3 年的中心枝上产生花芽并开花，所以要进行套袋，能收获更好的果实（图 15-4）。

第 5~6 年 如果枝条交叉混杂，要对主枝候补枝进行整理。从主枝的方向、直径等考虑选择 3~4 根枝条，对其他留下的主枝候补枝进行短缩修剪，剪除光照条件不好的枝条。主枝、亚主枝通过诱引矫正后，形成稳定的骨架枝。

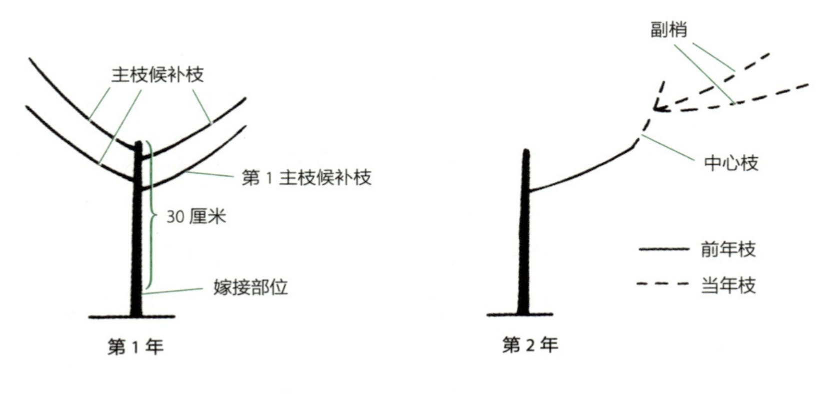

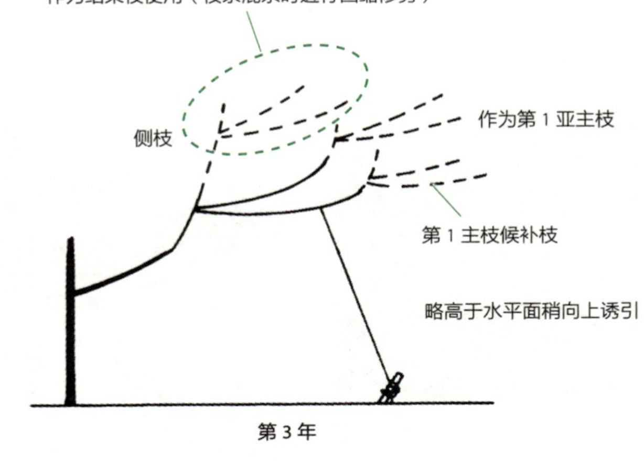

图 15-4 幼树枝条的生长方式

（第 2、第 3 年的第 1 主枝候补枝的图示）

亚主枝、侧枝的配置

在每根主枝上配置2~3根亚主枝。第1亚主枝是利用从距主干40~60厘米位置发芽形成的横向副梢，第2亚主枝选择与第1亚主枝生长方向相反的枝条。中心枝的直立枝和主枝、亚主枝上所利用的枝条以外的横向生长的副梢，可以作为侧枝使用，在各侧枝上能着生结果枝（图15-5）。

幼树期至成年期 如果主枝、亚主枝生长过长且下垂，就在枝条的某个部位进行回缩修剪，形成紧凑的树形。如果侧枝交叉混杂、影响采光，要进行轻回缩修剪，或是对无用的枝条从基部进行疏剪。

培育的低矮树，树冠内直立枝多，其枝条的整理很困难。在直立枝中，有从中心枝长出的枝条，也有从主枝、亚主枝上直接产生的枝条，修剪整理时可以采用同样的方法进行（图15-6）。

如果直立枝长大，内部的结果枝光照条件就会变差，要对直立枝上影响光照的横枝进行疏剪，或是对主枝、亚主枝进行回缩修剪。从修剪后产生的新芽中保留1~2根枝条进行抹芽。直立枝多时交替进行回缩修剪，使树冠内能产生结果枝。

幼树、成年树的抹芽，要在观察新梢饱满充实度的同时，保留1~2根充实的副梢，或是保留1根弱副梢使其生长充实。果梗枝的抹芽也是一样的，保留2根充实的枝条、保留1根弱枝。

图15-5 主枝、亚主枝的配置

第1亚主枝距主干40~60厘米。第2亚主枝选择朝向第1亚主枝的相反方向

图15-6 5年生的低矮树

对主枝进行整理。主枝多、枝条混杂。先对①处进行剪除，然后对②处进行剪除

■ 成年树的低矮化改造

成年树进行树形改造时不要一下子剪除太多的枝叶，最好经过 3~4 年改造完成。能否进行改造，受树龄和树势的影响较大，管理比较好的树可以改造到其 30 年左右。

成年树的树形改造可以按以下顺序进行（图 15-7~ 图 15-10）。

① 间伐高树向低矮树的改造，在密植的枇杷园首先进行间伐，目的是为了诱引主枝扩大树冠。

② 对主枝（3~4 根）、亚主枝前端进行水平方向的诱引，是为了产生不定芽，增加结果层。对于即使诱引也还不能处于水平状态的强直立枝进行疏剪。主枝的产生位置以距地 50 厘米左右的高度最为理想。

③ 对影响不定芽光照的上部枝条，如果任其生长，新梢就不能充实生长，要进行回缩修剪或是疏剪，保证主枝有充足的光照。

④ 如果主枝充实饱满，结果层厚，依次剪除上部的枝条。最后修剪主干完成树形改造。

图 15-7　5 年生树的低矮化改造

把主枝进行水平诱引，逐步整理上部枝条。1~2 年后剪除主干，树变矮

图 15-8　成年树木的矮化改造（37 年生树）

树高 3.2 米。在距地面 0.6 米处剪除主干

图 15-9　中心枝长出的直立枝

结果层变得太高，通过回缩修剪使结果层降低

图 15-10　中心枝的回缩修剪

基部保留 10 厘米左右进行剪除，生长出的新芽保留 2 个进行抹芽

■ 修剪的程度和时间

如果进行重修剪，树势减弱，容易产生纹羽病，所以要进行轻修剪，经过数年时间完成树形整理和改造。

对于 5 年以上的壮年树，收获果实后要对大枝进行疏剪，9 月对侧枝进行修剪。

■ 抹芽、修剪后对枝条的保护

对于枝干容易发生的癌肿病，只能采取削除病斑部位的手术方法进行治疗，所以，预防此病的发生是非常重要的。

特别是抹芽、修剪后留下的剪口处，容易引起病菌侵入感染，所以修剪等作业完成后要进行必要的防治。如果作业后 5 天以上再进行药剂喷洒，防治效果就会下降，所以相关防治工作要及时进行。在这个时期还易发生梨小食心虫，最好同时进行防治。

另外，在成年树进行低矮化改造的过程中，剪除主干、大枝时，涂上石灰乳剂等，防止受光照好的枝条出现日灼现象。

16 猕猴桃

——末泽克彦

■ 结果习性和修剪要点

猕猴桃与葡萄、柿一样，是上一年生长的新梢成为结果母枝，从这里生长出的新梢的基部数节分化花芽。在着生花芽的节点上没有生长点，而且从这里开始向基部形成的芽成为潜伏芽，大多不会发芽（图 16-1、图 16-2）。因此结果母枝的回缩修剪要从着

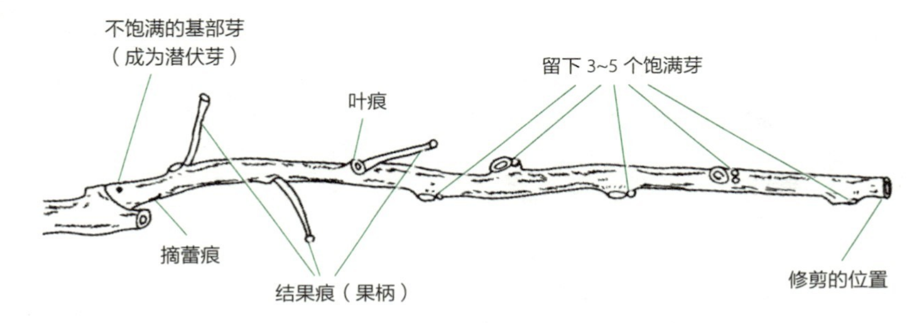

图 16-1　结果母枝及其修剪

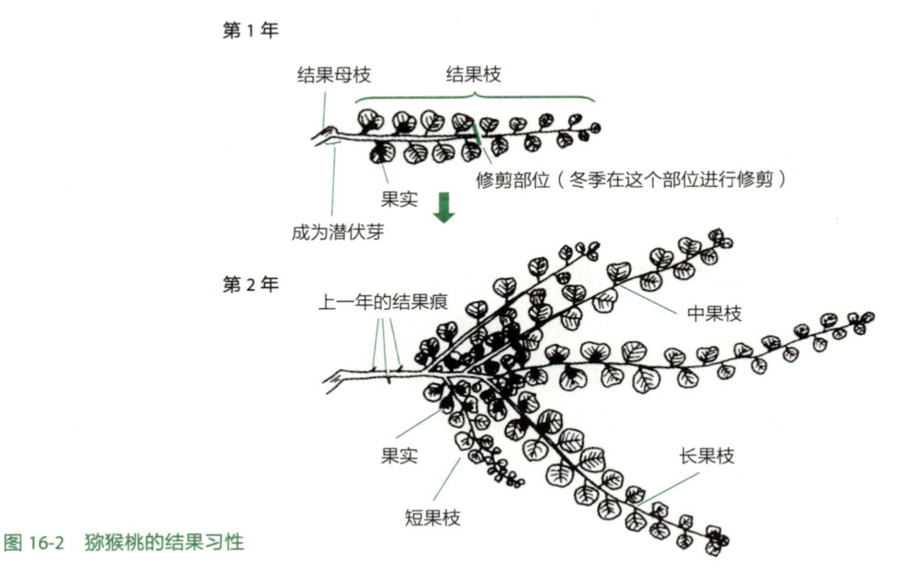

图 16-2　猕猴桃的结果习性

生花芽的节点开始到顶端为止，如果是简单的连续回缩修剪，结果部位会每年向着顶端移动，因此有必要进行定期的更新（图 16-3）。

另外，容易长出失败枝和没有花芽的强势新梢（突发枝），也是猕猴桃的特征。突发枝易从主枝、亚主枝等衰老枝上产生，一个夏季可以生长 10 米以上。这样的枝条，会使从发生部位开始到前端的长势变弱（失败枝），影响整体树形，尤其是在树形还没形成之前。此外，还会成为影响树冠扩大的大问题。除了对一些可以利用的枝条外，其他的突发枝应尽早进行摘除或剪除，以免扰乱树形。

长的新梢（约长到 2 米以上时）前端会缠绕起来，所以如果树势强，长枝会互相缠绕，枝条管理作业会变得非常困难。

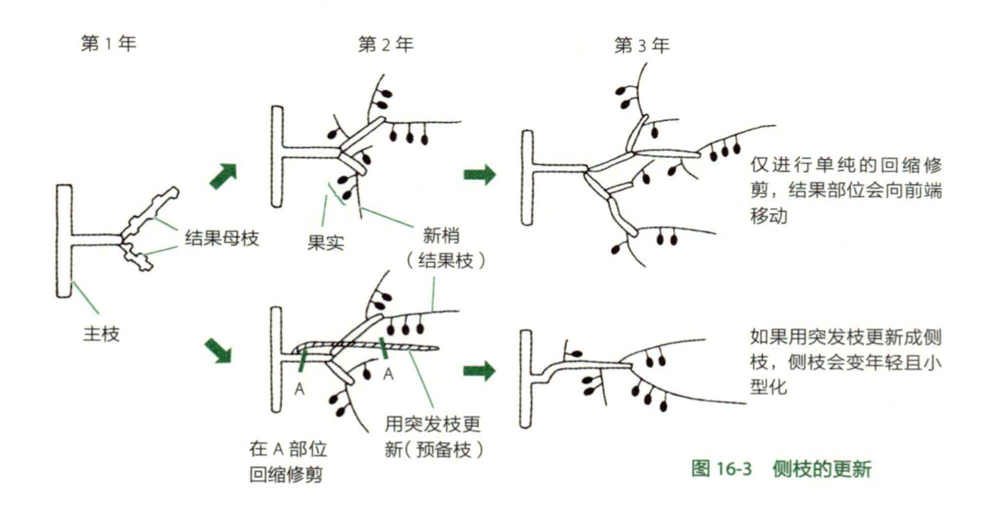

图 16-3　侧枝的更新

■ 从定植开始的培育

新西兰和意大利是猕猴桃的主要产地，在那里一般采用 T 形树形的培育方法。但是，在日本，为了防止猕猴桃遭受台风等强风的影响，一般采用平棚架的培育方法。而且，为了防止顶端衰弱，尽量减少主枝的数量，适合于 2 根主枝的一字形整枝方式（图 16-4~ 图 16-12）。

定植第 1 年的培育方法　按株行距为 8 米 ×6 米（20 株 /1000 米 ^{2}，定植时要以 2 倍数量进行密植）左右进行定植。在这个时期，第 1 主枝的形成是最重要的。

对苗木，在有充实饱满芽的部位以上进行重回缩修剪。从苗木长出的新梢里选择 1

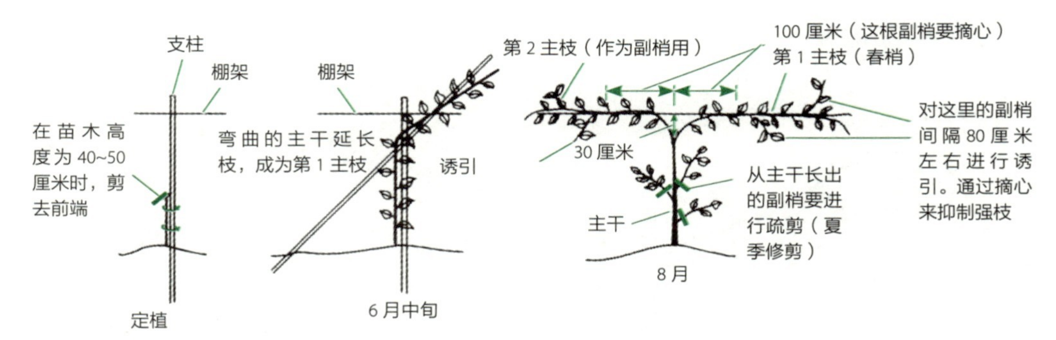

图16-4 定植第1年的培育

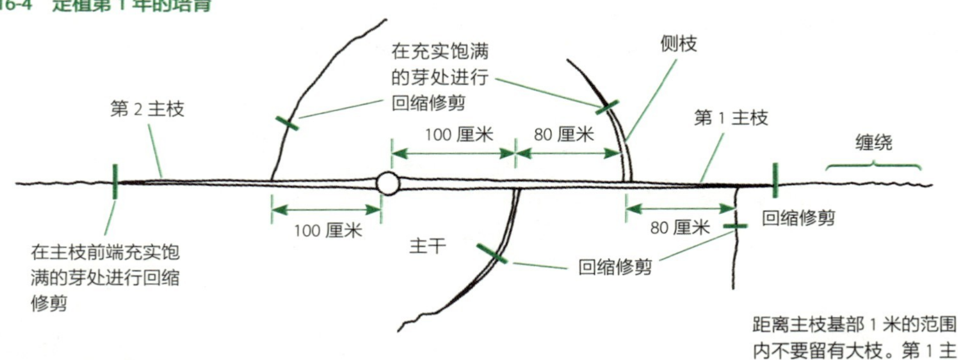

距离主枝基部1米的范围内不要留有大枝。第1主枝和第2主枝的长势比为6:4左右

图16-5 第1年的冬季修剪

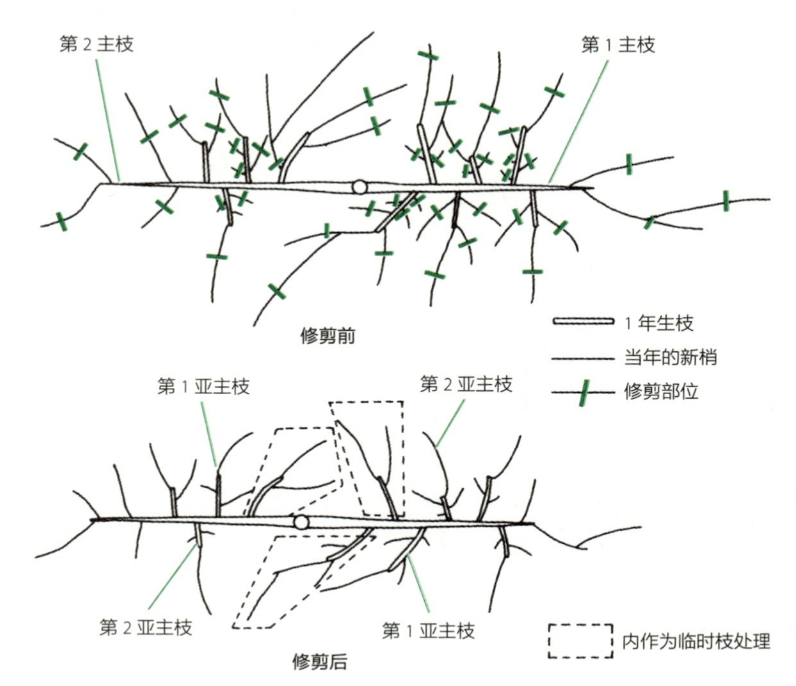

图16-6 第2年的冬季修剪

侧枝生长要有长势差异，使将来作为亚主枝的枝条逐步长大

虚线框内的枝条作为临时枝

所谓临时枝是指在枝条前端当年长出果实，第2年冬季从基部剪除的枝条

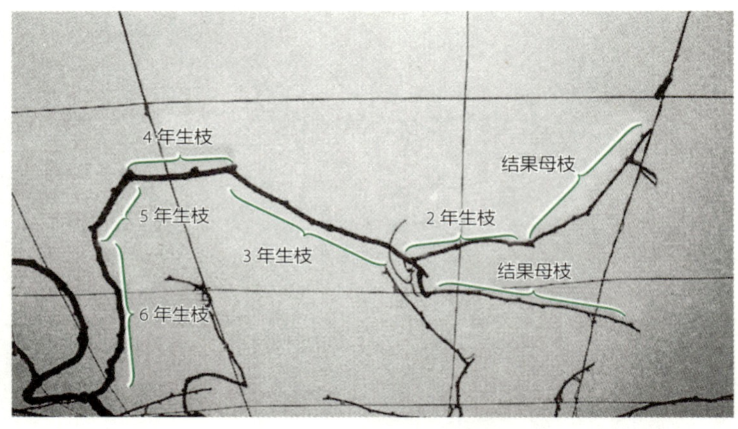

图 16-7 有间隔的侧枝（修剪后）

不考虑更新，只是单纯地反复进行回缩修剪“有间隔”侧枝。这是错误的修剪案例。要利用从老枝上长出的突发枝进行更新

图 16-8 树龄小、树冠面积小的树体，在主枝两侧配置侧枝

枝条构成简单，修剪容易

（爱媛果试、二宫敬和供图）

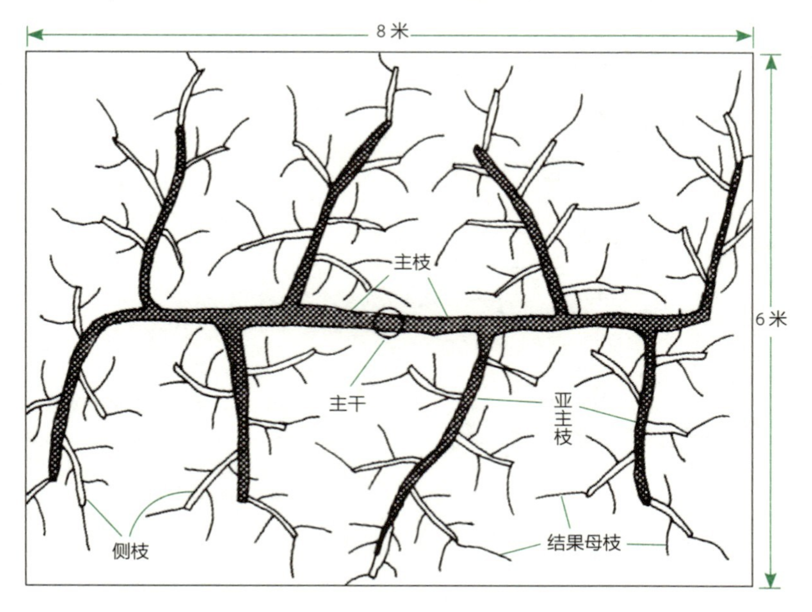

图 16-9 2 根主枝的整形修剪完成后的模式图

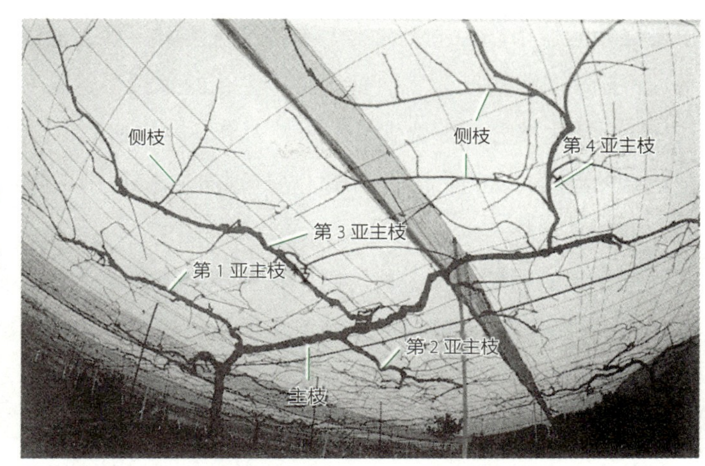

图 16-10　通过反复间伐，扩大树冠后的枝条构成

形成结果的亚主枝，然后在亚主枝上配置侧枝

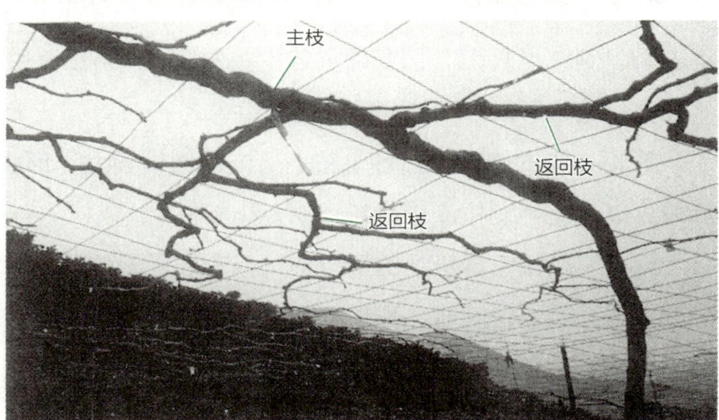

图 16-11　主枝基部用返回枝填补空间

保持主枝和各枝条之间的长势差

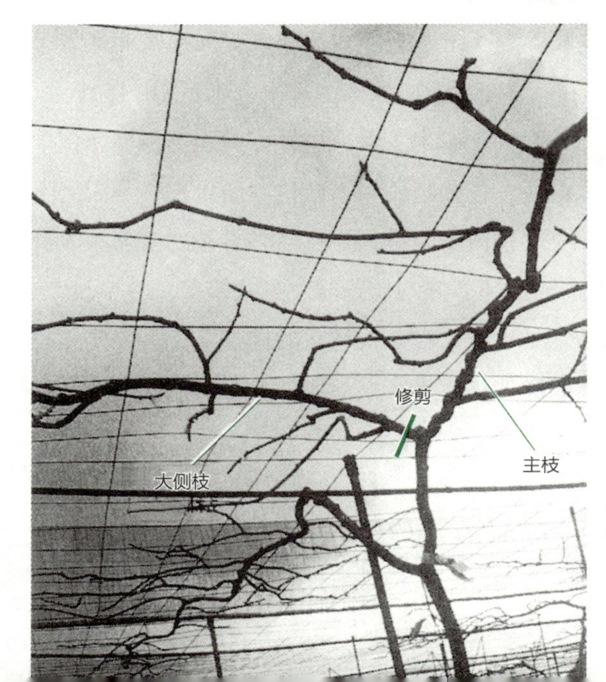

图 16-12　主枝基部侧枝过大的不好案例

对这种大侧枝要从基部进行疏剪

根最强壮的枝条作为主干或第 1 主枝进行诱引，第 2 主枝用第 1 主枝的副梢。但是，如果这根副梢长势过旺，就会抑制第 1 主枝的生长，所以可以通过适度摘心来确保第 1 主枝生长。从主枝分枝部位生长出的长 1 米以内的副梢多数会徒长，所以要全部进行疏剪。把前端的副梢以 80 厘米左右的间隔分别向左右诱引，并在生长至 80~100 厘米处进行摘心，抑制其长势。

第 2 年的修剪　在主枝前端生长到比铅笔稍粗、有充实饱满的芽的位置进行回缩修剪。在主枝生长旺盛的情况下，保留侧枝。但是，为了不减弱主枝的长势，要保持侧枝适当的长势，不保留大侧枝。从主枝和留下的侧枝上长出的健壮新梢，可以成为第 3 年使用的结果枝。

第 3~4 年的修剪　此时，海沃德猕猴桃开始结果收获。当第 1、第 2 主枝的长度接近 4 米、侧枝也长大时，要确定各主枝的第 1、第 2 亚主枝。因为靠近主枝基部的侧枝易长大长粗，所以过大的侧枝可以从基部进行疏剪，或者是作为临时枝使用。

第 4~5 年的修剪　让各主枝上适当的侧枝长大，形成第 3、第 4 亚主枝。主枝上的侧枝可以利用突发枝逐步更新，不要让其长大。

当土壤肥沃、树势强的情况下，或者从果园的地形、大小等综合考虑，对定植过密的部分要开始进行间伐。如果间伐滞后，会增加枝条整理和果园管理工作的难度。即使进行缩伐，也很难抑制第 2 年新梢的生长，而且缩伐后果实品质和产量会大大降低，所以要果断地采取间伐措施。

第 6 年及以后的修剪　如果新梢平均长度为 1 米左右、树势稳定，那么按照棚架上每平方米留 3~4 根结果母枝、每根结果母枝留 3~5 个芽（棚架上每平方米留 10~15 个芽）的标准进行修剪。如果树势强、新梢平均长度大于 1 米，采用这种修剪程度修剪，留下的枝条数量会太多，到了夏季就可能会像藤蔓一样爬满棚架。新梢之所以长，是因为上一年进行了重修剪，所以为了扩大树冠，要轻修剪。但是，要将结果母枝的密度减少到每平方米配置 2~3 根、芽数减少到 7~10 个，按薄而宽的枝条配置方式修剪。

夏季的新梢徒长是许多猕猴桃园里的常见现象，在光线较暗的棚架下，为了防止枝条互相缠绕和相互竞争，也为了生产出高糖度的优质果实，需要尽早进行间伐，在密植区域要不间断地进行重修剪。